U0251288

新一代信息科学与技术丛书

异质结双极晶体管

——射频微波建模和参数提取方法

高建军　著

高等教育出版社·北京
HIGHER EDUCATION PRESS　BEIJING

Y i z h i j i e　S h u a n g j i　J i n g t i g u a n

图书在版编目(CIP)数据

异质结双极晶体管:射频微波建模和参数提取方法/
高建军著. —— 北京:高等教育出版社,2013.9
ISBN 978-7-04-037221-2

Ⅰ. ①异… Ⅱ. ①高… Ⅲ. ①异质结晶体管-双
极晶体管-射频电路-微波电路-建立模型-研究 ②异
质结晶体管-双极晶体管-射频电路-微波电路-参
数-研究 Ⅳ. ① TN322

中国版本图书馆 CIP 数据核字(2013)第 073258 号

策划编辑 刘 英	责任编辑 刘 英	封面设计 张 楠	版式设计 王艳红
责任校对 杨雪莲	责任印制 韩 刚		

出版发行	高等教育出版社	
社　　址	北京市西城区德外大街 4 号	咨询电话　400-810-0598
邮政编码	100120	网　　址　http://www.hep.edu.cn
		http://www.hep.com.cn
印　　刷	涿州市星河印刷有限公司	网上订购　http://www.landraco.com
开　　本	787mm×1 092mm　1/16	http://www.landraco.com.cn
印　　张	17	版　次　2013 年 9 月第 1 版
字　　数	310 千字	印　次　2013 年 9 月第 1 次印刷
购书热线	010-58581118	定　价　49.00 元

前　言

由于集成技术和大规模系统设计技术的飞速进步,电子工业在过去的几十年里得到了飞速发展。GaAs 及其相关化合物半导体已经成为除硅以外最重要的半导体器件,其商业应用包括移动通信、无线通信、光纤通信、全球定位系统、直播卫星系统、自动防撞系统以及高频雷达等。早在 20 世纪 90 年代初期,美国就把微波半导体功率器件及其电路列为国家发展战略的核心,把毫米波单片、高温功率电路和多功能模块电路作为重点,充分挖掘第三代半导体材料宽禁带半导体的潜力。

集成电路的计算机辅助设计是电路设计的主要课题之一,对于缩短集成电路的设计周期、降低设计和制作成本,提高可靠性具有重要意义。半导体器件模型是影响电路设计精度的最主要因素,电路规模越大、指标和频段越高,对器件模型要求也越高。因而准确的器件模型对提高射频和微波、毫米波电路设计的成功率、缩短电路研制周期是非常重要的。

本书是作者在微波和光通信技术领域多年工作、学习、研究和教学过程中获得的知识和经验的总结。主要目的是通过对作者在 III-V 族化合物半导体器件模型研究和测试技术方面所作的研究工作加以回顾和总结,以利于今后研究工作的深入开展。本书的核心内容源自作者单独或者与新加坡、德国和加拿大研究学者合作发表在国际重要期刊的文章,作者希望这些想法、概念和技术能够为国内外同行共享。

本书可以作为高年级本科生和研究生的教材,也可以供从事集成电路设计的工程师参考。集成电路的计算机辅助设计日新月异,作者也竭尽权利对本书所涵盖的领域提供最新的资料。本书共分为九章,重点介绍以微波信号和噪声网络矩阵技术为基础的微波射频异质结双极晶体管小信号等效电路模型,大信号非线性等效电路模型和噪声模型,以及相应模型参数的提取技术。

尽管作者花费了大量的时间和精力从事手稿的准备,但书中难免存在不足,敬请读者对本书的结构和内容给予批评指正。

致　谢

本书是在作者在国外留学期间发表在国际期刊和国际会议多篇论文的基础上完成的,主要包括从 2001 年到 2011 年对Ⅲ-Ⅴ族化合物半导体异质结双极晶体管建模技术和测量技术的研究工作。

衷心感谢我的导师清华大学高葆新教授和已故电子工业部梁春广院士对我十余年研究工作的指导、鼓励和支持,衷心感谢我的博士后导师中国科学院微电子研究所吴德馨院士对我的帮助。

同时对本课题的研究合作者南洋理工大学 Law 教授、柏林工业大学 Boeck 教授、卡尔顿大学 Zhang Q-J 教授以及北京邮电大学李秀萍教授表示感谢。

在此谨向所有关心、帮助过我的老师和同学致以真诚的谢意。

衷心感谢国家自然科学基金(项目编号:61176036)和上海闵行区人才发展专项资金的资助。

最后特别感谢我的妻子赵东燕和儿子高涵祺,衷心地感谢他们对我多年默默无闻科研工作的支持和理解。

作　者

2013 年

目　录

第1章　绪　论

随着集成电路的发展,特征物理尺寸(晶体管的最小沟道长度或者芯片上可实现的最小互连线宽度)逐步减小,目前已经从微米量级缩小到纳米量级。集成电路的特征物理尺寸的减小,不仅增加了集成电路的密度,使得电路芯片所包含的晶体管数量呈现指数增长,而且也缩短了电子和空穴的渡越距离,提高了晶体管的工作速度。半导体器件及其集成电路是电子工业的基础,微波毫米波半导体功率器件及其电路已经被列为发达国家发展战略的核心,以毫米波单片、高温功率电路和多功能模块电路作为研究重点,充分挖掘硅基和化合物基半导体材料的潜力。

1.1　微波射频半导体器件

由于微波和毫米波具有波长短、波束窄、频带宽和穿透能力强等特点,相应的器件和电路处在当今微电子技术的发展前沿。随着卫星有效载荷小型化技术、相控阵雷达和电子对抗等技术的发展,微波和毫米波器件和集成电路地位日益提高,成为突破和制约尖端技术的关键,不仅在军事应用领域占有及其重要的地位,在民用方面,如汽车防撞雷达、无线局域网和遥测成像等领域也有相当大的潜在市场。目前应用与射频微波以及毫米波电路设计的有源半导体器件主要有[1-4]:

- 硅基双极晶体管(Si BJT)
- 硅金属氧化物场效应晶体管(Si MOSFET)
- 硅基侧向扩散氧化物场效应晶体管(Si LDMOS)
- 砷化镓金属半导体场效应晶体管(GaAs MESFET)
- 砷化镓高电子迁移率晶体管(GaAs HEMT)
- 铟化磷高电子迁移率晶体管(InP HEMT)

- 砷化镓异质结双极晶体管(GaAs HBT)
- 铟磷异质结双极晶体管(InP HBT)
- 锗硅异质结双极晶体管(SiGe HBT)

先进的半导体集成电路芯片通常具有以下特点:

- 很小的面积和体积
- 非常低的功耗
- 需要很少的系统级测试
- 可靠性高,速度快
- 低廉的价格

每种器件都具有自身的优势,对于射频微波电路来说,器件的最佳选择不仅依赖于技术指标,而且要考虑经济效益,例如制作成本、功耗要求和研究开发时间等。下面主要介绍各种半导体器件的发展状况和相互之间的优势比较。

考虑到不同的应用领域,衡量半导体器件的性能指标主要包括[5]:

- 最大功率增益带宽积
- 最小噪声系数(F_{min})
- 最大附加功率效率(PAE)
- 热阻
- 线性度
- 功率耗散
- $1/f$噪声

半导体晶体管通常是制作在不同的衬底基片上。射频微波半导体有源器件的衬底基片主要有:硅(Si)、碳化硅(SiC)、砷化镓(GaAs)、铟化磷(InP)和氮化硅(GaN)等等。表1.1对上述几种衬底基片的主要物理特性进行了比较[4],这些特性造成了半导体器件技术的基本限制:半导体禁带宽度和击穿电场限制了器件的最大工作电压,载流子扩散和迁移速率限制了本征器件的速度,半导体基片的热阻决定了器件的功率承受能力。总之,这些物理特性成为决定该材料是否适合微波毫米波系统的关键因素。

表1.1 RF微波半导体有源器件的衬底基片特性比较

参 数	Si	SiC	GaAs	InP	GaN
半绝缘性能	不好	好	好	好	好
电阻率(Ωcm)	$10^3 \sim 10^5$	$>10^{10}$	$10^7 \sim 10^9$	—	$>10^{10}$

续表

参　数	Si	SiC	GaAs	InP	GaN
介电常数	11.7	40	12.9	14	8.9
电子迁移率（cm^2/Vsec）	1450	500	8500	6000	800
饱和电子速率（cm^2/V）	9×10^6	2×10^7	1.3×10^7	1.9×10^7	2.3×10^7
热电导性（W/cm℃）	1.45	4.3	0.46	0.68	1.3
工作温度（℃）	250	>500	350	300	>500
能带（eV）	1.12	2.86	1.42	1.34	3.39
击穿特性	300	2000	400	500	5000
密度（g/cm^3）	2.3	3.1	5.3	4.8	—

GaAs 材料的电子迁移率比 Si 的高 7 倍,且漂移速度快,所以 GaAs 比 Si 具有更好的高频特性,并且具有电路损耗小、噪声低、频带宽、功率大和附加效率高等特点。而且 GaAs 是直接带隙,禁带宽度大,器件的抗电磁辐射能力强,工作温度范围宽,更适合在恶劣的环境下工作。

与 GaAs 相比,InP 击穿电场、热导率、电子平均速度更高,而且在异质结 InAlAs/InGaAs 界面处存在较大的导带不连续性,其二维电子气密度大和沟道中电子迁移率高等优点,决定了 InP 基器件在化合物半导体器件中的地位。目前 InP HEMT 已经成为毫米波高端应用的支柱产品,器件的特征频率和最大振荡频率分别超过 300 GHz 和 600 GHz,而 InP HBT 有望在大功率和低电压等方面开拓应用市场。

GaN 是一种宽带隙的半导体材料,具有优异的物理化学性质,如大的热导率和介电常数、高的电子饱和速率和化学稳定性,因此有望制成在高温、辐射等恶劣条件下工作的半导体器件。近年来由于半导体薄膜生长技术的发展,在蓝宝石、SiC 以及 GaAs 上已经能够生长出高质量的 GaN 薄膜,并用于制备大功率微波器件、高温电子器件和发光器件。

1.2　异质结双极晶体管

异质结双极晶体管(HBT)具有功率密度高、工作电压高、效率高和线性度高的特点,已经广泛应用在用于高速光纤通信的数字和模拟集成电路中,同时

HBT器件体积小、成本低,已经成为卫星通信系统中极具潜力的半导体器件[6-8]。根据半导体材料,HBT可以分为锗硅基HBT(SiGe HBT)和Ⅲ-Ⅴ族化合物基HBT(GaAs和InP HBT)。Ⅲ-Ⅴ族化合物基HBT的特征频率已经超过300 GHz,而SiGe HBT由于特征工艺尺寸的持续减小,采用0.13 μm工艺制作的器件特征频率已经超过200 GHz[6-11]。

与双极晶体管(BJT)一样,HBT包括基极、集电极和发射极三个区域,由背靠背的基极-集电极结和基极-发射极结两个PN结构成,两个结均为异质结的器件称为双异质结器件(DHBT);如果两个结仅有一个是异质结,则这样的器件称为单异质结器件(SHBT)。图1.1给出了典型的HBT器件击穿电压随特征频率变化曲线。从图中可以看到,InP基单异质结晶体管(SHBT)和双单异质结晶体管(DHBT)在特征频率和击穿电压方面比GaAs HBT具有优越性,在50 GHz的特征频率下,击穿电压高达26 V。衡量器件品质的标准如下:最大资用功率(MAG)、特征频率(f_t)、最大振荡频率(f_{max})、最小噪声系数(f_{min})、输出功率密度及附加功率效率(PAE)等。

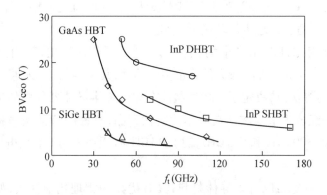

图1.1 HBT器件击穿电压随特征频率变化曲线

根据器件工作原理,半导体器件可分为双极晶体管(BJT/HBT)和场效应晶体管(FET/HEMT)。场效应晶体管可以被看做是一个单极器件,只有电子参与载流子运动。栅电压通过控制沟道宽度来调制漏电流,跨导用来表征栅电压控制漏电流的放大能力。而在双极晶体管中,电子和空穴都参与载流子运动,集电极电流由从基极注入的电流控制,起电流放大能力由电流放大系数 β 来表征。

表1.2给出了双极晶体管和场效应晶体管器件之间的特性比较。器件特征物理尺寸的限制决定了器件的速度特性,一个短栅长的场效应晶体管可以降低载流子的渡越时间,而减小基极和集电极厚度同样可以达到降低载流子渡越时

间的目的。场效应晶体管器件的栅长由器件工艺条件决定,目前 0.15 μm 栅长的 III – V 族化合物场效应晶体管与 1 μm 工艺条件下制作的异质结双极晶体管 HBT 特性相当,特征频率在 100 GHz 到 300 GHz 之间。双极器件的开关特性主要由基极 – 发射极电压决定,而场效应晶体管则由栅阈值决定。场效应晶体管的阈值在工艺中比较难以控制,而双极晶体管的阈值均匀性很好,非常适合在差分电路中应用,而且由于 HBT 器件的输出电流密度比场效应器件大,使得 HBT 在功率电路应用中有较高的承受能力。场效应晶体管的噪声源主要是热噪声和 1/f 噪声,其中包括栅极感应噪声、沟道热噪声和 1/f 噪声,1/f 噪声的拐角频率可以高达上百兆赫兹。与此相对应,双极器件的噪声源主要是散弹噪声和 1/f 噪声,其中 1/f 噪声的拐角频率远低于场效应晶体管。

表 1.2 双极晶体管和场效应晶体管特性比较

参 数	FET/HEMT	BJT/HBT
物理尺寸限制	栅长	基极和集电极厚度
阈值特性	栅阈值电压	基极 – 发射极电压
输出电流密度	中等	高
噪声类型	热噪声和 1/f 噪声	散弹噪声和 1/f 噪声
工艺复杂性	中等	高
输入阻抗控制	栅电压	基极电流

1.3 半导体器件射频微波建模和测试

对于复杂的半导体器件结构,预测器件的静态和动态特性非常关键,通过半导体器件模拟软件分析器件物理结构,求解相应的泊松方程和电流连续性方程,获得器件的输入和输出特性之间的关系,可以指导器件设计和生产。而通过建立器件的等效电路模型来预测基于半导体器件的集成电路特性则为电路设计人员提供了非常便捷的途径。构建半导体器件等效电路模型的技术称为半导体器件建模技术,即利用最基本的电路元件(电阻、电容、电感和受控源)表征一个具有复杂功能的半导体器件(如图 1.2 所示),其电路网络特性应和半导体器件高度一致。

图 1.3 给出了半导体器件模型和测试之间的关系。从图中可以看到,如果要设计一个好的半导体器件,首先需要通过器件测试来获得器件的静态特性和

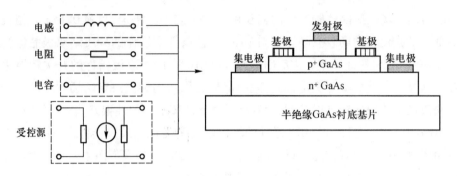

图 1.2   半导体器件建模原理

动态特性；而后基于测试结果来构建相应的等效电路模型,从中发现问题,进而
改进器件的制作工艺,改善器件的性能指标。而等效电路模型又可以嵌入电路
仿真软件进行相应的电路设计。值得注意的是,器件特性测试是构建等效电路
模型的基础,同时又是检验模型精度的唯一手段,因此,半导体器件建模和测试
互相依存、相互促进。

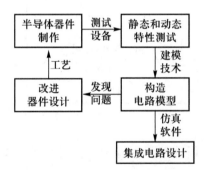

图 1.3   半导体器件模型和测试之间的关系

1.4   本书的目标和结构

本书旨在培养读者对微波射频异质结晶体管建模和测量进行深入研究和分
析的能力。大规模集成电路芯片的开发需要由系统结构设计工程师、逻辑设计
工程师、电路与版图设计工程师、封装工程师、测试工程师以及工艺和器件工程
师等不同专业人员组成的团队,完成半导体器件和电路的计算机辅助设计和优
化。器件和电路计算机辅助设计的基础是建立精确的能够反映器件物理特性的
等效电路模型。因此准确的器件模型对于提高射频和微波毫米波单片集成电路

设计的成功率、缩短电路研制周期是非常重要的。本书将着重介绍微波射频异质结晶体管建模和测量技术,并深入了解微波射频异质结晶体管的物理特性和器件的相关知识。

本书分为 9 章,介绍以微波信号和噪声网络矩阵技术为基础的微波射频二极管、双极晶体管和异质结晶体管小信号等效电路模型、大信号非线性等效电路模型和噪声模型以及相应的模型参数提取技术,最后介绍目前常用的微波射频测试技术。

第 2 章将介绍应用于微波半导体器件建模和参数提取的微波网络信号和噪声矩阵技术。微波网络信号和噪声矩阵技术是半导体器件建模和参数提取的基础,微波半导体器件的小信号和噪声等效电路模型既可以帮助我们理解器件的物理机制,同时又是建立大小信号等效电路模型的基础。本章同时介绍了模型参数提取过程中常用的去嵌入技术以及基本的电阻、电感和电容模型参数提取技术。

第 3 章将介绍 PN 结二极管的工作原理和射频微波建模技术,以及等效电路模型参数提取技术,并在此基础上介绍双极型晶体管的工作原理和建模技术,包括两种常用的大信号等效电路模型 Ebers-Moll 模型和 Gummel-Pool 模型,最后讨论共发射极、共基极和共集电极的双极晶体管射频微波特性。

异质结双极晶体管的核心结构是异质结,第 4 章将介绍半导体异质结的工作原理和Ⅲ－Ⅴ族化合物半导体能带隙和晶格常数关系,以及常用的化合物半导体 HBT 器件的工作原理以及在微波射频电路中的应用。

第 5 章以 InP HBT 器件为例介绍微波射频半导体异质结晶体管的工作原理,小信号等效电路模型和模型参数的物理意义,以及小信号等效电路模型参数提取技术,包括寄生焊盘 PAD 电容提取技术、寄生引线电感提取技术、寄生电阻提取技术和本征元件提取技术。

微波射频场效应晶体管器件的小信号等效电路模型对于理解器件物理结构和预测小信号 S 参数十分有用,但是却不能反映相应的射频大信号功率谐波特性。电路仿真软件通常需要包括线性和非线性两大部分,以及用于求解线性和非线性特性的分析优化工具。在研究小信号等效电路模型的基础上,第 6 章将介绍常用的微波射频异质结晶体管的非线性模型以及相应的模型参数提取技术。

对于半导体集成电路电路设计者来说,不但需要器件的小信号等效电路模型和大信号等效电路模型,而且半导体器件模型的噪声模型也是必需的,它是设计低噪声电路(如低噪声放大器等)的基础。为了准确预测和描述半导体器件

的噪声性能,建立精确的反映器件噪声特性的等效电路模型十分必要。第 7 章
主要针对噪声等效电路模型和相应的模型参数提取技术展开讨论,推导了基于
噪声模型的噪声参数的表达式,给出了噪声模型参数的提取技术以及共基极、共
集电极和共发射极结构的信号和噪声特性之间的关系,最后介绍了半导体器件
噪声的测试技术。

　　第 8 章介绍了 SiGe 异质结晶体管的工作原理和物理结构,以及完整的小信
号电路模型,对寄生元件特别是衬底网络提取技术做了重点介绍,最后讨论了两
种常用的双极晶体管大信号等效电路模型。

　　第 9 章介绍了射频微波在片自动测试系统平台的搭建过程,包括自动测试
系统平台的组成结构、硬件连接方法、驱动软件安装方法、在片校准件的设置方
法以及用软件控制系统自动执行在片测试工作的方法步骤。

参考文献

［1］Chang K,Bahl I,Nair V. RF and microwave circuit and component design for wireless. New
York: John Wiley, 2002.

［2］Gao J. RF and Microwave Modeling and Measurement Techniquesfor Field Effect Transistors.
Raleigh,NC: SciTech Publishing,Inc. ,2010.

［3］Gao J. Optoelectronic Integrated Circuit Design and Device Modeling. New Nork: John Wiley,
2010.

［4］Anholt R. Electrical and thermal characterization of MESFET,HEMTs and HBTs. London: Ar-
tech House,1995.

［5］Feng M,Shen S C,Caruth D C,et al. Device Technologies for RF Front-End Circuits in Next-
Generation Wireless Communications. Proceedings of the IEEE,2004,92(2):354 – 375.

［6］Baeyens Y,Georgiou G,Weiner J S, et al. InP D-HBT ICs for 40-Gb/s and higher bit rate
lightwave tranceivers. IEEE J. Solid-State Circuits,2002,37(9):1152 –1159.

［7］Tseng H C. A Hybrid Evolutionary Modeling/Optimization Technique for Collector-Up/Down
HBTs in RFIC and OEIC Modules. IEEE Transactions on Advanced Packaging,2007,30(4):
823 –829.

［8］Ida M,Kunishima K,Watanabe N,et al. InP/InGaAs DHBTs with 341 – GHz f at high current
density of over 800 kA/cm. Int. Electron Devices Meeting(IEDM) Tech. Dig. ,2001:35. 4 –
1 –35. 4 –4.

［9］Ida M,Kurishima K,Wantanabe N. Over 300 GHz fT and fmaxInP/InGaAs double heterojunction bipolar transistors with a thin pseudo-morphic base. IEEE Electron Device Lett. ,2002, 23: 694 – 696.

[10] Rodwell M, Urteaga M, Mathew T, et al. Submicron scaling of HBTs IEEE Trans. Electron Devices,2001,48: 2606 – 2624.

[11] Wang H, Ng G I, Zheng H, et al. Demonstration of aluminumfree metamorphic InP/In$_{0.53}$Ga$_{0.47}$ As/InP double heterojunction bipolar transistors on GaAs substrates. IEEE Electron Device Lett. ,2000,21: 379 – 381.

第2章 半导体器件建模技术基础

半导体器件可以看做是一个复杂的系统,虽然通过半导体器件物理方程可以描述器件的物理机理和特性,但是初学者很难理解,为了方便理解器件的物理机构和特性,通常需要构建一个简单的等效电路模型来表征半导体器件的复杂机理,这个过程称为半导体器件建模。常用的半导体器件建模的流程如下:

(1)研究半导体器件的物理结构,如衬底、有源区、欧姆接触、寄生引线和焊盘等。

(2)构建相应的电路拓扑,如欧姆接触等效为电阻、馈电引线等效为电感、焊盘等效为电容和电阻网络等。

(3)对于有源区的非线性特性,需要借用基本数学函数来构建非线性的经验公式。

(4)由电路基本元件和经验公式共同构成半导体器件的等效电路模型,可以直接嵌入电路模拟软件。

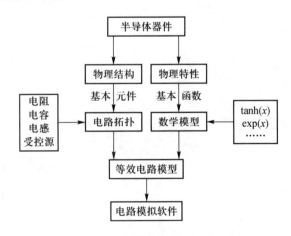

图 2.1 半导体器件建模原理流程图

图 2.1 给出了相应的半导体器件建模原理流程图。通过构建半导体器件的

电路模型,研究人员可以很方便地初步了解器件的工作原理和特性,避免了面对一个陌生的半导体器件而无从下手。本章主要介绍半导体器件建模所需要的基本技术和方法:

(1) 微波网络信号矩阵技术

(2) 微波网络噪声矩阵技术

(3) 微波网络互联技术

(4) 基本电路元件的网络参数表征技术

(5) 寄生元件削去技术

(6) 基本参数提取技术

微波网络信号和噪声矩阵技术是半导体器件建模和参数提取的基础,微波半导体器件的小信号和噪声等效电路模型既可以帮助我们理解器件的物理机制,同时又是建立大小信号等效电路模型的基础。利用微波网络信号矩阵技术可以直接提取半导体器件的寄生参量和本征元件,而半导体器件的噪声模型参量可以由微波网络信号噪声矩阵技术直接提取。

2.1 基本网络参数

二口网络的信号特性通常可以用两大类参数来表征:

(1) 以端口电压和电流为变量的网络参数

● 阻抗参数(Z 参数)

● 导纳参数(Y 参数)

● 混合参数(H 参数)

● 级联参数(ABCD 参数)

(2) 以端口入射波和反射波为变量的网络参数

● 散射参数(S 参数)

● 级联散射参数(T 参数)

图 2.2 分别给出了以电压和电流为变量的网络参数和用入射波和反射波表征的网络参数,Z 参数、Y 参数、H 参数和 ABCD 参数均可以用输入和输出端口电压和电流来表征,而 S 参数和 T 参数则需要用输入和输出端口入射波和反射波来表征。值得注意的是,端口电压和电路是一个幅度的概念,单位一般为伏特和安培;入射波和反射波则是功率的概念,单位通常为 dBm(1dBm 为以毫瓦为基本单位归一化后的分贝数值)。

(a) 以电压和电流为变量的网络参数

(b) 用入射波和反射波表征的网络参数

图 2.2　网络参数

端口入射波和反射波和相应端口电流和电压之间的关系可以表示为

$$a_1 = \frac{1}{2\sqrt{Z_o}}(V_1 + Z_o I_1) \tag{2.1}$$

$$b_1 = \frac{1}{2\sqrt{Z_o}}(V_1 - Z_o I_1) \tag{2.2}$$

$$a_2 = \frac{1}{2\sqrt{Z_o}}(V_2 + Z_o I_2) \tag{2.3}$$

$$b_2 = \frac{1}{2\sqrt{Z_o}}(V_2 - Z_o I_2) \tag{2.4}$$

同样,端口电流和电压和相应端口入射波和反射波之间的关系可以表示为

$$V_1 = \sqrt{Z_o}(a_1 + b_1) \tag{2.5}$$

$$I_1 = \frac{1}{\sqrt{Z_o}}(a_1 - b_1) \tag{2.6}$$

$$V_2 = \sqrt{Z_o}(a_2 + b_2) \tag{2.7}$$

$$I_2 = \frac{1}{\sqrt{Z_o}}(a_2 - b_2) \tag{2.8}$$

这里 Z_o 为系统的特性阻抗,一般为 50 Ω,在介绍 S 参数之前会介绍为什么选择 50 Ω 作为系统的标准阻抗。下面分别介绍半导体器件建模中常用的 Z 参数、Y 参数、ABCD 参数和 S 参数的计算公式和物理意义。

2.1.1　阻抗参数

阻抗参数是指利用 4 个阻抗来表征二口网络特的线性特性。它以输入输出端口电压为函数,以端口电流为激励变量。计算公式如下:

$$V_1 = Z_{11} \cdot I_1 + Z_{12} \cdot I_2 \qquad (2.9)$$

$$V_2 = Z_{21} \cdot I_1 + Z_{22} \cdot I_2 \qquad (2.10)$$

4 个阻抗参数可以利用输入或者输出端口开路条件下的阻抗特性来获得。计算公式如下：

$$Z_{11} = \frac{V_1}{I_1}\bigg|_{I_2=0} \qquad \text{(输出端口开路情况下的输入阻抗)}$$

$$Z_{12} = \frac{V_1}{I_2}\bigg|_{I_1=0} \qquad \text{(输入端口开路情况下的反向传输阻抗)}$$

$$Z_{21} = \frac{V_2}{I_1}\bigg|_{I_2=0} \qquad \text{(输出端口开路情况下的正向传输阻抗)}$$

$$Z_{22} = \frac{V_2}{I_2}\bigg|_{I_1=0} \qquad \text{(输入端口开路情况下的输出阻抗)}$$

图 2.3 给出了二口网络 Z 参数等效电路模型,从图中可以看到两个端口之间的耦合利用两个受控电压源来表征。值得注意的是, Z_{11} 和 Z_{22} 常常被误认为是常用的输入和输出端口阻抗,这是一个明显的错误,因为 Z_{11} 和 Z_{22} 是带有附带条件的端口阻抗。正确的计算方法为,当输出端口端接负载阻抗 Z_L 时,有如下关系：

$$V_2 = -I_2 Z_L = Z_{21} \cdot I_1 + Z_{22} \cdot I_2 \qquad (2.11)$$

则网络输入阻抗可以表示为

$$Z_{in} = \frac{V_1}{I_1} = Z_{11} - \frac{Z_{12}Z_{21}}{Z_{22} + Z_L} \qquad (2.12)$$

当输入端口端接源阻抗 Z_S 时,有如下关系：

$$V_1 = -I_1 Z_S = Z_{11} \cdot I_1 + Z_{12} \cdot I_2 \qquad (2.13)$$

则网络输出阻抗可以表示为

$$Z_{out} = \frac{V_2}{I_2} = Z_{22} - \frac{Z_{12}Z_{21}}{Z_{11} + Z_S} \qquad (2.14)$$

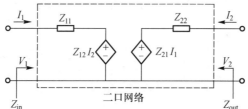

图 2.3 二口网络 Z 参数等效电路模型

在微波射频器件建模过程中,经常用到归一化阻抗参数,它们通常使用小写

字母 z 来表示。归一化阻抗 z 参数和非归一化阻抗 Z 参数之间的关系可以表示为

$$\begin{bmatrix} z_{11} & z_{12} \\ z_{21} & z_{22} \end{bmatrix} = \begin{bmatrix} \dfrac{Z_{11}}{Z_{\mathrm{o}}} & \dfrac{Z_{12}}{Z_{\mathrm{o}}} \\ \dfrac{Z_{21}}{Z_{\mathrm{o}}} & \dfrac{Z_{22}}{Z_{\mathrm{o}}} \end{bmatrix} \tag{2.15}$$

2.1.2 导纳参数

导纳参数是指利用 4 个导纳来表征二口网络特的线性特性,它以输入输出端口电流为函数,以端口电压为激励变量,计算公式如下:

$$I_1 = Y_{11} \cdot V_1 + Y_{12} \cdot V_2 \tag{2.16}$$
$$I_2 = Y_{21} \cdot V_1 + Y_{22} \cdot V_2 \tag{2.17}$$

4 个导纳参数可以利用输入或者输出端口短路条件下的阻抗特性来获得。计算公式如下:

$$Y_{11} = \left. \frac{I_1}{V_1} \right|_{V_2 = 0} \quad (\text{输出端口短路情况下的输入导纳})$$

$$Y_{12} = \left. \frac{I_1}{V_2} \right|_{V_1 = 0} \quad (\text{输入端口短路情况下的反向传输导纳})$$

$$Y_{21} = \left. \frac{I_2}{V_1} \right|_{V_2 = 0} \quad (\text{输出端口短路情况下的正向传输导纳})$$

$$Y_{22} = \left. \frac{I_2}{V_2} \right|_{V_1 = 0} \quad (\text{输入端口短路情况下的输出导纳})$$

图 2.4 给出了二口网络 Y 参数等效电路模型,从图中可以看到两个端口之间的耦合利用两个受控电流源来表征。值得注意的是,Y_{11} 和 Y_{22} 常常被误认为是常用的输入和输出端口导纳,这是一个明显的错误,因为 Y_{11} 和 Y_{22} 是带有附带条件的端口导纳。正确的计算方法为,当输出端口端接负载导纳 Y_L 时,有如下关系:

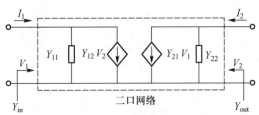

图 2.4 二口网络 Y 参数等效电路模型

$$I_2 = -V_2 Y_L = Y_{21} \cdot V_1 + Y_{22} \cdot V_2 \tag{2.18}$$

则网络输入导纳可以表示为

$$Y_{in} = \frac{I_1}{V_1} = Y_{11} - \frac{Y_{12}Y_{21}}{Y_{22} + Y_L} \tag{2.19}$$

当输入端口端接源导纳 Y_S 时,有如下关系:

$$I_1 = -V_1 Y_S = Y_{11} \cdot V_1 + Y_{12} \cdot V_2 \tag{2.20}$$

则网络输出导纳可以表示为

$$Y_{out} = \frac{I_2}{V_2} = Y_{22} - \frac{Y_{12}Y_{21}}{Y_{11} + Y_S} \tag{2.21}$$

归一化导纳参数通常使用小写字母 y 来表示,归一化导纳参数和非归一化导纳 Y 参数之间的关系可以表示为

$$
\begin{bmatrix} y_{11} & y_{12} \\ y_{21} & y_{22} \end{bmatrix} =
\begin{bmatrix} \dfrac{Y_{11}}{Y_o} & \dfrac{Y_{12}}{Y_o} \\ \dfrac{Y_{21}}{Y_o} & \dfrac{Y_{22}}{Y_o} \end{bmatrix} \tag{2.22}
$$

这里 $Y_o = 1/Z_o$ 为系统的特性导纳。

2.1.3 混合参数

混合参数是指利用 2 个阻抗和 2 个导纳来表征二口网络特的线性特性,它以输入端口电压和输出端口电流为函数,以输入端口电流和输出端口电压为激励变量。计算公式如下:

$$V_1 = H_{11} \cdot I_1 + H_{12} \cdot V_2 \tag{2.23}$$

$$I_2 = H_{21} \cdot I_1 + H_{22} \cdot V_2 \tag{2.24}$$

4 个混合参数可以利用输入端口开路或者输出端口短路条件下的阻抗或者导纳特性来获得。计算公式如下:

$$H_{11} = \frac{V_1}{I_1}\bigg|_{V_2=0} \quad (\text{输出端口短路情况下的输入阻抗})$$

$$H_{12} = \frac{V_1}{V_2}\bigg|_{I_1=0} \quad (\text{输入端口开路情况下的反向电压增益})$$

$$H_{21} = \frac{I_2}{I_1}\bigg|_{V_2=0} \quad (\text{输出端口短路情况下的正向电流增益})$$

$$H_{22} = \frac{I_2}{V_2}\bigg|_{I_1=0} \quad (\text{输入端口开路情况下的输出导纳})$$

图 2.5 给出了二口网络 H 参数等效电路模型,从图中可以看到两个端口之间的耦合利用两个受控电流源来表征。值得注意的是,压控电压源和流控电流源用于两个端口耦合的表征。在 4 个混合参数中,最重要的是输出端口短路情况下的正向电流增益,它代表了一个半导体器件的工作频率,当输出端口短路情况下的电流增益下降到单位增益时的频率为器件的特征频率(见图 2.6),即

$$f_{\mathrm{T}} = f\big|_{H_{21}=1} \tag{2.25}$$

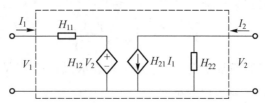

图 2.5   二口网络 H 参数等效电路模型

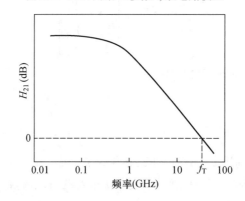

图 2.6   输出短路电流增益随频率变化曲线

归一化混合参数通常使用小写字母 h 来表示,归一化混合参数和非归一化混合 H 参数之间的关系可以表示为

$$\begin{bmatrix} h_{11} & h_{12} \\ h_{21} & h_{22} \end{bmatrix} = \begin{bmatrix} \dfrac{H_{11}}{Z_{\mathrm{o}}} & H_{12} \\[2ex] H_{21} & \dfrac{H_{22}}{Y_{\mathrm{o}}} \end{bmatrix} \tag{2.26}$$

2.1.4   传输参数

传输参数又称为 ABCD 参数,将输入端口电压和电流作为输出变量,输出端口电压和电流作为激励的网络参数。计算公式如下:

$$V_1 = A \cdot V_2 - B \cdot I_2 \tag{2.27}$$

$$I_1 = C \cdot V_2 - D \cdot I_2 \tag{2.28}$$

4 个参数可以利用输出端口短路和开路条件下的阻抗、导纳和增益特性来获得。计算公式如下：

$$A = \left. \frac{V_1}{V_2} \right|_{I_2 = 0} \quad （输出端口开路情况下的反向电压增益）$$

$$B = \left. \frac{V_1}{-I_2} \right|_{V_2 = 0} \quad （输出端口短路情况下的互阻抗）$$

$$C = \left. \frac{I_1}{V_2} \right|_{I_2 = 0} \quad （输出端口开路情况下的互导纳）$$

$$D = \left. \frac{I_1}{-I_2} \right|_{V_2 = 0} \quad （输出端口短路情况下的反向电流增益）$$

当输出端口端接负载阻抗 Z_L 时，网络输入阻抗可以表示为

$$Z_{in} = \frac{V_1}{I_1} = \frac{B + AZ_L}{D + CZ_L} \tag{2.29}$$

当输入端口端接源阻抗 Z_S 时，网络输出阻抗可以表示为

$$Z_{out} = \frac{V_2}{I_2} = \frac{B + DZ_S}{A + CZ_S} \tag{2.30}$$

值得注意的是，传输参数主要用于网络级联，因此输出端口的电流方向为向端口外方向（见图 2.7）。

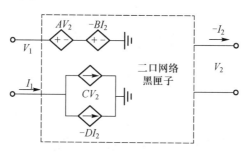

图 2.7　二口网络传输参数模型示意图

归一化混合参数通常使用小写的字符串 abcd 来表示，归一化混合参数和非归一化混合 ABCD 参数之间的关系可以表示为

$$\begin{bmatrix} a & b \\ c & d \end{bmatrix} = \begin{bmatrix} A & \dfrac{B}{Z_o} \\ \dfrac{C}{Y_o} & D \end{bmatrix} \tag{2.31}$$

2.1.5　散射参数

用来描述端口网络反射波和入射波之间关系的 S 参数定义为

$$b_1 = S_{11} \cdot a_1 + S_{12} \cdot a_2 \tag{2.32}$$

$$b_2 = S_{21} \cdot a_1 + S_{22} \cdot a_2 \tag{2.33}$$

4 个参数可以通过输入端口或者输出端口接匹配负载情况下的端口反射系数和增益特性来获得。计算公式如下:

$$S_{11} = \left. \frac{b_1}{a_1} \right|_{a_2=0} \quad (\text{输出端口接匹配负载情况下的输入端口反射系数})$$

$$S_{21} = \left. \frac{b_2}{a_1} \right|_{a_2=0} \quad (\text{输出端口接匹配负载情况下的正向功率增益})$$

$$S_{12} = \left. \frac{b_1}{a_2} \right|_{a_1=0} \quad (\text{输入端口接匹配负载情况下的反向功率增益})$$

$$S_{22} = \left. \frac{b_2}{a_2} \right|_{a_1=0} \quad (\text{输入端口接匹配负载情况下的输出端口反射系数})$$

端口反射系数和输入输出阻抗之间的关系为

$$S_{11} = \frac{Z_{\text{in}} - Z_{\text{o}}}{Z_{\text{in}} + Z_{\text{o}}} \tag{2.34}$$

$$S_{22} = \frac{Z_{\text{out}} - Z_{\text{o}}}{Z_{\text{out}} + Z_{\text{o}}} \tag{2.35}$$

端口反射系数和输入输出导纳之间的关系为

$$S_{11} = \frac{Y_{\text{o}} - Y_{\text{in}}}{Y_{\text{o}} + Y_{\text{in}}} \tag{2.36}$$

$$S_{22} = \frac{Y_{\text{o}} - Y_{\text{out}}}{Y_{\text{out}} + Y_{\text{o}}} \tag{2.37}$$

如果将输入端口端接 50 Ω 信号源,输出端口端接 50 Ω 负载阻抗,则可由端口电压获得 S_{11} 和 S_{21}(如图 2.8 所示):

$$S_{11} = \frac{2V_1}{V_{\text{S}}} - 1 \tag{2.38}$$

$$S_{21} = \frac{2V_2}{V_{\text{S}}} \tag{2.39}$$

如果将输出端口端接 50 Ω 信号源,输入端口端接 50 Ω 负载阻抗,则可由端口电压计算 S_{22} 和 S_{12}:

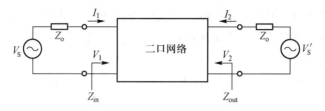

图2.8　S参数计算示意图

$$S_{12} = \frac{2V_1}{V'_S} \tag{2.40}$$

$$S_{22} = \frac{2V_2}{V'_S} - 1 \tag{2.41}$$

值得注意的是,在S参数的定义中需要用到系统的特性阻抗,通常情况下为50 Ω,下面简单解释一下选用50 Ω的原因。

考虑一根以空气作为电介质的同轴电缆(如图2.9所示),内导体半径和外导体半径分别为 a 和 b,其特性阻抗和截止频率可以表示为[1]

$$Z_o = \sqrt{\frac{\mu}{\varepsilon}} \frac{\ln(b/a)}{2\pi} \approx \frac{60}{\sqrt{\varepsilon_r}} \ln\left(\frac{b}{a}\right) \tag{2.42}$$

$$f_C(\text{GHz}) = \frac{3.755}{\sqrt{\varepsilon_r}} \frac{1}{a+b} \tag{2.43}$$

这里 μ 为磁导率,ε 为介电常数,ε_r 为相对介电常数。

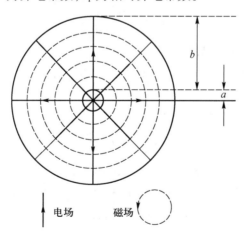

图2.9　同轴电缆电场磁场分布示意图

同轴电缆存在着某个电压会使电介质击穿,该电压称为击穿电压。当内导体半径固定时,加大外导体半径将提高这个击穿电压,但特征阻抗也会随之加大,这本身又会加大损耗,而减少传送负载上的功率。由于这两个相互抵触的因素,所以存在一个合适的内外导体直径之比,使得一根同轴电缆的功率传输能力最大且损耗最小。

同轴电缆可以承受的最大电压 V_{m} 和最大电场 E_{m} 之间的关系可以表示为

$$E_{\mathrm{m}} = \frac{V_{\mathrm{m}}}{a\ln(b/a)} \tag{2.44}$$

最大传输功率为

$$P_{\mathrm{m}} = \frac{E_{\mathrm{m}}^2}{480}a^2\ln(b/a) \tag{2.45}$$

由最大传输功率的导数为零

$$\frac{\mathrm{d}P_{\mathrm{m}}}{\mathrm{d}a} = 0 \Rightarrow \frac{\mathrm{d}}{\mathrm{d}a}\big[\,a^2\ln(b/a)\,\big] = 0 \tag{2.46}$$

可以得到同轴电缆传输最大功率的条件:

$$\frac{b}{a} = \sqrt{\mathrm{e}} = 1.649 \tag{2.47}$$

将上式求出的数据代到公式(2.42)中求解特征阻抗,可得到特征阻抗的数值为 30 Ω。为了使同轴电缆具有最大的功率传输能力,特征阻抗应该选择 30 Ω 来进行尺寸设计。

同轴电缆的衰减可以近似表示为

$$\alpha = k\frac{\left[\dfrac{1}{a}+\dfrac{1}{b}\right]}{\ln(b/a)} \tag{2.48}$$

由同轴电缆的衰减的导数为零

$$\frac{\mathrm{d}\alpha}{\mathrm{d}a} = 0 \Rightarrow \frac{\mathrm{d}}{\mathrm{d}a}\Big[\frac{1/a+1/b}{\ln(b/a)}\Big] = 0 \tag{2.49}$$

可以得到同轴电缆信号衰减最小的条件:

$$\ln\left(\frac{b}{a}\right) = 1 + \frac{a}{b} \tag{2.50}$$

则同轴电缆的内外半径之比为 1:3.6,由公式(2.42)可以获得特性阻抗为 77 Ω,根据最大功率传输和最小衰减原理获得的同轴电缆最佳阻抗,可以选择为

$$Z_{\mathrm{o}} = \sqrt{77\times30}\ \Omega \approx 48\ \Omega \tag{2.51}$$

2.1.6　网络参数之间的关系

利用电路基本定理易得网络参数之间的关系,分别如下。

（1）Z 参数与 Y 参数

由定义可以知道，Z 参数矩阵和 Y 参数矩阵互为逆矩阵，亦即

$$[Z] = [Y]^{-1}, \quad [Y] = [Z]^{-1} \tag{2.52}$$

计算公式如下：

$$Y_{11} = \frac{Z_{22}}{Z_{11}Z_{22} - Z_{12}Z_{21}} \tag{2.53}$$

$$Y_{12} = -\frac{Z_{12}}{Z_{11}Z_{22} - Z_{12}Z_{21}} \tag{2.54}$$

$$Y_{21} = -\frac{Z_{21}}{Z_{11}Z_{22} - Z_{12}Z_{21}} \tag{2.55}$$

$$Y_{22} = \frac{Z_{11}}{Z_{11}Z_{22} - Z_{12}Z_{21}} \tag{2.56}$$

$$Z_{11} = \frac{Y_{22}}{Y_{11}Y_{22} - Y_{12}Y_{21}} \tag{2.57}$$

$$Z_{12} = -\frac{Y_{12}}{Y_{11}Y_{22} - Y_{12}Y_{21}} \tag{2.58}$$

$$Z_{21} = -\frac{Y_{21}}{Y_{11}Y_{22} - Y_{12}Y_{21}} \tag{2.59}$$

$$Z_{22} = \frac{Y_{11}}{Y_{11}Y_{22} - Y_{12}Y_{21}} \tag{2.60}$$

（2）Z 参数与 H 参数

$$Z_{11} = \frac{H_{11}H_{22} - H_{12}H_{21}}{H_{22}} \tag{2.61}$$

$$Z_{12} = \frac{H_{12}}{H_{22}} \tag{2.62}$$

$$Z_{21} = -\frac{H_{21}}{H_{22}} \tag{2.63}$$

$$Z_{22} = \frac{1}{H_{22}} \tag{2.64}$$

$$H_{11} = \frac{Z_{11}Z_{22} - Z_{12}Z_{21}}{Z_{22}} \tag{2.65}$$

$$H_{12} = \frac{Z_{12}}{Z_{22}} \tag{2.66}$$

$$H_{21} = -\frac{Z_{21}}{Z_{22}} \tag{2.67}$$

$$H_{22} = \frac{1}{Z_{22}} \tag{2.68}$$

（3）Z 参数与 ABCD 参数

$$Z_{11} = \frac{A}{C} \tag{2.69}$$

$$Z_{12} = \frac{AB - CD}{C} \tag{2.70}$$

$$Z_{21} = \frac{1}{C} \tag{2.71}$$

$$Z_{22} = \frac{D}{C} \tag{2.72}$$

$$A = \frac{Z_{11}}{Z_{21}} \tag{2.73}$$

$$B = \frac{Z_{11}Z_{22} - Z_{12}Z_{21}}{Z_{21}} \tag{2.74}$$

$$C = \frac{1}{Z_{21}} \tag{2.75}$$

$$D = \frac{Z_{22}}{Z_{21}} \tag{2.76}$$

（4）Z 参数与 S 参数

对于归一化的 z 参数，假设归一化端口电压和电流分别为 u 和 i，则有

$$[u] = [z][i] \tag{2.77}$$

由

$$[u] = [a] + [b] \tag{2.78}$$

$$[i] = [a] - [b] \tag{2.79}$$

$$[b] = [S][a] \tag{2.80}$$

将式（2.78）～式（2.80）代入（2.77），可以得到 S 参数和归一化 z 参数矩阵之间的关系：

$$[S] = ([z] + [I])^{-1}([z] - [I]) \tag{2.81}$$

同理可以得到归一化 z 参数矩阵和 S 参数之间的关系：

$$[z] = ([S] + [I])([I] - [S])^{-1} \tag{2.82}$$

非归一化的 Z 参数矩阵和 S 参数之间的关系为

$$[Z] = Z_o[z] = Z_o([S] + [I])([I] - [S])^{-1} \tag{2.83}$$

这里 $[I]$ 为单位矩阵 $\begin{bmatrix} 1 & 1 \\ 1 & 1 \end{bmatrix}$。

Z 参数和 S 参数之间的换算公式如下：

$$Z_{11} = Z_o \frac{(1 + S_{11})(1 - S_{22}) + S_{12}S_{21}}{(1 - S_{11})(1 - S_{22}) - S_{12}S_{21}} \qquad (2.84)$$

$$Z_{12} = Z_o \frac{2S_{12}}{(1 - S_{11})(1 - S_{22}) - S_{12}S_{21}} \qquad (2.85)$$

$$Z_{21} = Z_o \frac{2S_{21}}{(1 - S_{11})(1 - S_{22}) - S_{12}S_{21}} \qquad (2.86)$$

$$Z_{22} = Z_o \frac{(1 - S_{11})(1 + S_{22}) + S_{12}S_{21}}{(1 - S_{11})(1 - S_{22}) - S_{12}S_{21}} \qquad (2.87)$$

$$S_{11} = \frac{(Z_{11} - Z_o)(Z_{22} + Z_o) - Z_{12}Z_{21}}{(Z_{11} + Z_o)(Z_{22} + Z_o) - Z_{12}Z_{21}} \qquad (2.88)$$

$$S_{12} = \frac{2Z_{12}Z_o}{(Z_{11} + Z_o)(Z_{22} + Z_o) - Z_{12}Z_{21}} \qquad (2.89)$$

$$S_{21} = \frac{2Z_{21}Z_o}{(Z_{11} + Z_o)(Z_{22} + Z_o) - Z_{12}Z_{21}} \qquad (2.90)$$

$$S_{22} = \frac{(Z_{11} + Z_o)(Z_{22} - Z_o) - Z_{12}Z_{21}}{(Z_{11} + Z_o)(Z_{22} + Z_o) - Z_{12}Z_{21}} \qquad (2.91)$$

（5）Y 参数与 H 参数

$$Y_{11} = \frac{1}{H_{11}} \qquad (2.92)$$

$$Y_{12} = -\frac{H_{12}}{H_{11}} \qquad (2.93)$$

$$Y_{21} = \frac{H_{21}}{H_{11}} \qquad (2.94)$$

$$Y_{22} = \frac{H_{11}H_{22} - H_{12}H_{21}}{H_{11}} \qquad (2.95)$$

$$H_{11} = \frac{1}{Y_{11}} \qquad (2.96)$$

$$H_{12} = -\frac{Y_{12}}{Y_{11}} \qquad (2.97)$$

$$H_{21} = \frac{Y_{21}}{Y_{11}} \qquad (2.98)$$

$$H_{22} = \frac{Y_{11}Y_{22} - Y_{12}Y_{21}}{Y_{11}} \qquad (2.99)$$

（6）Y 参数与 ABCD 参数

$$Y_{11} = \frac{D}{B} \tag{2.100}$$

$$Y_{12} = -\frac{AB - CD}{B} \tag{2.101}$$

$$Y_{21} = -\frac{1}{B} \tag{2.102}$$

$$Y_{22} = \frac{A}{B} \tag{2.103}$$

$$A = -\frac{Y_{22}}{Y_{21}} \tag{2.104}$$

$$B = -\frac{1}{Y_{21}} \tag{2.105}$$

$$C = -\frac{Y_{11}Y_{22} - Y_{21}Y_{12}}{Y_{21}} \tag{2.106}$$

$$D = -\frac{Y_{11}}{Y_{21}} \tag{2.107}$$

（7）Y 参数与 S 参数

对于归一化的 y 参数，假设归一化端口电压和电流分别为 u 和 i，则有

$$[i] = [y][u] \tag{2.108}$$

将式（2.78）~ 式（2.80）代入式（2.108），可以得到 S 参数和归一化 y 参数矩阵之间的关系：

$$[S] = ([I] - [y])([I] + [y])^{-1} \tag{2.109}$$

同理可以得到归一化 y 参数矩阵和 S 参数之间的关系：

$$[y] = ([I] - [S])([I] + [S])^{-1} \tag{2.110}$$

非归一化的 Y 参数矩阵和 S 参数之间的关系为

$$[Y] = Y_{\mathrm{o}}[y] = Y_{\mathrm{o}}([I] - [S])([I] + [S])^{-1} \tag{2.111}$$

Y 参数和 S 参数之间的换算公式如下：

$$Y_{11} = Y_{\mathrm{o}}\frac{(1 - S_{11})(1 + S_{22}) + S_{12}S_{21}}{(1 + S_{11})(1 + S_{22}) - S_{12}S_{21}} \tag{2.112}$$

$$Y_{12} = Y_{\mathrm{o}}\frac{-2S_{12}}{(1 + S_{11})(1 + S_{22}) - S_{12}S_{21}} \tag{2.113}$$

$$Y_{21} = Y_{\mathrm{o}}\frac{-2S_{21}}{(1 + S_{11})(1 + S_{22}) - S_{12}S_{21}} \tag{2.114}$$

$$Y_{22} = Y_{\mathrm{o}}\frac{(1 + S_{11})(1 - S_{22}) + S_{12}S_{21}}{(1 + S_{11})(1 + S_{22}) - S_{12}S_{21}} \tag{2.115}$$

$$S_{11} = \frac{(Y_o - Y_{11})(Y_o + Y_{22}) + Y_{12}Y_{21}}{(Y_{11} + Y_o)(Y_{22} + Y_o) - Y_{12}Y_{21}} \tag{2.116}$$

$$S_{12} = \frac{-2Y_o Y_{12}}{(Y_{11} + Y_o)(Y_{22} + Y_o) - Y_{12}Y_{21}} \tag{2.117}$$

$$S_{21} = \frac{-2Y_o Y_{21}}{(Y_{11} + Y_o)(Y_{22} + Y_o) - Y_{12}Y_{21}} \tag{2.118}$$

$$S_{22} = \frac{(Y_o + Y_{11})(Y_o - Y_{22}) + Y_{12}Y_{21}}{(Y_{11} + Y_o)(Y_{22} + Y_o) - Y_{12}Y_{21}} \tag{2.119}$$

（8）H 参数与 ABCD 参数

$$H_{11} = \frac{B}{D} \tag{2.120}$$

$$H_{11} = \frac{AD - BC}{D} \tag{2.121}$$

$$H_{11} = -\frac{1}{D} \tag{2.122}$$

$$H_{11} = \frac{C}{D} \tag{2.123}$$

$$A = -\frac{H_{11}H_{22} - H_{12}H_{21}}{H_{21}} \tag{2.124}$$

$$B = -\frac{H_{11}}{H_{21}} \tag{2.125}$$

$$C = -\frac{H_{22}}{H_{21}} \tag{2.126}$$

$$D = -\frac{1}{H_{21}} \tag{2.127}$$

（9）H 参数与 S 参数

根据入射波、反射波和归一化端口电压、电流之间的关系：

$$u_1 = a_1 + b_1, \ u_2 = a_2 + b_2, \ i_1 = a_1 - b_1, \ i_2 = a_2 - b_2$$

将上述公式代入归一化 h 参数表达式，可以得到：

$$a_1 + b_1 = h_{11}(a_1 - b_1) + h_{12}(a_2 + b_2) \tag{2.128}$$

$$a_1 + b_1 = h_{11}(a_1 - b_1) + h_{12}(a_2 + b_2) \tag{2.129}$$

即

$$\begin{bmatrix} 1 + h_{11} & -h_{12} \\ h_{21} & -(1 + h_{22}) \end{bmatrix} \begin{bmatrix} b_1 \\ b_2 \end{bmatrix} = \begin{bmatrix} h_{11} - 1 & h_{12} \\ h_{21} & h_{22} - 1 \end{bmatrix} \begin{bmatrix} a_1 \\ a_2 \end{bmatrix} \tag{2.130}$$

可以得到 H 参数和 S 参数之间的换算关系：

$$H_{11} = Z_o \frac{(1 + S_{11})(1 + S_{22}) - S_{12}S_{21}}{(1 - S_{11})(1 + S_{22}) + S_{12}S_{21}} \tag{2.131}$$

$$H_{12} = \frac{2S_{12}}{(1 - S_{11})(1 + S_{22}) + S_{12}S_{21}} \tag{2.132}$$

$$H_{21} = \frac{2S_{21}}{(1 - S_{11})(1 + S_{22}) + S_{12}S_{21}} \tag{2.133}$$

$$H_{22} = Y_o \frac{(1 - S_{11})(1 - S_{22}) - S_{12}S_{21}}{(1 - S_{11})(1 + S_{22}) + S_{12}S_{21}} \tag{2.134}$$

$$S_{11} = \frac{(1 + h_{11})(1 + h_{22}) - h_{12}h_{21}}{(1 + h_{11})(1 + h_{22}) - h_{12}h_{21}} \tag{2.135}$$

$$S_{12} = \frac{2h_{12}}{(1 + h_{11})(1 + h_{22}) - h_{12}h_{21}} \tag{2.136}$$

$$S_{21} = \frac{2h_{21}}{(1 + h_{11})(1 + h_{22}) - h_{12}h_{21}} \tag{2.137}$$

$$S_{22} = \frac{(1 + h_{11})(1 - h_{22}) + h_{12}h_{21}}{(1 + h_{11})(1 + h_{22}) - h_{12}h_{21}} \tag{2.138}$$

（10）S 参数与 ABCD 参数

根据入射波、反射波和归一化端口电压、电流之间的关系,以及归一化 ABCD 参数的定义,可以得到

$$\begin{bmatrix} 1 & -(a+b) \\ -1 & -(c+d) \end{bmatrix} \begin{bmatrix} b_1 \\ b_2 \end{bmatrix} = \begin{bmatrix} -1 & a-b \\ -1 & c-d \end{bmatrix} \begin{bmatrix} a_1 \\ a_2 \end{bmatrix} \tag{2.139}$$

这样,S 参数可以表示为

$$[S] = \begin{bmatrix} 1 & -(a+b) \\ -1 & -(c+d) \end{bmatrix}^{-1} \begin{bmatrix} -1 & a-b \\ -1 & c-d \end{bmatrix} \tag{2.140}$$

可以得到 ABCD 参数和 S 参数之间的换算关系:

$$A = \frac{(1 + S_{11})(1 - S_{22}) + S_{12}S_{21}}{2S_{21}} \tag{2.141}$$

$$B = Z_o \frac{(1 + S_{11})(1 + S_{22}) - S_{12}S_{21}}{2S_{21}} \tag{2.142}$$

$$C = Y_o \frac{(1 - S_{11})(1 - S_{22}) - S_{12}S_{21}}{2S_{21}} \tag{2.143}$$

$$D = \frac{(1 - S_{11})(1 + S_{22}) + S_{12}S_{21}}{2S_{21}} \tag{2.144}$$

$$S_{11} = \frac{a + b - c - d}{a + b + c + d} \tag{2.145}$$

$$S_{12} = 2\frac{ad - bc}{a + b + c + d} \quad\quad (2.146)$$

$$S_{21} = \frac{2}{a + b + c + d} \quad\quad (2.147)$$

$$S_{22} = \frac{-a + b - c + d}{a + b + c + d} \quad\quad (2.148)$$

2.2　二口网络的噪声特性

2.2.1　噪声系数和噪声参数

常用的二口网络噪声通常有 4 个参数,分别包括阻抗形式、导纳形式和反射系数形式。表 2.1 给出了常用的二口网络噪声参数。

表 2.1　常用的二口网络噪声参数

阻 抗 形 式	导 纳 形 式	反 射 系 数 形 式
最佳噪声系数 $F_{\min}$	最佳噪声系数 $F_{\min}$	最佳噪声系数 $F_{\min}$
最佳源电阻 R_{opt}	最佳源电导 G_{opt}	最佳源反射系数幅度 Γ_{opt}
最佳源电抗 X_{opt}	最佳源电纳 B_{opt}	最佳源反射系数角度 $\angle \Gamma_{\mathrm{opt}}$
等效噪声电导 g_N	等效噪声电阻 R_N	等效噪声因子 N

二口网络噪声系数可以表示为以下形式。

（1）导纳形式

$$F = F_{\min} + \frac{R_N}{G_{\mathrm{s}}}|Y_{\mathrm{s}} - Y_{\mathrm{opt}}|^2 \quad\quad (2.149)$$

（2）阻抗形式

$$F = F_{\min} + \frac{g_N}{R_{\mathrm{s}}}|Z_{\mathrm{s}} - Z_{\mathrm{opt}}|^2 \qu\quad (2.150)$$

（3）反射系数形式

$$F = F_{\min} + N\frac{|\Gamma_{\mathrm{s}} - \Gamma_{\mathrm{opt}}|^2}{(1 - |\Gamma_{\mathrm{s}}|^2)(1 - |\Gamma_{\mathrm{opt}}|^2)} \qu\quad (2.151)$$

$$F = F_{\min} + \frac{4R_N}{Z_{\mathrm{o}}}\frac{|\Gamma_{\mathrm{s}} - \Gamma_{\mathrm{opt}}|^2}{(1 - |\Gamma_{\mathrm{s}}|^2)|1 + \Gamma_{\mathrm{opt}}|^2} \qu\quad (2.152)$$

这里 Y_s 为信号源导纳,Z_s 为信号源阻抗:

$$Y_s = G_s + jB_s$$

$$Z_s = R_s + jX_s$$

2.2.2　阻抗噪声相关矩阵

阻抗噪声相关矩阵又称为 Z 参数噪声相关矩阵[2,3]。图 2.10 给出了相应的等效电路模型,其端口电压和电流之间的关系为

$$V_1 = Z_{11} \cdot I_1 + Z_{12} \cdot I_2 + <V_{N1}> \tag{2.153}$$

$$V_2 = Z_{21} \cdot I_1 + Z_{22} \cdot I_2 + <V_{N2}> \tag{2.154}$$

图 2.10　二口噪声网络的阻抗表示法

这里,V_{N1} 和 V_{N2} 分别为输入端口和输出端口的相关噪声电压源,又称为开路噪声电压源,即输入端口和输出端口均开路时的电压源。二口噪声网络的阻抗噪声相关矩阵可以表示为

$$C_Z = \frac{1}{4kT\Delta f}\begin{bmatrix} \langle V_{N1} \cdot V_{N1}^* \rangle & \langle V_{N1} \cdot V_{N2}^* \rangle \\ \langle V_{N1}^* \cdot V_{N2} \rangle & \langle V_{N2} \cdot V_{N2}^* \rangle \end{bmatrix} \tag{2.155}$$

2.2.3　导纳噪声相关矩阵

导纳噪声相关矩阵又称为 Y 参数噪声相关矩阵[2,3],图 2.11 给出了相应的等效电路模型,端口电压和电流之间的关系为

$$I_1 = Y_{11} \cdot V_1 + Y_{12} \cdot V_2 + <I_{N1}> \tag{2.156}$$

$$I_2 = Y_{21} \cdot V_1 + Y_{22} \cdot V_2 + <I_{N2}> \tag{2.157}$$

这里,I_{N1} 和 I_{N2} 分别为输入端口和输出端口的相关噪声电流源,又称为短路噪声电流源,即输入端口和输出端口均短路时的电流源。二口噪声网络的导纳噪声相关矩阵可以表示为

$$C_Y = \frac{1}{4kT\Delta f}\begin{bmatrix} \langle I_{N1} \cdot I_{N1}^* \rangle & \langle I_{N1} \cdot I_{N2}^* \rangle \\ \langle I_{N1}^* \cdot I_{N2} \rangle & \langle I_{N2} \cdot I_{N2}^* \rangle \end{bmatrix} \tag{2.158}$$

图 2.11 二口噪声网络的导纳表示法

2.2.4 级联噪声相关矩阵

ABCD 噪声相关矩阵表示方法又称为级联参数噪声相关矩阵[2,3],图 2.12
给出了相应的等效电路模型,相应的端口电压和电流之间的关系为

$$V_1 = A \cdot V_2 - B \cdot I_2 + <V_N> \tag{2.159}$$

$$I_1 = C \cdot V_2 - D \cdot I_2 + <I_N> \tag{2.160}$$

这里 V_N 和 I_N 为输入端口的相关噪声电压源和电流源,可以根据输出端口开路和短
路时的端口电压和电流确定。二口噪声网络的 ABCD 噪声相关矩阵可以表示为

$$C_A = \frac{1}{4kT\Delta f}\begin{bmatrix} \langle V_N \cdot V_N^* \rangle & \langle V_N \cdot I_N^* \rangle \\ \langle V_N^* \cdot I_N \rangle & \langle I_N \cdot I_N^* \rangle \end{bmatrix} \tag{2.161}$$

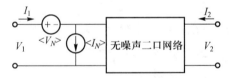

图 2.12 二口噪声网络的 ABCD 矩阵表示法

2.2.5 噪声相关矩阵之间的关系

上述三种噪声相关矩阵之间可以相互转换,下面给出噪声相关矩阵 C_Z、C_Y
和 C_A 之间的换算公式,表 2.2 给出了二口网络噪声矩阵之间的转换关系[4,5]。
(1) C_Z 与 C_Y
将(2.153)和(2.154)代入(2.156)和(2.157),可以得到

$$\begin{bmatrix} <I_{N1}> \\ <I_{N2}> \end{bmatrix} = -\begin{bmatrix} Y_{11} & Y_{12} \\ Y_{21} & Y_{22} \end{bmatrix}\begin{bmatrix} <V_{N1}> \\ <V_{N2}> \end{bmatrix} \tag{2.162}$$

将上式代入(2.158),则有

$$C_{Y11} = |Y_{11}|^2 C_{Z11} + |Y_{12}|^2 C_{Z22} + Y_{11}Y_{12}^* C_{Z12} + Y_{12}Y_{11}^* C_{Z21} \tag{2.163}$$

$$C_{Y22} = |Y_{21}|^2 C_{Z11} + |Y_{22}|^2 C_{Z22} + Y_{21}Y_{22}^* C_{Z12} + Y_{22}Y_{21}^* C_{Z21} \tag{2.164}$$

$$C_{Y12} = C_{Z11} Y_{11} Y_{21}^* + C_{Z22} Y_{12} Y_{22}^* + Y_{11} Y_{22}^* C_{Z12} + Y_{12} Y_{21}^* C_{Z21} \tag{2.165}$$

$$C_{Y21} = C_{Z11} Y_{21} Y_{11}^* + C_{Z22} Y_{12}^* Y_{22} + Y_{12}^* Y_{21} C_{Z12} + Y_{11}^* Y_{22} C_{Z21} \tag{2.166}$$

(2) C_Y 与 C_Z

将(2.156)和(2.157)代入(2.153)和(2.154),可以得到

$$\begin{bmatrix} <V_{N1}> \\ <V_{N2}> \end{bmatrix} = - \begin{bmatrix} Z_{11} & Z_{12} \\ Z_{21} & Z_{22} \end{bmatrix} \begin{bmatrix} <I_{N1}> \\ <I_{N2}> \end{bmatrix} \tag{2.167}$$

将上式代入(2.156),则有

$$C_{Z11} = C_{Y11} |Z_{11}|^2 + C_{Y22} |Z_{12}|^2 + Z_{11} Z_{12}^* C_{Y12} + Z_{12} Z_{11}^* C_{Y21} \tag{2.168}$$

$$C_{Z22} = C_{Y11} |Z_{21}|^2 + C_{Y22} |Z_{22}|^2 + Z_{21} Z_{22}^* C_{Y12} + Z_{22} Z_{21}^* C_{Y21} \tag{2.169}$$

$$C_{Z12} = C_{Y11} Z_{11} Z_{21}^* + C_{Y22} Z_{22}^* Z_{12} + Z_{11} Z_{22}^* C_{Y12} + Z_{12} Z_{21}^* C_{Y21} \tag{2.170}$$

$$C_{Z21} = C_{Y11} Z_{11}^* Z_{21} + C_{Y22} Z_{22} Z_{12}^* + Z_{12}^* Z_{21} C_{Y12} + Z_{11}^* Z_{22} C_{Y21} \tag{2.171}$$

(3) C_A 与 C_Z

由(2.159)、(2.160)、(2.153)和(2.154),可以得到

$$V_{N1} = V_N - I_N Z_{11} \tag{2.172}$$

$$V_{N2} = -I_N Z_{21} \tag{2.173}$$

将上式代入(2.156),则有

$$C_{Z11} = C_{A11} + C_{A22} |Z_{11}|^2 - Z_{11}^* C_{A12} - Z_{11} C_{A21} \tag{2.174}$$

$$C_{Z12} = C_{A22} Z_{21}^* Z_{11} - C_{A12} Z_{21}^* \tag{2.175}$$

$$C_{Z21} = C_{A22} Z_{11}^* Z_{21} - C_{A21} Z_{21} \tag{2.176}$$

$$C_{Z22} = C_{A22} |Z_{21}|^2 \tag{2.177}$$

(4) C_Z 与 C_A

从(2.172)和(2.173),可以得到

$$V_N = V_{N1} - \frac{Z_{11} V_{N2}}{Z_{21}} \tag{2.178}$$

$$I_N = -\frac{V_{N2}}{Z_{21}} \tag{2.179}$$

将上式代入(2.161),则有

$$C_{A11} = C_{Z11} + C_{Z22} \frac{|Z_{11}|^2}{|Z_{21}|^2} - \frac{Z_{11}^*}{Z_{21}^*} C_{Z12} - \frac{Z_{11}}{Z_{21}} C_{Z21} \tag{2.180}$$

$$C_{A12} = C_{Z22} \frac{Z_{11}}{|Z_{21}|^2} - C_{Z12} \frac{1}{Z_{21}^*} \tag{2.181}$$

$$C_{A21} = C_{Z22} \frac{Z_{11}^*}{|Z_{21}|^2} - C_{Z21} \frac{1}{Z_{21}} \tag{2.182}$$

$$C_{A22} = C_{Z22} \frac{1}{|Z_{21}|^2} \qquad (2.183)$$

(5) C_A 与 C_Y

由(2.156)、(2.157)、(2.159)和 (2.160),可以得到

$$I_{N1} = I_N - Y_{11}V_N \qquad (2.184)$$

$$I_{N2} = -V_N Y_{21} \qquad (2.185)$$

将上式代入(2.160),则有

$$C_{Y11} = C_{A22} + C_{A11}|Y_{11}|^2 - Y_{11}^* C_{A21} - Y_{11} C_{A12} \qquad (2.186)$$

$$C_{Y12} = C_{A11} Y_{21}^* Y_{11} - C_{A21} Y_{21}^* \qquad (2.187)$$

$$C_{Y21} = C_{A11} Y_{11}^* Y_{21} - C_{A12} Y_{21} \qquad (2.188)$$

$$C_{Y22} = C_{A11}|Y_{21}|^2 \qquad (2.189)$$

(6) C_Y 与 C_A

从公式(2.184)和(2.185),可以得到

$$I_N = I_{N1} - \frac{Y_{11}}{Y_{21}} I_{N2} \qquad (2.190)$$

$$V_N = -\frac{I_{N2}}{Y_{21}} \qquad (2.191)$$

将上述公式代入(2.161),则有

$$C_{A11} = \frac{C_{Y22}}{|Y_{21}|^2} \qquad (2.192)$$

$$C_{A12} = \frac{Y_{11}^* C_{Y22} - Y_{21}^* C_{Y21}}{|Y_{21}|^2} \qquad (2.193)$$

$$C_{A21} = (C_{A12})^* \qquad (2.194)$$

$$C_{A22} = C_{Y11} + \frac{|Y_{11}|^2 C_{Y22}}{|Y_{21}|^2} - 2\text{Re}\left(\frac{Y_{11}}{Y_{21}} C_{Y21}\right) \qquad (2.195)$$

噪声相关矩阵 C_Y、C_Z 和 C_A 之间的转换关系见表2.2。

表2.2　噪声相关矩阵 C_Y、C_Z 和 C_A 之间的转换关系

	原矩阵 C		
	C_Y	C_Z	C_A
C_Y	$\begin{bmatrix} 1 & 0 \\ 0 & 1 \end{bmatrix}$	$\begin{bmatrix} Y_{11} & Y_{12} \\ Y_{21} & Y_{22} \end{bmatrix}$	$\begin{bmatrix} -Y_{11} & 1 \\ -Y_{21} & 0 \end{bmatrix}$
C_Z	$\begin{bmatrix} Z_{11} & Z_{12} \\ Z_{21} & Z_{22} \end{bmatrix}$	$\begin{bmatrix} 1 & 0 \\ 0 & 1 \end{bmatrix}$	$\begin{bmatrix} 1 & -Z_{11} \\ 0 & -Z_{21} \end{bmatrix}$
C_A	$\begin{bmatrix} 0 & A_{12} \\ 1 & A_{22} \end{bmatrix}$	$\begin{bmatrix} 1 & -A_{11} \\ 0 & -A_{21} \end{bmatrix}$	$\begin{bmatrix} 1 & 0 \\ 0 & 1 \end{bmatrix}$

2.3　二口网络的互联

二口网络的互联主要有三种形式:串联形式、并联形式和级联形式,下面分别介绍。

2.3.1　二口网络的串联

二口网络的串联如图 2.13 所示,图中 V'_1、I'_1、V'_2、I'_2 为子网络 N_1 的端口电压和电流;V''_1、I''_1、V''_2、I''_2 为子网络 N_2 的端口电压和电流;V_1、I_1、V_2、I_2 为串联后总网络的端口电压和电流。

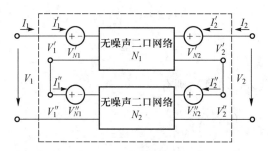

图 2.13　二口网络的串联示意图

串联后总网络的端口信号电压和电流可以表示为两个子网络端口信号电压和电流之和,即

$$V_i = V'_i + V''_i, \quad i = 1, 2 \tag{2.196}$$

$$I_j = I'_j = I''_j, \quad i = 1, 2 \tag{2.197}$$

代入 $\mathbf{Z}$ 矩阵公式,可以得到

$$\mathbf{Z} = \mathbf{Z}_1 + \mathbf{Z}_2 \tag{2.198}$$

串联后,网络总的端口噪声电压可以表示为两个子网络端口信号电压之和:

$$V_{N1} = V'_{N1} + V''_{N1} \tag{2.199}$$

$$V_{N2} = V'_{N2} + V''_{N2} \tag{2.200}$$

值得注意的是,4 个噪声源为不相关的噪声电压源,也就是有

$$\langle V'_{N1} \cdot (V''_{N1})^* \rangle = \langle V'_{N2} \cdot (V''_{N2})^* \rangle = 0 \tag{2.201}$$

总的网络噪声相关矩阵可以表示为

$$C_{Z11} = \langle V_{N1} \cdot V_{N1}^* \rangle = \langle (V_{N1}' + V_{N1}'') \cdot (V_{N1}' + V_{N1}'')^* \rangle$$

$$= \langle V_{N1}' \cdot (V_{N1}')^* \rangle + \langle V_{N1}'' \cdot (V_{N1}'')^* \rangle \qquad (2.202)$$

$$= C_{Z11}' + C_{Z11}''$$

同理可以得到

$$C_{Z22} = C_{Z22}' + C_{Z22}'' \qquad (2.203)$$

$$C_{Z12} = C_{Z12}' + C_{Z12}'' \qquad (2.204)$$

$$C_{Z21} = C_{Z21}' + C_{Z21}'' \qquad (2.205)$$

由上述公式可以得到,串联后总的网络噪声阻抗相关矩阵可以表示为两个子网络噪声阻抗相关矩阵之和,即

$$\boldsymbol{C}_Z = \boldsymbol{C}_Z' + \boldsymbol{C}_Z'' \qquad (2.206)$$

2.3.2 二口网络的并联

二口网络的并联如图 2.14 所示,图中 V_1'、I_1'、V_2'、I_2' 为子网络 N_1 的端口电压和电流;V_1''、I_1''、V_2''、I_2'' 为子网络 N_2 的端口电压和电流;V_1、I_1、V_2、I_2 为并联后总网络的端口电压和电流。I_{N1}' 和 I_{N2}' 为子网络 N_1 的短路噪声电流源,I_{N1}'' 和 I_{N2}'' 为子网络 N_2 的短路噪声电流源。

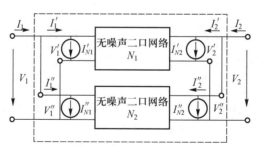

图 2.14 二口网络的并联示意图

并联后,网络总的端口信号电压和电流可以表示为

$$V_i = V_i' = V_i'', \quad i = 1,2 \qquad (2.207)$$

$$I_j = I_j' + I_j'', \quad i = 1,2 \qquad (2.208)$$

代入 Y 矩阵公式,可以得到

$$\boldsymbol{Y} = \boldsymbol{Y}_1 + \boldsymbol{Y}_2 \qquad (2.209)$$

并联后,网络总的端口噪声电流可以表示为

$$I_{N1} = I'_{N1} + I''_{N1} \tag{2.210}$$

$$I_{N2} = I'_{N2} + I''_{N2} \tag{2.211}$$

值得注意的是, I'_{N1} 和 I''_{N1} 、 I'_{N2} 和 I''_{N2} 分别为不相关的噪声电压源。总的噪声网络导纳相关矩阵可以表示为

$$
\begin{aligned}
C_{Y11} &= \langle I_{N1} \cdot I^*_{N1} \rangle = \langle (I'_{N1} + I''_{N1}) \cdot (I'_{N1} + I''_{N1})^* \rangle \\
&= \langle I'_{N1} \cdot (I'_{N1})^* \rangle + \langle I''_{N1} \cdot (I''_{N1})^* \rangle \\
&= C'_{Y11} + C''_{Y11}
\end{aligned}
\tag{2.212}
$$

同理可以得到

$$C_{Y22} = C'_{Y22} + C''_{Y22} \tag{2.213}$$

$$C_{Y12} = C'_{Y12} + C''_{Y12} \tag{2.214}$$

$$C_{Y21} = C'_{Y21} + C''_{Y21} \tag{2.215}$$

并联后,总的网络导纳相关矩阵可以表示为两个子网络导纳噪声相关矩阵之和:

$$\boldsymbol{C}_Y = \boldsymbol{C}'_Y + \boldsymbol{C}''_Y \tag{2.216}$$

2.3.3　二口网络的级联

二口网络的级联如图 2.15 所示。级联后网络总的端口信号电压和电流可以表示为

$$
\begin{bmatrix} V_1 \\ I_1 \end{bmatrix} = \begin{bmatrix} V'_1 \\ I'_1 \end{bmatrix} = [A_1] \cdot \begin{bmatrix} V''_1 \\ I''_1 \end{bmatrix} = [A_1] \cdot [A_2] \cdot \begin{bmatrix} V''_2 \\ -I''_2 \end{bmatrix} = [A_1] \cdot [A_2] \cdot \begin{bmatrix} V_2 \\ -I_2 \end{bmatrix}
\tag{2.217}
$$

因此,级联后网络的 ABCD 矩阵为两个子网络 ABCD 矩阵之积:

$$[A] = [A_1] \cdot [A_2] \tag{2.218}$$

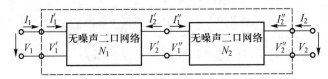

图 2.15　二口网络的级联示意图

级联后网络的 S 参数为

$$S_{11}^{\mathrm{T}} = S_{11}^A + \frac{S_{11}^B S_{12}^A S_{21}^A}{1 - S_{11}^B S_{22}^A} \tag{2.219}$$

$$S_{21}^{\mathrm{T}} = \frac{S_{21}^{A} S_{21}^{B}}{1 - S_{11}^{B} S_{22}^{A}} \quad\quad (2.220)$$

$$S_{12}^{\mathrm{T}} = \frac{S_{12}^{A} S_{12}^{B}}{1 - S_{11}^{B} S_{22}^{A}} \qu\quad (2.221)$$

$$S_{22}^{\mathrm{T}} = S_{22}^{B} + \frac{S_{12}^{B} S_{21}^{B} S_{22}^{A}}{1 - S_{11}^{B} S_{22}^{A}} \ququad (2.222)$$

其中 A 和 B 表示两个级联的子网络。

二口噪声网络的级联如图 2.16 所示,图中 V_N' 和 I_N' 为子网络 N_1 的 ABCD 参数噪声电压和电流源,图中 V_N'' 和 I_N'' 为子网络 N_2 的 ABCD 参数噪声电压和电流源。

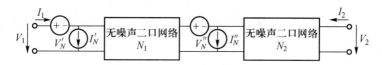

图 2.16 二口噪声网络的级联示意图

网络级联后的 ABCD 噪声相关矩阵为

$$\boldsymbol{C}_A = \boldsymbol{C}_{A1} + \boldsymbol{A}_1 \boldsymbol{C}_{A2} \boldsymbol{A}_1^+ \qu\quad (2.223)$$

2.4 基本电路元件

本节主要介绍电路中的基本元件,如电阻、电容、电感和受控源以及由此构成的 T 型网络和 PI 型网络的信号和噪声矩阵。

2.4.1 电阻

图 2.17 给出了基本的串联和并联电阻网络,很显然对于串联网络其阻抗矩阵不存在,而对于电阻并联网络其导纳矩阵不存在。

对于电阻串联网络,其网络参数包括 Y 参数、传输参数和 S 参数,可以表示为

$$[Y]_{\mathrm{s}} = \frac{1}{R} \begin{bmatrix} 1 & -1 \\ -1 & 1 \end{bmatrix} \quad\quad (2.224)$$

$$[A]_{\mathrm{s}} = \begin{bmatrix} 1 & R \\ 0 & 1 \end{bmatrix} \quad\quad (2.225)$$

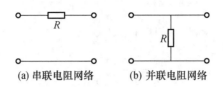

(a) 串联电阻网络　　(b) 并联电阻网络

图 2.17　电阻网络

$$[S]_S = \frac{1}{R + 2Z_o} \begin{bmatrix} R & 2Z_o \\ 2Z_o & R \end{bmatrix} \tag{2.226}$$

由于电阻网络为有损无源二口网络,其噪声相关矩阵可以表示为

$$C_Y^S = 4kT\mathrm{Re}\,[Y]_S = \frac{4kT}{R} \begin{bmatrix} 1 & -1 \\ -1 & 1 \end{bmatrix} \tag{2.227}$$

对于电阻并联网络,其网络参数包括 Z 参数、传输参数和 S 参数,可以表示为

$$[Z]_P = R \begin{bmatrix} 1 & 1 \\ 1 & 1 \end{bmatrix} \tag{2.228}$$

$$[A]_P = \begin{bmatrix} 1 & 0 \\ \dfrac{1}{R} & 1 \end{bmatrix} \tag{2.229}$$

$$[S]_P = \frac{1}{2R + Z_o} \begin{bmatrix} -Z_o & 2R \\ 2R & -Z_o \end{bmatrix} \tag{2.230}$$

同理,其噪声相关矩阵可以表示为

$$C_Z^P = 4kT\mathrm{Re}\,[Z]_P = 4kTR \begin{bmatrix} 1 & 1 \\ 1 & 1 \end{bmatrix} \tag{2.231}$$

2.4.2　电容

电容是半导体器件建模技术中最常用的部件之一,图 2.18 给出了基本的串联和并联电容网络。对于电阻串联网络,其网络参数包括 Y 参数、传输参数和 S 参数,可以表示为

$$[Y]_S = j\omega C \begin{bmatrix} 1 & -1 \\ -1 & 1 \end{bmatrix} \tag{2.232}$$

$$[A]_S = \begin{bmatrix} 1 & -\dfrac{j}{\omega C} \\ 0 & 1 \end{bmatrix} \tag{2.233}$$

$$[S]_\mathrm{S} = \frac{1}{2Z_\mathrm{o} - \dfrac{\mathrm{j}}{\omega C}}\begin{bmatrix} -\dfrac{\mathrm{j}}{\omega C} & 2Z_\mathrm{o} \\ 2Z_\mathrm{o} & -\dfrac{\mathrm{j}}{\omega C} \end{bmatrix} \qquad (2.234)$$

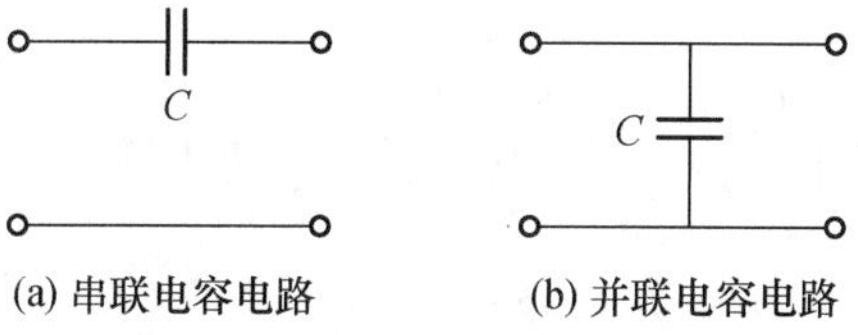

(a) 串联电容电路   (b) 并联电容电路

图 2.18 电容网络

对于电容并联网络,其网络参数包括 Z 参数、传输参数和 S 参数,可以表示为

$$[Z]_\mathrm{P} = \frac{1}{\mathrm{j}\omega C}\begin{bmatrix} 1 & 1 \\ 1 & 1 \end{bmatrix} \qquad (2.235)$$

$$[A]_\mathrm{P} = \begin{bmatrix} 1 & 0 \\ \mathrm{j}\omega C & 1 \end{bmatrix} \qquad (2.236)$$

$$[S]_\mathrm{P} = \frac{1}{Z_\mathrm{o} - 2\dfrac{\mathrm{j}}{\omega C}}\begin{bmatrix} -Z_\mathrm{o} & \dfrac{2}{\mathrm{j}\omega C} \\ \dfrac{2}{\mathrm{j}\omega C} & -Z_\mathrm{o} \end{bmatrix} \qquad (2.237)$$

由于电容网络为无损无源二口网络,其噪声相关矩阵可以表示为

$$\boldsymbol{C}_\mathrm{Y}^\mathrm{S} = 4kT\mathrm{Re}\,[Y]_\mathrm{S} = \begin{bmatrix} 0 & 0 \\ 0 & 0 \end{bmatrix} \qquad (2.238)$$

$$\boldsymbol{C}_\mathrm{Z}^\mathrm{P} = 4kT\mathrm{Re}\,[Z]_\mathrm{P} = \begin{bmatrix} 0 & 0 \\ 0 & 0 \end{bmatrix} \qquad (2.239)$$

从上述公式可以看到,由于电容网络为无损网络,因此其噪声相关矩阵为零矩阵。但是值得注意的是,虽然噪声相关矩阵为零,并不意味着电容网络对电路的噪声贡献为零。

电容和电阻分支网络(RC)也是半导体器件建模技术中常用的网络,图 2.19 给出了基本的串联和并联电容和电阻网络。

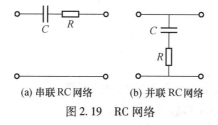

(a) 串联 RC 网络   (b) 并联 RC 网络

图 2.19 RC 网络

对于电阻和电容串联网络,其网络参数(包括 Y 参数、传输参数和 S 参数)可以表示为

$$[Y]_S = \frac{j\omega C}{1+j\omega RC} \begin{bmatrix} 1 & -1 \\ -1 & 1 \end{bmatrix} \tag{2.240}$$

$$[A]_S = \begin{bmatrix} 1 & R+\dfrac{1}{j\omega C} \\ 0 & 1 \end{bmatrix} \tag{2.241}$$

$$[S]_S = \frac{1}{R+\dfrac{1}{j\omega C}+2Z_\circ} \begin{bmatrix} R+\dfrac{1}{j\omega C} & 2Z_\circ \\ 2Z_\circ & R+\dfrac{1}{j\omega C} \end{bmatrix} \tag{2.242}$$

由于电阻和电容串联网络为有损无源二口网络,其噪声相关矩阵可以表示为

$$C_Y^S = 4kT\mathrm{Re}\,[Y]_S = 4kT\frac{\omega^2 RC^2}{1+\omega^2 R^2 C^2} \begin{bmatrix} 1 & -1 \\ -1 & 1 \end{bmatrix} \tag{2.243}$$

对于电阻和电容并联网络,其网络参数(包括 Z 参数、传输参数和 S 参数)可以表示为

$$[Z]_P = \left(R+\frac{1}{j\omega C}\right) \begin{bmatrix} 1 & 1 \\ 1 & 1 \end{bmatrix} \tag{2.244}$$

$$[A]_P = \begin{bmatrix} 1 & 0 \\ \dfrac{j\omega C}{1+j\omega RC} & 1 \end{bmatrix} \tag{2.245}$$

$$[S]_P = \frac{1}{2\left(R+\dfrac{1}{j\omega C}\right)+Z_\circ} \begin{bmatrix} -Z_\circ & 2\left(R+\dfrac{1}{j\omega C}\right) \\ 2\left(R+\dfrac{1}{j\omega C}\right) & -Z_\circ \end{bmatrix} \tag{2.246}$$

同理,其噪声相关矩阵可以表示为

$$C_Z^P = 4kT\mathrm{Re}\,[Z]_P = 4kTR \begin{bmatrix} 1 & 1 \\ 1 & 1 \end{bmatrix} \tag{2.247}$$

2.4.3　电感

图 2.20 给出了基本的串联和并联电感网络。对于串联网络,其网络参数包括 Y 参数、传输参数和 S 参数,可以表示为

$$[Y]_S = \frac{1}{j\omega L}\begin{bmatrix} 1 & -1 \\ -1 & 1 \end{bmatrix} \tag{2.248}$$

$$[A]_S = \begin{bmatrix} 1 & j\omega L \\ 0 & 1 \end{bmatrix} \tag{2.249}$$

$$[S]_S = \frac{1}{j\omega L + 2Z_o}\begin{bmatrix} j\omega L & 2Z_o \\ 2Z_o & j\omega L \end{bmatrix} \tag{2.250}$$

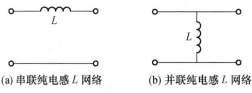

(a) 串联纯电感 L 网络　　　　(b) 并联纯电感 L 网络

图 2.20　纯电感 L 网络

对于电感并联网络,其网络参数包括 Z 参数、传输参数和 S 参数,可以表示为

$$[Z]_P = j\omega L\begin{bmatrix} 1 & 1 \\ 1 & 1 \end{bmatrix} \tag{2.251}$$

$$[A]_P = \begin{bmatrix} 1 & 0 \\ \dfrac{1}{j\omega L} & 1 \end{bmatrix} \tag{2.252}$$

$$[S]_P = \frac{1}{Z_o + 2j\omega L}\begin{bmatrix} -Z_o & 2j\omega L \\ 2j\omega L & -Z_o \end{bmatrix} \tag{2.253}$$

由于电感网络为无损无源二口网络,其噪声相关矩阵可以表示为

$$C_Y^S = 4kT\mathrm{Re}\,[Y]_S = \begin{bmatrix} 0 & 0 \\ 0 & 0 \end{bmatrix} \tag{2.254}$$

$$C_Z^P = 4kT\mathrm{Re}\,[Z]_P = \begin{bmatrix} 0 & 0 \\ 0 & 0 \end{bmatrix} \tag{2.255}$$

从上述公式可以看到,对于纯电感网络其噪声相关矩阵为零矩阵。但是值得注意的是,虽然噪声相关矩阵为零,但是纯电感网络对电路的噪声是有影响的,不能忽略不计。在单片集成电路设计中,键合引线通常可以用于半导体芯片和外部金属端子的连接(如图 2.21(a)所示),其键合引线在微波射频情况下不再视为短路线,而应该看做一个电感和电阻的串联(图 2.21(b)),模型中的电阻表示环形电感引线带来的损耗。

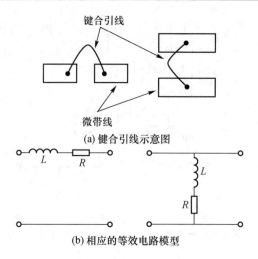

(a) 键合引线示意图

(b) 相应的等效电路模型

图 2.21   键合引线示意图及其等效电路模型

对于电阻和电感串联网络,其网络参数(包括 Y 参数、传输参数和 S 参数)可以表示为

$$[Y]_\text{S} = \frac{1}{R + \mathrm{j}\omega L}\begin{bmatrix} 1 & -1 \\ -1 & 1 \end{bmatrix} \qquad (2.256)$$

$$[A]_\text{S} = \begin{bmatrix} 1 & R + \mathrm{j}\omega L \\ 0 & 1 \end{bmatrix} \qquad (2.257)$$

$$[S]_\text{S} = \frac{1}{R + \mathrm{j}\omega L + 2Z_\text{o}}\begin{bmatrix} R + \mathrm{j}\omega L & 2Z_\text{o} \\ 2Z_\text{o} & R + \mathrm{j}\omega L \end{bmatrix} \qquad (2.258)$$

对于电阻电感并联网络,其网络参数(包括 Z 参数、传输参数和 S 参数)可以表示为

$$[Z]_\text{P} = (R + \mathrm{j}\omega L)\begin{bmatrix} 1 & 1 \\ 1 & 1 \end{bmatrix} \qquad (2.259)$$

$$[A]_\text{P} = \begin{bmatrix} 1 & 0 \\ \dfrac{1}{R + \mathrm{j}\omega L} & 1 \end{bmatrix} \qquad (2.260)$$

$$[S]_\text{P} = \frac{1}{Z_\text{o} + 2(R + \mathrm{j}\omega L)}\begin{bmatrix} -Z_\text{o} & 2(R + \mathrm{j}\omega L) \\ 2(R + \mathrm{j}\omega L) & -Z_\text{o} \end{bmatrix} \qquad (2.261)$$

2.4.4   受控源

受控源是半导体器件建模和参数提取技术中用到的特殊元件,它们不同于

上面讨论的无源电阻、电容和电感,受控源的出现表明器件的有源特性。下面分别讨论电压控制电流源(压控电流源)、电压控制电压源(压控电压源)、电流控制电流源(流控电流源)和电流控制电压源(流控电压源)。

1. 压控电流源

压控电流源是场效应晶体管和双极晶体管小信号模型中最为常用的元件,图 2.22 给出了相应的电路拓扑示意图,其输入阻抗和输出阻抗通常为无穷大,跨阻增益为输出电流对输入电压的微分,具体表达式为

$$g_m = \frac{\mathrm{d}I_{out}}{\mathrm{d}V_{in}} \tag{2.262}$$

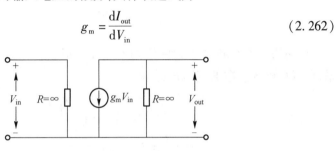

图 2.22　压控电流源电路拓扑示意图

压控电流源不存在 Z 参数,其 Y 参数可以表示为

$$[Y] = \begin{bmatrix} 0 & 0 \\ g_m & 0 \end{bmatrix} \tag{2.263}$$

根据 S 参数和节点电压之间的关系,可以得到 S 参数的表达式:

$$[S] = \begin{bmatrix} 1 & 0 \\ -2g_m Z_o & 1 \end{bmatrix} \tag{2.264}$$

2. 压控电压源

图 2.23 给出了压控电压源相应的电路拓扑示意图,其输入阻抗一般情况下为无穷大,而输出阻抗通常为 0,电压增益为输出电压对输入电压的微分,具体表达式为

$$E = \frac{\mathrm{d}V_{out}}{\mathrm{d}V_{in}} \tag{2.265}$$

该网络 Z 参数和 Y 参数网络均不存在,根据 S 参数和节点电压之间的关系,可以得到 S 参数的表达式:

$$[S] = \begin{bmatrix} 1 & 0 \\ 2E & -1 \end{bmatrix} \tag{2.266}$$

3. 流控电流源

图 2.24 给出了流控电流源相应的电路拓扑示意图,其输入阻抗一般情况下为

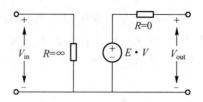

图 2.23　压控电压源电路拓扑示意图

0,而输出阻抗通常为无穷大,电流增益为输出电流对输入电流的微分,表达式为

$$\beta = \frac{\mathrm{d}I_{\mathrm{out}}}{\mathrm{d}I_{\mathrm{in}}} \tag{2.267}$$

该网络 Z 参数和 Y 参数网络均不存在。根据 S 参数和节点电压之间的关系,可以得到 S 参数的表达式:

$$[S] = \begin{bmatrix} -1 & 0 \\ -2\beta & 1 \end{bmatrix} \tag{2.268}$$

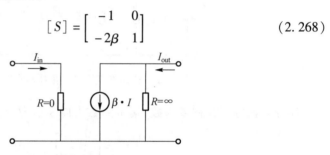

图 2.24　流控电流源电路拓扑示意图

4. 流控电压源

图 2.25 给出了流控电压源的电路拓扑示意图,其输入阻抗和输出阻抗通常为 0,跨阻增益为输出电压对输入电流的微分,表达式为

$$E = \frac{\mathrm{d}V_{\mathrm{out}}}{\mathrm{d}I_{\mathrm{in}}} \tag{2.269}$$

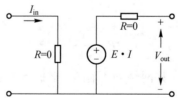

图 2.25　流控电压源电路拓扑示意图

流控电流源不存在 Y 参数,其 Z 参数可以表示为

$$[Z] = \begin{bmatrix} 0 & 0 \\ E & 0 \end{bmatrix} \tag{2.270}$$

根据 S 参数和节点电压之间的关系,可以得到 S 参数的表达式:

$$[S] = \begin{bmatrix} -1 & 0 \\ 2E/Z_{\mathrm{o}} & -1 \end{bmatrix} \tag{2.271}$$

2.4.5 理想传输线

在低频情况下,连接半导体元件之间的连线可以看做短路而无需考虑其对电路的影响,随着工作频率的提高,当连线的长度和工作波长可以比拟的时候,连线需要当做一个独立的电路元件来考虑,如果忽略它的损耗,那么可以称之为理想传输线。

图 2.26 给出了特征阻抗为 Z_{o}、电长度为 θ(弧度)的理想传输线示意图,其传输矩阵和 S 参数矩阵可以表示为

$$A = \begin{bmatrix} \cos\theta & \mathrm{j}Z_{\mathrm{o}}\sin\theta \\ \mathrm{j}Y_{\mathrm{o}}\sin\theta & \cos\theta \end{bmatrix} \tag{2.272}$$

$$S = \begin{bmatrix} 0 & \mathrm{e}^{-\mathrm{j}\theta} \\ \mathrm{e}^{-\mathrm{j}\theta} & 0 \end{bmatrix} \tag{2.273}$$

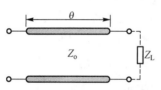

图 2.26 理想传输线示意图

当理想传输线输出端口端接阻抗为 Z_{L} 的负载时,其输入阻抗和导纳分别为

$$Z_{\mathrm{in}} = Z_{\mathrm{o}} \frac{Z_{\mathrm{L}} + \mathrm{j}Z_{\mathrm{o}}\tan\theta}{Z_{\mathrm{o}} + \mathrm{j}Z_{\mathrm{L}}\tan\theta} \tag{2.274}$$

$$Y_{\mathrm{in}} = Y_{\mathrm{o}} \frac{Y_{\mathrm{L}} + \mathrm{j}Y_{\mathrm{o}}\tan\theta}{Y_{\mathrm{o}} + \mathrm{j}Y_{\mathrm{L}}\tan\theta} \tag{2.275}$$

其输入端反射系数由下式决定:

$$\Gamma_{\mathrm{in}} = \frac{Z_{\mathrm{in}} - Z_{\mathrm{o}}}{Z_{\mathrm{in}} + Z_{\mathrm{o}}} = \frac{Y_{\mathrm{o}} - Y_{\mathrm{in}}}{Y_{\mathrm{o}} + Y_{\mathrm{in}}} \tag{2.276}$$

当理想传输线输出端口直接接地时,即 $Z_{\mathrm{L}} = 0$ 或者 $Y_{\mathrm{L}} = \infty$,此时的输入阻抗、输入导纳和输入反射系数分别为

$$Z_{\mathrm{in}} = \mathrm{j}Z_{\mathrm{o}}\tan\theta, \qquad Y_{\mathrm{in}} = -\mathrm{j}Y_{\mathrm{o}}\cot\theta, \qquad \Gamma_{\mathrm{in}} = -\mathrm{e}^{-2\mathrm{j}\theta}$$

当理想传输线输出端口悬空开路时,即 $Z_{\mathrm{L}} = \infty$ 或者 $Y_{\mathrm{L}} = 0$,此时的输入阻

抗、输入导纳和输入反射系数分别为

$$Z_{in} = -jZ_o\cot\theta, \qquad Y_{in} = jY_o\tan\theta, \qquad \Gamma_{in} = e^{-2j\theta}$$

理想传输线在微波射频测量校准计算中非常有用,当被测件(DUT)通过长度为 l 的微带传输线和测试系统相连接时,需要将参考面移动到被测件的两侧(如图 2.27 所示)。

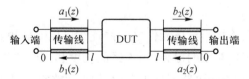

图 2.27　微波射频测量校准参考面移动示意图

根据网络分析仪测试获得的理想传输线和被测件相连接的网络 S 参数,可以得到

$$b_1(0) = S_{11}\cdot a_1(0) + S_{12}\cdot a_2(0) \tag{2.277}$$

$$b_2(0) = S_{21}\cdot a_1(0) + S_{22}\cdot a_2(0) \tag{2.278}$$

利用反射波和入射波在位置 l 和 0 之间的关系:

$$a_k(l) = a_k(0)e^{-j\theta}, \quad k = 1,2 \tag{2.279}$$

$$b_k(l) = b_k(0)e^{j\theta}, \qquad k = 1,2 \tag{2.280}$$

将(2.279)和(2.280)代入(2.277)和(2.278),可以得到

$$\begin{bmatrix} b_1(l) \\ b_2(l) \end{bmatrix} = \begin{bmatrix} e^{j\theta} & 0 \\ 0 & e^{j\theta} \end{bmatrix}\begin{bmatrix} S_{11} & S_{12} \\ S_{21} & S_{22} \end{bmatrix}\begin{bmatrix} e^{j\theta} & 0 \\ 0 & e^{j\theta} \end{bmatrix}\begin{bmatrix} a_1(l) \\ a_2(l) \end{bmatrix} \tag{2.281}$$

则被测件本身的 S 参数可以表示为

$$\begin{bmatrix} S_{11}^D & S_{12}^D \\ S_{21}^D & S_{22}^D \end{bmatrix} = \begin{bmatrix} S_{11}e^{j2\theta} & S_{12}e^{j2\theta} \\ S_{21}e^{j2\theta} & S_{22}e^{j2\theta} \end{bmatrix} \tag{2.282}$$

2.5　T 型网络和 PI 型网络

在半导体器件建模和参数提取过程中,经常用到 T 型网络和 PI 型网络以及它们之间的相互转换[6],这个过程对于简化复杂电路网络非常有效。

2.5.1　T 型网络

图 2.28 给出了 T 型网络电路拓扑示意图,其中 Z_A、Z_B、Z_C 为 T 型网络的三

个等效阻抗。

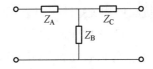

图 2.28 T型网络电路拓扑示意图

对于 T 型网络,Z 参数可以直接写出

$$Z_{11} = Z_A + Z_B \qquad (2.283)$$

$$Z_{12} = Z_{21} = Z_B \qquad (2.284)$$

$$Z_{22} = Z_B + Z_C \qquad (2.285)$$

相应的 Y 参数可以表示为

$$Y_{11} = \frac{Z_B + Z_C}{Z_A Z_B + Z_B Z_C + Z_A Z_C} \qquad (2.286)$$

$$Y_{21} = Y_{12} = -\frac{Z_B}{Z_A Z_B + Z_B Z_C + Z_A Z_C} \qquad (2.287)$$

$$Y_{22} = \frac{Z_A + Z_B}{Z_A Z_B + Z_B Z_C + Z_A Z_C} \qquad (2.288)$$

相应的传输参数的表达式为

$$A = 1 + \frac{Z_A}{Z_B} \qquad (2.289)$$

$$B = Z_C + Z_A \left(\frac{Z_C}{Z_B} + 1 \right) \qquad (2.290)$$

$$C = \frac{1}{Z_B} \qquad (2.291)$$

$$D = 1 + \frac{Z_C}{Z_B} \qquad (2.292)$$

相应的 S 参数的表达式为

$$S_{11} = \frac{-Z_o^2 + (Z_A - Z_C) Z_o + T}{Z_o^2 + (Z_A + Z_C + 2Z_B) Z_o + T} \qquad (2.293)$$

$$S_{21} = S_{12} = \frac{2 Z_o Z_B}{Z_o^2 + (Z_A + Z_C + 2Z_B) Z_o + T} \qquad (2.294)$$

$$S_{22} = \frac{-Z_o^2 - (Z_A - Z_C) Z_o + T}{Z_o^2 + (Z_A + Z_C + 2Z_B) Z_o + T} \qquad (2.295)$$

这里

$$T = Z_{\mathrm{A}}Z_{\mathrm{B}} + Z_{\mathrm{A}}Z_{\mathrm{C}} + Z_{\mathrm{B}}Z_{\mathrm{C}}$$

对于无源二口网络,阻抗噪声相关矩阵可以表示为

$$C_Z = 4kT\mathrm{Re}\{Z\} \qquad (2.296)$$

即无源二口网络的阻抗噪声相关矩阵仅由网络阻抗和导纳的实部和噪声温度决定。对于无源 T 型网络,其阻抗噪声相关矩阵可以表示为

$$C_Z = 4kT\mathrm{Re}\left\{\begin{matrix} Z_{\mathrm{A}} + Z_{\mathrm{B}} & Z_{\mathrm{B}} \\ Z_{\mathrm{B}} & Z_{\mathrm{B}} + Z_{\mathrm{C}} \end{matrix}\right\} = 4kT\left[\begin{matrix} R_{\mathrm{A}} + R_{\mathrm{B}} & R_{\mathrm{B}} \\ R_{\mathrm{B}} & R_{\mathrm{B}} + R_{\mathrm{C}} \end{matrix}\right] \qquad (2.297)$$

这里,R_{A}、R_{B}、R_{C} 分别为 Z_{A}、Z_{B}、Z_{C} 的实部。

相应的导纳噪声相关矩阵可以表示为

$$C_Y = \frac{4kT}{|N|^2}\left[\begin{matrix} D & R_{\mathrm{B}} \\ R_{\mathrm{B}} & D \end{matrix}\right] \qquad (2.298)$$

这里

$$D = |Z_{\mathrm{C}}|^2(R_{\mathrm{A}} + R_{\mathrm{B}}) + |Z_{\mathrm{B}}|^2(R_{\mathrm{A}} + R_{\mathrm{C}}) + \mathrm{Re}\{Z_{\mathrm{A}}Z_{\mathrm{B}}Z_{\mathrm{C}}^*\} + \mathrm{Re}\{Z_{\mathrm{A}}Z_{\mathrm{C}}Z_{\mathrm{B}}^*\}$$
$$N = Z_{\mathrm{A}}Z_{\mathrm{B}} + Z_{\mathrm{A}}Z_{\mathrm{C}} + Z_{\mathrm{B}}Z_{\mathrm{C}}$$

2.5.2 PI 型网络

图 2.29 给出了 PI 型网络电路拓扑示意图,其中 Y_1、Y_2、Y_3 分别为 PI 型网络三个等效导纳。

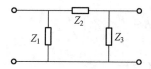

图 2.29 PI 型网络电路拓扑示意图

对于 PI 型网络,Y 参数可以直接写出

$$Y_{11} = \frac{1}{Z_1} + \frac{1}{Z_2} \qquad (2.299)$$

$$Y_{12} = Y_{21} = -\frac{1}{Z_2} \qquad (2.300)$$

$$Y_{22} = \frac{1}{Z_3} + \frac{1}{Z_2} \qquad (2.301)$$

相应的 Z 参数可以表示为

$$Z_{11} = \frac{Z_1(Z_2 + Z_3)}{Z_1 + Z_2 + Z_3} \qquad (2.302)$$

$$Z_{12} = Z_{21} = \frac{Z_1 Z_3}{Z_1 + Z_2 + Z_3} \tag{2.303}$$

$$Z_{22} = \frac{Z_3 (Z_1 + Z_2)}{Z_1 + Z_2 + Z_3} \tag{2.304}$$

相应的传输参数的表达式为

$$A = 1 + \frac{Z_2}{Z_3} \tag{2.305}$$

$$B = Z_2 \tag{2.306}$$

$$C = \frac{1}{Z_1}\left(1 + \frac{Z_2}{Z_3}\right) + \frac{1}{Z_3} \tag{2.307}$$

$$D = 1 + \frac{Z_2}{Z_1} \tag{2.308}$$

相应的 S 参数的表达式为

$$S_{11} = \frac{Y_o^2 - (Y_1 - Y_3)Y_o - T}{Y_o^2 + (Y_1 + Y_3 + 2Y_2)Y_o + T} \tag{2.309}$$

$$S_{21} = S_{12} = \frac{2Y_o Y_2}{Y_o^2 + (Y_1 + Y_3 + 2Y_2)Y_o + T} \tag{2.310}$$

$$S_{22} = \frac{Y_o^2 + (Y_1 - Y_3)Y_o - T}{Y_o^2 + (Y_1 + Y_3 + 2Y_2)Y_o + T} \tag{2.311}$$

这里

$$T = Y_1 Y_2 + Y_1 Y_3 + Y_2 Y_3$$

$$Y_1 = \frac{1}{Z_1}, \ Y_2 = \frac{1}{Z_2}, \ Y_3 = \frac{1}{Z_3}$$

对于无源二口网络,导纳噪声相关矩阵也可以表示为

$$\boldsymbol{C}_Y = 4kT\mathrm{Re}\{Y\} \tag{2.312}$$

对于无源 PI 型网络,导纳噪声相关矩阵可以表示为

$$\boldsymbol{C}_Y = 4kT\mathrm{Re}\begin{Bmatrix} Y_1 + Y_2 & -Y_2 \\ -Y_2 & Y_2 + Y_3 \end{Bmatrix} = 4kT\begin{bmatrix} G_1 + G_2 & -G_2 \\ -G_2 & G_2 + G_3 \end{bmatrix} \tag{2.313}$$

这里,G_1、G_2、G_3 分别为 Y_1、Y_2、Y_3 的实部。

2.5.3　T 型网络和 PI 型网络之间的转化关系

根据 PI 型和 T 型网络的微波网络参数(包括 Z、Y、A 和 T 参数)计算公式,很容易得到 PI 型和 T 型网络之间的关系:

$$Z_A = \frac{Z_1 Z_2}{Z_1 + Z_2 + Z_3} \tag{2.314}$$

$$Z_B = \frac{Z_1 Z_3}{Z_1 + Z_2 + Z_3} \tag{2.315}$$

$$Z_C = \frac{Z_2 Z_3}{Z_1 + Z_2 + Z_3} \tag{2.316}$$

$$Z_1 = \frac{Z_A Z_B + Z_B Z_C + Z_A Z_C}{Z_C} \tag{2.317}$$

$$Z_2 = \frac{Z_A Z_B + Z_B Z_C + Z_A Z_C}{Z_B} \tag{2.318}$$

$$Z_3 = \frac{Z_A Z_B + Z_B Z_C + Z_A Z_C}{Z_A} \tag{2.319}$$

在半导体器件参数提取过程中,常常会遇到复杂的 T 型和 PI 型网络,需要进行化简,使得复杂的网络可以直接写出网络参数,模型元件和网络参数元件的关系一目了然。下面给出两个典型的复杂网络实例,通过化简直接写出网络的参数。

图 2.30 给出了一个典型的复杂 PI 型网络的化简过程。该网络由一个 T 型网络和三个并联在网络周围的三个阻抗构成。化简过程如下:

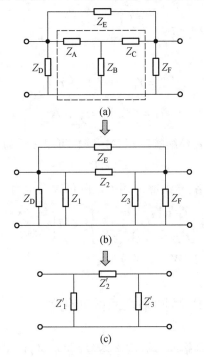

图 2.30 复杂 PI 型网络的化简过程

① 将核心 T 型网络转化为 PI 型网络(如图 2.30(b)所示)。

② 将所有阻抗转化为导纳,并将并联元件进行合并。

③ 写出网络的 Y 参数,即

$$Y_{11} = \frac{1}{Z_1'} + \frac{1}{Z_2'} = \frac{1}{Z_1} + \frac{1}{Z_D} + \frac{1}{Z_2} + \frac{1}{Z_E} \tag{2.320}$$

$$Y_{12} = Y_{21} = -\frac{1}{Z_2'} = -\left(\frac{1}{Z_2} + \frac{1}{Z_E}\right) \tag{2.321}$$

$$Y_{22} = \frac{1}{Z_3'} + \frac{1}{Z_2'} = \frac{1}{Z_3} + \frac{1}{Z_F} + \frac{1}{Z_2} + \frac{1}{Z_E} \tag{2.322}$$

图 2.31 给出了一个典型的复杂 T 型网络的化简过程。该网络由一个 PI 型
网络和三个并联在网络周围的三个阻抗构成。化简过程如下:

① 将核心 PI 型网络转化为 T 型网络(如图 2.31(b)所示)。

② 将串联元件一一进行合并。

③ 写出网络的 Z 参数,即

$$Z_{11} = Z_A' + Z_B' = Z_A + Z_B + Z_5 + Z_6 \tag{2.323}$$

$$Z_{12} = Z_{21} = Z_B' = Z_B + Z_6 \tag{2.324}$$

$$Z_{22} = Z_C' + Z_B' = Z_C + Z_B + Z_7 + Z_6 \tag{2.325}$$

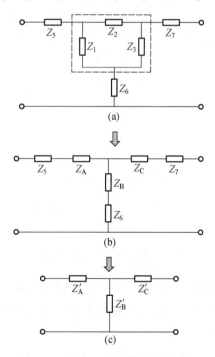

图 2.31　复杂 T 型网络的化简过程

2.6   寄生元件削去技术

为了获取半导体器件本身的 S 参数,需要将附加的寄生元件——削去,也称为 de-embedding,实际上此项技术是网络互联技术的反向运算。下面分别介绍串联、并联和级联寄生元件的削去技术。

2.6.1   削去并联元件

图 2.32 给出了半导体器件和并联寄生元件构成的导纳网络,如果测试获得的 Y 参数为 Y^M,则器件本身的 Y 参数可以表示为

$$Y_{11}^{\mathrm{DUT}} = Y_{11}^{\mathrm{M}} - Y_{11}^{\mathrm{P}} \tag{2.326}$$

$$Y_{12}^{\mathrm{DUT}} = Y_{12}^{\mathrm{M}} - Y_{12}^{\mathrm{P}} \tag{2.327}$$

$$Y_{21}^{\mathrm{DUT}} = Y_{21}^{\mathrm{M}} - Y_{21}^{\mathrm{P}} \tag{2.328}$$

$$Y_{22}^{\mathrm{DUT}} = Y_{22}^{\mathrm{M}} - Y_{22}^{\mathrm{P}} \tag{2.329}$$

这里

$$Y_{11}^{\mathrm{P}} = Y_1 + Y_3 \tag{2.330}$$

$$Y_{12}^{\mathrm{P}} = -Y_3 \tag{2.331}$$

$$Y_{21}^{\mathrm{P}} = -Y_3 \tag{2.332}$$

$$Y_{22}^{\mathrm{P}} = Y_2 + Y_3 \tag{2.333}$$

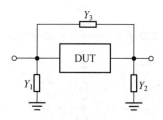

图 2.32   半导体器件和并联寄生元件构成的网络

在实际电路模拟软件中,可以利用负元件的方法削去寄生元件,如图 2.33 所示,在输入、输出以及输入输出之间分别并联一个对应的负导纳,以达到获得被测件导纳网络参数的目的。

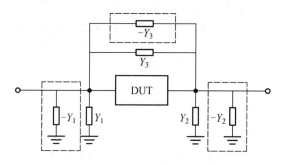

图 2.33 利用负元件的方法削去并联寄生元件

2.6.2 削去串联元件

图 2.34 给出了半导体器件和串联寄生元件构成的阻抗网络,如果测试获得的 Z 参数为 Z^M,则器件本身的 Z 参数可以表示为

$$Z_{11}^{DUT} = Z_{11}^{M} - Z_{11}^{S} \tag{2.334}$$

$$Z_{12}^{DUT} = Z_{12}^{M} - Z_{12}^{S} \tag{2.335}$$

$$Z_{21}^{DUT} = Z_{21}^{M} - Z_{21}^{S} \tag{2.336}$$

$$Z_{22}^{DUT} = Z_{22}^{M} - Z_{22}^{S} \tag{2.337}$$

这里

$$Z_{11}^{S} = Z_1 + Z_3 \tag{2.338}$$

$$Z_{12}^{S} = Z_3 \tag{2.339}$$

$$Z_{21}^{S} = Z_3 \tag{2.340}$$

$$Z_{22}^{S} = Z_2 + Z_3 \tag{2.341}$$

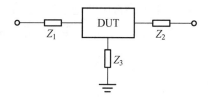

图 2.34 半导体器件和串联寄生元件构成的网络

与利用负元件削去并联寄生元件的方法类似,削去串联寄生元件的方法如图 2.35 所示,在三个端口分别串联一个对应的负阻抗,以达到获得被测件阻抗网络参数的目的。

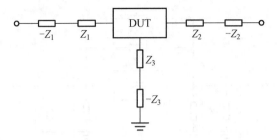

图 2.35　利用负元件的方法削去串联寄生元件

2.6.3　削去级联元件

图 2.36 给出了半导体器件和级联寄生网络构成的传输参数网络,如果测试获得的传输参数为 A_M,则器件本身的传输参数可以表示为

$$A_{DUT} = A_1^{-1} A_M A_2^{-1} \tag{2.342}$$

这里,A_{DUT} 表示被测件的传输参数矩阵;A_1 表示输入网络的传输参数矩阵;A_2 表示输出网络的传输参数矩阵。

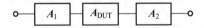

图 2.36　半导体器件和级联寄生网络构成的传输参数网络

2.7　参数提取技术基础

半导体器件参数提取技术中最为常用的是电容、电感和电阻等无源元件提取技术,本节以单片交指电容、单片螺旋电感和电阻为例介绍相应的参数提取技术。

2.7.1　电容提取技术

图 2.37 给出了单片交指电容结构示意图和相应的等效电路模型,其中 C_P 为寄生焊盘电容,R_S 为寄生电阻。为了获得单片交指电容的数值,首先需要将测试获得的 S 参数转换为 Y 参数,利用削去并联元件的方法削去寄生焊盘电容 C_P,再将获得的 Y 参数转换为 Z 参数。利用下面的公式获取电容数值:

$$C = -\frac{1}{\omega \mathrm{Im}(Z)} \tag{2.343}$$

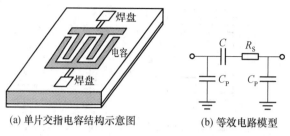

(a) 单片交指电容结构示意图 (b) 等效电路模型

图 2.37 单片交指电容结构示意图和等效电路模型

值得注意的是,上述公式适用的频率范围最好在低频范围(通常为 5 GHz 以下),原因是随着频率的上升,寄生元件诸如电阻和引线带来的电感的影响会越来越大,导致提取的电容精度下降。图 2.38 给出了典型的电容提取结果,从图中可以看到,随着频率的上升,电容数值有所下降。

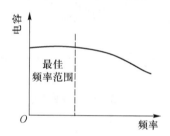

图 2.38 典型的电容提取结果随频率变化曲线

2.7.2 电感提取技术

图 2.39 给出了单片螺旋电感结构示意图和相应的等效电路模型,其中 C_P 为寄生焊盘电容,R_S 为寄生电阻,为了获得单片螺旋电感的数值,首先需要将测试获得的 S 参数转换为 Y 参数,利用削去并联元件的方法削去寄生焊盘电容 C_P,再将获得的 Y 参数转换为 Z 参数,利用下面的公式获取电感数值:

$$L = \frac{\text{Im}(Z)}{\omega} \tag{2.344}$$

值得注意的是,上述公式适用的频率范围最好在高频范围(通常为 2 GHz 以上),原因是在频率较低的情况下,电感引起的阻抗很小,有可能淹没在寄生电阻的影响之下;随着频率的上升,电感的影响会越来越大,在电感居于主导地位的频段范围内提取精度最高。图 2.40 给出了典型的电感提取结果,从图中可以看到,随着频率的上升,电感数值趋于平稳。

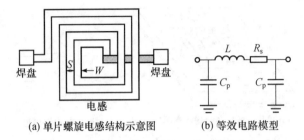

(a) 单片螺旋电感结构示意图　　　(b) 等效电路模型

图 2.39　单片螺旋电感结构示意图和等效电路模型

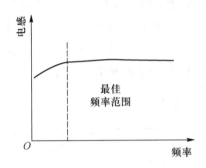

图 2.40　典型的电感提取结果随频率变化曲线

2.7.3　电阻提取技术

电阻的确定表面上看是最容易的,但是电阻往往和电容以及电感联系在一起,需要同时提取,图 2.41 给出了半导体参数提取过程中遇到的典型的电阻网络,计算公式都是一样的(Z 参数的实部):

$$R = \mathrm{Re}(Z) \tag{2.345}$$

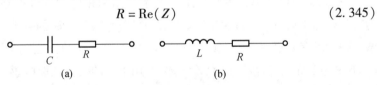

图 2.41　典型的电阻网络

但是提取结果却大相径庭。对于电阻和电容串联网络,由于在频率较低的范围内,电容起主导地位,而在频率较高的范围之内电阻才起作用,因此电阻的提取一定在高频范围,如图 2.42 所示。对于电阻和电感串联网络,在频率较低的范围内,电阻起主导地位,而在高频范围下容易受到寄生电感的影响,因此在频率较低的范围内提取精度较高,如图 2.43 所示。

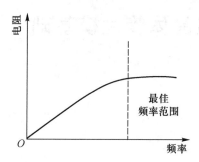

图 2.42　电阻和电容串联网络参数提取结果随频率变化曲线

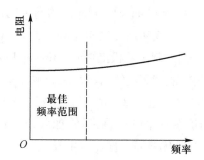

图 2.43　电阻和电感串联网络参数提取结果随频率变化曲线

参考文献

［1］Lee T. The Design of CMOS Radio-frequency Integrated Circuits. Cambridge: Cambridge University Press, 2004.

［2］Rothe H, Dahlke W. Theory of noisy four poles. Pro. IRE,1956,44: 811 – 818.

［3］Haus H A, et al. Representation of noise in linear two-ports. Pro. IRE,1960,48: 69 – 74.

［4］Hillbrand H, Russer P. An efficient method for computer-aided noise analysis of linear amplifier networks. IEEE Trans. Circuits System,1976,23: 235 – 238.

［5］Dobrowolski J A. Introduction to computer methods for microwave circuit analysis and design. Norwood, MA: Artech House Inc,1991.

［6］Ludwig R, Bretchko P. RF circuit design: theory and applications. Upper Saddle River: Prentice Hall,2000.

第3章　双极晶体管建模基础

1947 年,威廉·肖克莱(William Shockley)、约翰·巴顿(John Bardeen)和沃特·布拉顿(Walter Brattain)成功地在贝尔实验室制造出第一个锗晶体管。在此基础上,1950 年科学家们研制出双极晶体管(Bipolar Junction Transistor, BJT),就是现在常用的双极晶体管。1956 年,肖克莱、巴顿、布拉顿三人,因发明晶体管同时荣获诺贝尔物理学奖。进入 21 世纪后,随着工艺的迅速发展,微波射频领域对硅基 MOSFET 的依赖越来越严重,尽管如此,双极型晶体管由于在质量和价格方面仍具有全球竞争优势而占据业界主导地位。

很显然,异质结双极晶体管是在双极型晶体管基础上发展演变而成的,工作机理和器件结构具有很大的相似性。因此在阐述异质结双极晶体管的工作原理和建模技术之前,先介绍硅基双极晶体管的工作机理和建模技术是非常有益的。本章主要介绍双极型晶体管的工作原理和微波建模技术,以及构成双极型晶体管的 PN 结二极管的工作机理和模型。

3.1　PN 结二极管

所有的双极型晶体管都是由两个背靠背的 PN 结二极管构成的,而 PN 结二极管则是由 P 型半导体区和 N 型半导体区接触形成的。本节主要讨论 PN 结二极管的工作机理、建模技术和相应的等效电路模型参数提取技术。

3.1.1　PN 结二极管工作原理

1. PN 结
P 型半导体和 N 型半导体的物理接触导致了一个重要的和有源半导体器件相关的概念:PN 结。而由 PN 结构成的二极管则是有源半导体器件的最基本元件,大多数半导体晶体管的工作机理与此相关。图 3.1 给出了典型的 PN 结和相应的空间电荷区,P 型半导体区由一块半导体单晶材料掺入受主原子杂质(浓度为 N_A,量级范围在 $10^{15} \sim 10^{18}\,\mathrm{cm}^{-3}$)形成,而 N 半导体区由一块半导体单晶材料掺入施主原子杂质(浓度为 N_D,量级范围在 $10^{15} \sim 10^{18}\,\mathrm{cm}^{-3}$)形成。P 型半导体和 N 型半导体的掺杂浓度是均匀分布的,在交界面处会形成掺杂浓度的突变。由于两边的载流子浓度不同,P 区的多子空穴会向 N 区扩散,而 N 区的多子电子会向 P 区扩散。随着电子向 P 区扩散以及空穴向 N 区扩散,带正电的施主离子被留在了交界处 N 区一侧,而带负电的受主离子则被留在了交界处 P 区一侧,这样在交界处正负电荷形成了一个内建电场。值得注意的是,内建电场的方向和扩散电流的方向相反,随着正负电荷的聚积,电场强度越来越强,扩散电流越来越小,直至消失,这个区域称为空间电荷区。由于空间电荷区不存在可以移动的载流子,亦即没有电子和空穴,因此又被称为耗尽区。

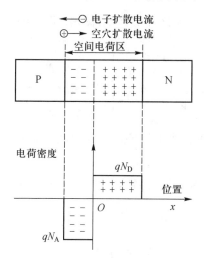

图 3.1   PN 结和空间电荷区

空间电荷区的内建电势由 P 型半导体和 N 型半导体区的掺杂浓度和本征载流子浓度决定,计算公式为

$$V_{bi} = V_t \ln\left(\frac{N_A N_D}{n_i^2}\right) \tag{3.1}$$

这里 $V_t = kT/q$ 为热电势,k 为玻尔兹曼常数,T 为绝对温度,q 为电子电荷。对于硅材料,本征载流子浓度 $n_i = 1.5 \times 10^{10}\,\mathrm{cm}^{-3}$;对于 GaAs 材料,本征载流子浓度 $n_i = 1.8 \times 10^6\,\mathrm{cm}^{-3}$;对于锗材料,本征载流子浓度 $n_i = 2.4 \times 10^{13}\,\mathrm{cm}^{-3}$。

图 3.2 给出了硅材料和 GaAs 材料内建电势随掺杂浓度变化曲线,从图中可

以看到在通常情况下,硅材料 PN 结内建电势大约在 0.6 ~ 0.9 V,而 GaAs 材料内建电势大约在 1.1 ~ 1.3 V。值得注意的是上述计算基于环境温度为 300 K 的假设。

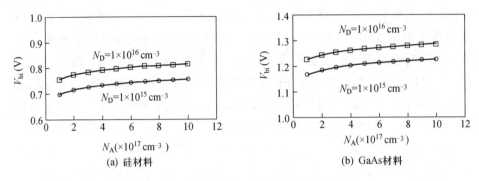

(a) 硅材料　　　　　　　　　　　(b) GaAs材料

图 3.2　PN 结内建电势随掺杂浓度的变化曲线

空间电荷区的宽度由 N 区和 P 区两部分耗尽区组成,计算公式如下[1]:

$$W_{\mathrm{p}} = \sqrt{\frac{2\varepsilon V_{\mathrm{bi}}}{q}\left[\frac{N_{\mathrm{D}}}{N_{\mathrm{A}}(N_{\mathrm{A}}+N_{\mathrm{D}})}\right]} \tag{3.2}$$

$$W_{\mathrm{n}} = \sqrt{\frac{2\varepsilon V_{\mathrm{bi}}}{q}\left[\frac{N_{\mathrm{A}}}{N_{\mathrm{D}}(N_{\mathrm{A}}+N_{\mathrm{D}})}\right]} \tag{3.3}$$

这里 W_{n} 和 W_{p} 分别为 N 区和 P 区两部分耗尽区的宽度,ε 为半导体材料的介电常数。

将上述两个公式相加,可以得到总的空间电荷区的宽度 W 为

$$W = \sqrt{\frac{2\varepsilon V_{\mathrm{bi}}}{q}\left(\frac{N_{\mathrm{A}}+N_{\mathrm{D}}}{N_{\mathrm{A}}N_{\mathrm{D}}}\right)} \tag{3.4}$$

图 3.3 给出了硅材料和 GaAs 材料 PN 结耗尽区宽度随掺杂浓度的变化曲线。从图中可以看到,由于受主原子掺杂浓度远远高于施主原子掺杂浓度,因此耗尽区宽度基本不随受主原子掺杂浓度的变化而变化,而随施主原子掺杂浓的增加而下降。这里用到的硅的相对介电常数为 11.9,GaAs 的相对介电常数为 13.1。

2. 二极管工作机理

上面介绍了 PN 结的基本工作机理,下面介绍由 PN 结通过欧姆接触形成的二极管在三种不同偏置状态下的耗尽区宽度变化和相应的能带分布曲线[2]。

当 PN 结二极管两端不加偏置电压时,PN 结处于热平衡状态,整个半导体系统的费米能级处处相等。由于 P 区和 N 区之间的导带和价带的位置随着费

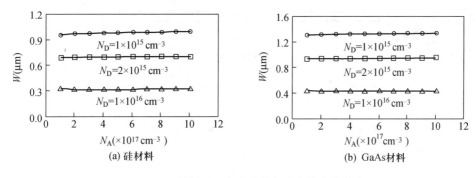

图 3.3 PN 结耗尽区宽度随掺杂浓度的变化曲线

米能级的位置变化而变化,因此空间电荷区的能带要发生弯曲。图 3.4 给出了零偏置电压下 PN 结二极管能带分布示意图,图中 E_c 和 E_v 分别为导带和价带能带,E_{F_n} 和 E_{F_p} 分别为 P 型和 N 型半导体材料的费米能级。

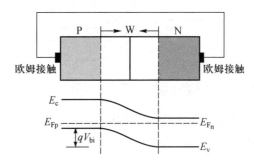

图 3.4 零偏置状态下的 PN 结二极管能带分布示意图

为了方便读者理解费米能级,这里简要介绍一下费米能级的概念以及在 P 型和 N 型半导体材料中的位置。费米能级的物理意义是,该能级上的一个状态被电子占据的概率是 50%。本征半导体的费米能级称为本征费米能级。由于本征半导体中导带中的电子浓度和价带中的空穴浓度相等,如果电子和空穴的质量相等,那么本征费米能级将位于禁带中间的位置。对于 N 型半导体,其费米能级位于本征费米能级之上靠近导带的位置;对于 P 型半导体,其费米能级位于本征费米能级之下靠近价带的位置。图 3.5 给出了 N 型半导体和 P 型半导体费米能带分布示意图。

当 PN 结二极管两端加反向偏置电压时(即 $V_R < 0$),热平衡被打破,N 区的费米能级低于 P 区的费米能级,两者之差刚好和外加反向电压 V_R 和电荷的乘积相等。图 3.6 给出了反向偏置状态下的 PN 结二极管能带分布示意图。从图中可以看到,耗尽区的势垒高于零偏置情况下的势垒高度,电子越过势垒变得更加

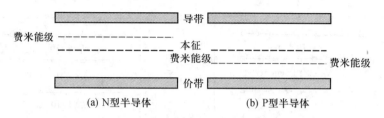

费米能级 ⋯⋯⋯⋯⋯⋯⋯ 本征　　　　　　⋯⋯⋯⋯
　　　　⋯⋯⋯⋯⋯⋯⋯ 费米能级⋯⋯⋯⋯⋯⋯⋯⋯⋯ 费米能级

(a) N 型半导体　　　　　　　(b) P 型半导体

图 3.5　N 型半导体和 P 型半导体费米能带分布示意图

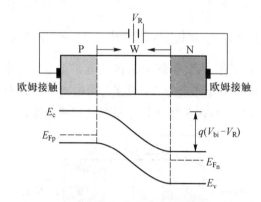

图 3.6　反向偏置状态下的 PN 结二极管能带分布示意图

困难,因此,此时的 PN 结二极管基本没有电流流过。另外由于空间电荷区域电场加强,导致空间电荷区域向两侧扩大,此时的空间电荷区宽度由下面的公式决定:

$$W = \sqrt{\frac{2\varepsilon (V_{bi} - V_R)}{q}\left(\frac{N_A + N_D}{N_A N_D}\right)} \tag{3.5}$$

当 PN 结二极管两端加正向偏置电压时(即 $V_A > 0$),N 区的费米能级高于 P 区的费米能级。图 3.7 给出了正向偏置状态下的 PN 结二极管能带分布示意图,从图中可以看到耗尽区的势垒小于零偏置情况下的势垒高度,电子越过势垒变得更加容易,因此,此时的 PN 结二极管存在由于电子和空穴扩散形成的电流。另外由于空间电荷区域电场的削弱,导致空间电荷区域向交界处靠拢,此时的空间电荷区宽度由下面的公式决定:

$$W = \sqrt{\frac{2\varepsilon (V_{bi} - V_A)}{q}\left(\frac{N_A + N_D}{N_A N_D}\right)}, \qquad V_{bi} \geqslant V_A \tag{3.6}$$

值得注意的是,当外加正向偏置电压 V_A 高于内建电势的时候,空间电荷区域消失,流过 PN 结二极管的电流将迅速增加。图 3.8 分别给出了硅基和 GaAs 基 PN 结二极管耗尽区宽度随偏置电压的变化曲线。从图中可以看到,

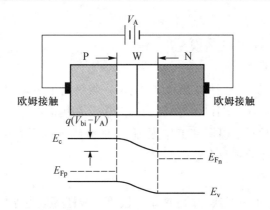

图3.7 正向偏置状态下的PN结二极管能带分布示意图

随着反向偏置电压的增加耗尽区宽度随之增加,而随着正向偏置电压的增加耗尽区宽度越来越小,当正向偏置电压趋近于内建电势时耗尽区基本消失。图3.9给出了PN结二极管直流电流随偏置电压变化曲线,从图中可以看到,硅基和GaAs基二极管的膝点电压均为其热平衡时的内建电势。

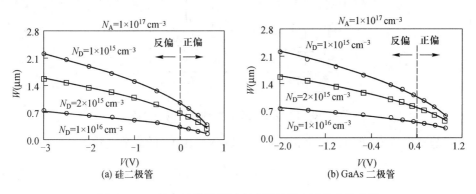

图3.8 PN结二极管耗尽区宽度随偏置电压的变化曲线

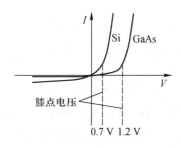

图3.9 PN结二极管直流电流随偏置电压的变化曲线

3.1.2 二极管等效电路模型

PN 结二极管从微波测试角度来看是一个双端子单端口器件(一端子接地),当然也可以用做二端口器件,例如当二极管在集成电路中用做电平移位器件以及衰减器的时候。根据其工作原理,下面介绍可以用来模拟 PN 结二极管非线性及线性特性的等效电路模型。

1. 非线性电路模型

图 3.10 给出了一个典型的 PN 结二极管非线性等效电路模型[3],包括两部分:寄生网络和本征网络。寄生网络包括寄生电容 C_P、引线电感 L_S 和寄生电阻 R_S,其中最重要的元件是寄生电阻 R_S,它既影响器件的直流特性,又影响器件的高频特性。本征网络包括空间电荷 Q_D 和静态电流 I_D 两个元件,模型的非线性由这两个元件构成。

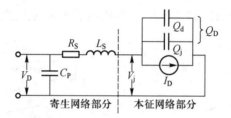

图 3.10 PN 结二极管非线性等效电路模型

静态电流 I_D 可以由一个指数形式的输入电压 V_D 的函数表示:

$$I_D = I_S \left[\exp\left(\frac{qV_j}{nkT} \right) - 1 \right] \tag{3.7}$$

这里 n 为电流理想因子,V_j 为二极管本征部分电压,它和外加偏置电压 V_D 之间的关系可以表示为

$$V_j = V_D - I_D R_s$$

I_S 为二极管反向饱和电流,为电子电流和空穴电流之和:

$$I_S = qA_j \left(\frac{D_p p_{no}}{L_p} + \frac{D_n n_{po}}{L_n} \right) \tag{3.8}$$

这里 A_j 为二极管的横截面积,D_p 为 N 区内少子空穴的扩散系数,D_n 为 P 区少子电子的扩散系数,L_p 为 N 区内少子空穴的扩散长度,L_n 为 P 区内少子电子的扩散长度,n_{po} 为热平衡状态下 P 区内过剩电子浓度,p_{no} 为热平衡状态下 N 区内过剩空穴浓度。

根据过剩载流子浓度和掺杂浓度之间的关系:

$$n_{po} = \frac{n_i^2}{N_A}, \quad p_{no} = \frac{n_i^2}{N_D} \tag{3.9}$$

则反向饱和电流可以表示为

$$I_S = qA_j n_i^2 \left(\frac{D_p}{L_p N_D} + \frac{D_n}{L_n N_A} \right) \tag{3.10}$$

空间电荷 Q_D 由两个部分构成:空间电荷区存储电荷 Q_j 和少数载流子扩散引起的存储电荷 Q_d,即

$$Q_D = Q_j + Q_d \tag{3.11}$$

空间电荷区存储电荷 Q_j 是由 PN 掺杂浓度引起的,具体表达式为

$$Q_j = \sqrt{\frac{2q\varepsilon(V_{bi} - V_j)N_A N_D}{N_A + N_D}} \tag{3.12}$$

这里 ε 为半导体材料的介电常数。

Q_d 可以用二极管静态电流与载流子穿过二极管的渡越时间 τ_D 来表示:

$$Q_d = \tau_D I_D = \tau_D I_S \left[\exp\left(\frac{qV_j}{kT} \right) - 1 \right] \tag{3.13}$$

2. 线性电路模型

PN 结二极管线性等效电路模型是非线性模型对偏置电压的微分状态,其寄生部分保持不变,而本征网络由非线性电流和电荷变为电容和电导元件。图 3.11 给出了相应的 PN 结二极管线性等效电路模型。

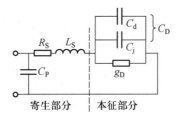

图 3.11 PN 结二极管线性等效电路模型

空间电荷区存储电容表达为

$$C_j = \frac{dQ_j}{dV_j} = \sqrt{\frac{q\varepsilon N_A N_D}{2(V_{bi} - V_j)N_A + N_D}} \tag{3.14}$$

则零偏置状态下电荷区存储电容可以表示为

$$C_{jo} = \sqrt{\frac{q\varepsilon N_A N_D}{2V_{bi}(N_A + N_D)}} \tag{3.15}$$

将公式(3.15)代入(3.14),可以得到

$$C_j = \frac{C_{jo}}{(1 - V_j/V_{bi})^m}, \qquad m = 0.5 \tag{3.16}$$

在常用的电路模拟器中(如 SPICE),m 称为电容梯度因子,一般情况下为 0.5,但是实际上往往偏离上述数值,要根据二极管器件的实际电容测试数据来确定。

少数载流子扩散引起的存储电容可以表示为

$$C_d = \frac{dQ_d}{dV_j} = \tau_D \frac{dI_D}{dV_j} = \frac{q\tau_D}{nkT} I_s \exp\left(\frac{V_j}{nkT}\right) \tag{3.17}$$

电导 g_d 为二极管电流对 V_j 的偏导数:

$$g_d = \frac{dI_D}{dV_j} = \frac{qI_s}{nkT} \exp\left(\frac{V_j}{nkT}\right) \tag{3.18}$$

图 3.12 给出了 PN 结二极管电容随偏置电压的变化曲线,从图中可以看到当加在本征区域的偏置电压小于零时,空间电荷区存储电容占主要地位;当加在本征区域的偏置电压大于零且小于内建电势时,空间电荷区存储电容和扩散电容共同起作用。

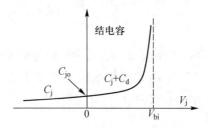

图 3.12　PN 结二极管电容随偏置电压的变化曲线

3. 噪声电路模型

图 3.13 给出了半导体二极管噪声等效电路模型,从图中可以看到二极管噪声电路模型中包括以下三种噪声电流源:

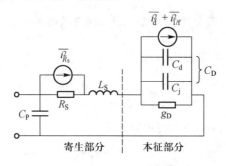

图 3.13　半导体二极管噪声等效电路模型

（1）电阻产生的热噪声

热噪声又称为 Johnson 噪声或 Nyquist 噪声,是电噪声中最基本的噪声类型,由导体材料中束缚电荷和电子的热运动引起,存在于所有的无源或有源器件中。电阻是电路中最主要的热噪声源,电阻热噪声是电子随机热运动引起的。电阻热噪声的谱密度可以表示为

$$N_{R_{\mathrm{S}}} = 4kTR_{\mathrm{S}} \tag{3.19}$$

式中,T 是电阻的绝对温度,k 是波尔兹曼常数(1.38×10^{-23} J/K),R_{S} 是电阻阻值,噪声功率谱密度单位为 V^2/Hz。有限带宽 Δf 内电阻产生的热功率为

$$\overline{v_{R_{\mathrm{S}}}^2} = 4kTR_{\mathrm{S}}\Delta f \tag{3.20}$$

其中,$\overline{v_{R_{\mathrm{S}}}^2}$ 表示带宽 Δf 内噪声电压的均方根值。相应的噪声电流表达式为

$$\overline{i_{R_{\mathrm{S}}}^2} = \frac{4kT\Delta f}{R_{\mathrm{S}}} \tag{3.21}$$

图 3.14 给出了电阻的噪声等效电路模型。从图中可以看到,一个温度为 T 的电阻,可以等效为等效噪声电压和工作在 0 开下同阻值电阻的串联(图 3.14(a))或者等效噪声电流和工作在 0 开下同阻值电阻的并联(图 3.14(b))。

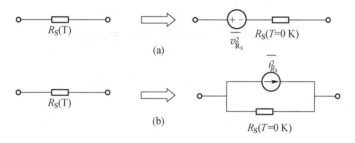

图 3.14 电阻的噪声等效电路模型

（2）随机电荷载流子运动引起的散弹噪声

散弹噪声又称为 Schottky 噪声,是由固态器件中穿越半导体结或者其他不连续界面的离散的随机电荷载流子运动引起的,散弹噪声通常发生在半导体器件(即二极管或者晶体管的 PN 结)中,总是伴随着稳态电流。实际上稳态电流包含着一个很大的随即起伏,这个起伏就是散弹噪声,其幅度和电流的平方根成正比:

$$\overline{i_n^2} = 2qI_{\mathrm{D}}\Delta f \tag{3.22}$$

可以看到,散弹噪声源 $\overline{i_n^2}/\Delta f$ 和稳态电流之间呈线性关系,斜率为 $2q$。

（3）闪烁噪声

闪烁噪声又称为低频噪声(或者 $1/f$ 噪声),是半导体器件低频情况下的重要噪声之一,对微波射频振荡器和混频器有重要的影响。一般认为闪烁噪声是由以下两方面引起的电流的微小变化产生的:

① 载流子在半导体器件材料界面上的无规律入射及复合,如金属和半导体的交界面。

② 电荷在阴极发射时的随机变化,如在热真空管中阴极和空气的交界面。

闪烁噪声几乎在所有有源器件中均可以发现,在少数无源器件中也可以看到,如炭电阻器等。双极晶体管中的闪烁噪声主要是由发射极 – 基极耗尽区域污染引起的陷进和晶格缺陷所引起的。

闪烁噪声与频率有关,频率越低,闪烁噪声对信号失真的影响越大,通常闪烁噪声以 – 10 dB 倍程从 DC 至 500 kHz ~ 10 MHz 衰减。图 3.15 给出了闪烁噪声随频率变化曲线。

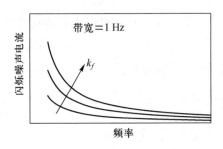

图 3.15　闪烁噪声随频率变化曲线

闪烁噪声电流的表达式为

$$\overline{i^2_{1/f}} = k_f \frac{I^{\alpha_f}}{f} \Delta f \tag{3.23}$$

这里 $\overline{i^2_{1/f}}$ 表示闪烁噪声电流,k_f 和 α_f 为拟和因子,I 为稳态电流。

从上述公式可以看到,$\overline{i^2_{1/f}}$ 的对数和频率的对数呈线性关系:

$$20\log(i_{1/f}) = 10\log(k_f I^{\alpha_f}\Delta f) - 10\log(f) \tag{3.24}$$

3.1.3　二极管参数提取技术

表 3.1 给出了商用电路模拟软件中二极管主要的模型参数,包括反向饱和电流 I_s、理想因子 n、寄生电阻 R_s、零偏结电容 C_{jo}、梯度因子 m 和内建电势 V_{bi}。下面介绍直流模型参数和寄生电阻的参数提取技术[4]。

表 3.1 商用电路模拟软件中二极管主要的模型参数

参　数	物 理 意 义	单　位	典 型 数 值
I_s	反向饱和电流	A	10^{-14}
n	理想因子		$1 \sim 2$
R_s	寄生电阻	Ω	$0 \sim 5$
C_{jo}	零偏结电容	pF	$0 \sim 1$
m	梯度因子		0.5
V_{bi}	内建电势	V	$0.7 \sim 1.2$

由公式(3.7)可以得到

$$V_j = nV_t \ln(I_D/I_s) \tag{3.25}$$

外加偏置电压 V_D 和直流模型参数之间的关系可以表示为

$$V_D = R_s I_D + a\ln(I_D) + b \tag{3.26}$$

这里,$a = nV_t, b = -nV_t \ln(I_s)$。

构建目标函数 X,定义为

$$X = \sum_{i=1}^{m} \left[R_s I_D^i + a\ln(I_D^i) + b - V_D^i \right]^2 \tag{3.27}$$

这里 i 为数据点数,R_s、a 和 b 为可优化变量,三个变量的最优解可以使目标函数 X 达到最小值,令

$$\frac{\partial X}{\partial R_s} = \frac{\partial X}{\partial a} = \frac{\partial X}{\partial b} = 0 \tag{3.28}$$

可以获得一组方程:

$$\boldsymbol{E} \cdot \boldsymbol{Y} = \boldsymbol{F} \tag{3.29}$$

这里 $\boldsymbol{E}$、$\boldsymbol{Y}$ 和 $\boldsymbol{F}$ 均为矩阵:

$$\boldsymbol{E} = \begin{bmatrix} \sum\limits_{i=1}^{m} [I_D^i]^2 & \sum\limits_{i=1}^{m} I_D^i \ln(I_D^i) & \sum\limits_{i=1}^{m} I_D^i \\ \sum\limits_{i=1}^{m} I_D^i \ln(I_D^i) & \sum\limits_{i=1}^{m} \ln(I_D^i)^2 & \sum\limits_{i=1}^{m} \ln(I_D^i) \\ \sum\limits_{i=1}^{m} I_D^i & \sum\limits_{i=1}^{m} \ln(I_D^i) & m \end{bmatrix}$$

$$\boldsymbol{Y}^T = \begin{bmatrix} R_s & a & b \end{bmatrix}$$

$$\boldsymbol{F}^T = \begin{bmatrix} \sum\limits_{i=1}^{m} I_D^i V_D^i & \sum\limits_{i=1}^{m} V_{Di} \ln(I_D^i) & \sum\limits_{i=1}^{m} V_D^i \end{bmatrix}$$

求解上述方程,可以得到二极管的直流模型参数和寄生电阻的数值。值得注意的是,寄生电阻主要在电流较大的区域确定。图3.16给出了寄生电阻对二极管直流与电压曲线的影响。从图中可以看到,当不考虑寄生电阻的时候,二极管电流的对数和端口电压成正比例关系,而寄生电阻的存在会使该曲线在较高的电压处发生弯曲。

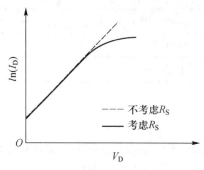

图3.16 寄生电阻对二极管直流与电压曲线的影响

3.2 双极晶体管工作原理

双极晶体管之所以称为"双极",是因为器件电流由空穴和电子同时参与形成,而不像场效应晶体管电流仅由电子参与完成。与同样在硅基上制作的场效应晶体管(Si FET)相比,双极晶体管具有如下特点:

(1)较高的特征频率。由于是垂直结构,在工艺上很容易通过外延、扩散和注入等过程控制各层的厚度到亚微米量级,使得电流在垂直方向流动的延时缩短。

(2)由于整个发射区域和电流直接接触,单位芯片面积具有较高的电流驱动能力。

(3)由于输出电流和输入电压的指数关系,器件具有较高的跨导。

(4)由于易于制作一个大厚度的集电极区域,器件具有较高的击穿电压。

(5)由基极–发射极PN结内建电势控制的输出电流的开态阈值电压很容易控制。

(6)具有较小的低频噪声拐角频率。

本节主要讨论双极晶体管的基本几何结构和基本工作机理,为介绍相应的等效电路模型做准备。

3.2.1 工作机理

双极晶体管包括 NPN 和 PNP 两大类,每一个字母代表一个扩散区,三个字母代表三个不同掺杂的扩散区:发射极（Emitter）、基极（Base）和集电极（Collector）。上述三个端子构成两个背靠背的 PN 结二极管:基极－发射极结和基极－集电极结,或者称为 B-C 结和 B-E 结。

图 3.17 和图 3.18 分别给出了 NPN 和 PNP 两大类的基本结构和相应的电路符号,电路符号主要的区别在于发射极的电流方向。

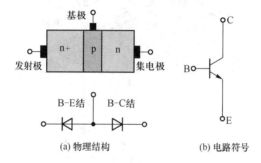

图 3.17　NPN 双极晶体管物理结构和电路符号

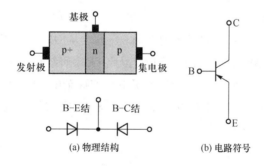

图 3.18　PNP 双极晶体管物理结构和电路符号

图 3.19 给出了典型的 NPN 双极晶体管横截面示意图和立体结构示意图。从图中可以看到,基区夹在发射区和集电区之间形成三明治结构,为了将各个晶体管隔离起来,需要添加一层 p＋区形成隔离区。工艺流程如下:

（1）在 p 型衬底上制作 n＋掩埋层,以降低集电极区域的电阻。

（2）生长 n 型外延层。

（3）p＋隔离扩散,p 型基极隔离扩散,n＋发射极隔离扩散。

（4）p＋欧姆接触,金属沉积和刻蚀。

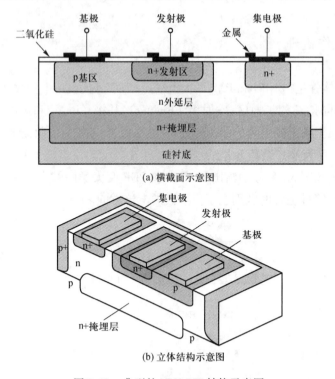

(a) 横截面示意图

(b) 立体结构示意图

图 3.19　典型的 NPN BJT 结构示意图

（5）键合引线。

值得注意的是,双极晶体管不是对称的,虽然从 NPN 和 PNP 名称结构上来看是发射极和集电极对称的,但是实际上无论从几何结构上还是掺杂浓度上都有很大的不同。图 3.20 给出了理想情况下均匀掺杂的 NPN 和 PNP 双极晶体管掺杂浓度分布示意图。NPN 双极晶体管发射区、基区和集电区的掺杂浓度量级分别为 $10^{19}\,\mathrm{cm^{-3}}$、$10^{17}\,\mathrm{cm^{-3}}$ 和 $10^{15}\,\mathrm{cm^{-3}}$。

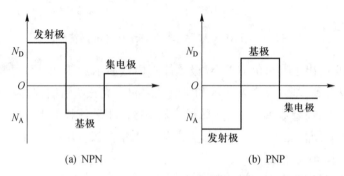

(a) NPN　　　　　　　　　　(b) PNP

图 3.20　理想情况下均匀掺杂的 NPN 和 PNP 晶体管掺杂浓度分布示意图

3.2.2 工作模式

图 3.21 给出了 NPN 双极晶体管偏置电路和 5 种电压工作模式。

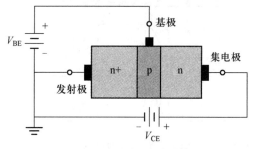

(a) NPN 双极晶体管偏置电路

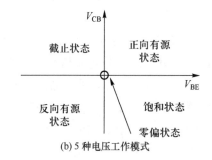

(b) 5 种电压工作模式

图 3.21　NPN 双极晶体管偏置电路和 5 种电压工作模式

- 零偏状态：B-E 结电压和 B-C 结电压均为零,即 $V_{BE} = V_{CE} = 0$。
- 正向有源状态：B-E 结电压为正,B-C 结电压为负,即 $V_{BE} > 0$, $V_{CE} > V_{BE}$。
- 反向有源状态：B-E 结电压为负,B-C 结电压为正,即 $V_{BE} < 0$, $V_{CE} < V_{BE}$。
- 饱和状态：B-E 结电压为正,B-C 结电压为正,即 $V_{BE} > 0$, $V_{CE} < V_{BE}$。
- 截止状态：B-E 结电压为负,B-C 结电压为负,即 $V_{BE} < 0$, $V_{CE} > V_{BE}$。

下面分别介绍上述 5 种偏置情况下的双极晶体管器件的工作机理,包括 B-E结和B-C 结的耗尽区变化,能带示意图以及电子和空穴的流向等。

（1）零偏状态

由于 B-E 结和 B-C 结均不加偏置电压,因此两个 PN 结处于热平衡状态,整个半导体系统的费米能级处处相等。由于 P 区和 N 区之间的导带和价带的位置随着费米能级的位置变化而变化,因此空间电荷区的能带要发生弯曲。图3.22 给出了零偏置电压下 NPN 双极晶体管能带分布示意图,图中 E_C 和 E_V 分别为导带和价带能带,E_F 为费米能级。

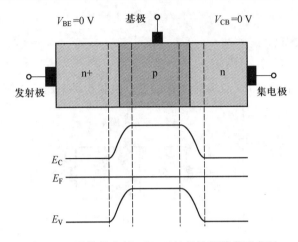

图 3.22 零偏状态下 NPN 双极晶体管能带示意图

（2）正向有源状态

正向有源状态是指 B-E 结正向导通、B-C 结反向偏置,在这种状态下电子会越过 B-E 结从发射区注入基区,然后越过基区扩散到 B-C 结空间电荷区,那里的电场可以把电子扫入集电区中。为了将尽可能多的电子送入集电区而不被基区中的多子空穴复合,基区的掺杂浓度必须为轻掺杂而且宽度必须很小。图 3.23 给出了正向有源状态下 NPN 双极晶体管能带分布和电荷流向示意图。值得注意的是,在上述偏置状态下,集电极电流仅仅和注入的基极电流有关,基本上不随发射极和集电极电压变化而变化。

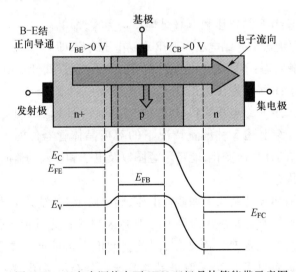

图 3.23 正向有源状态下 NPN 双极晶体管能带示意图

双极晶体管一个重要的概念是发射极注入效率。发射极注入效率定义为发射区注入到基区的电子流和发射区总电流(发射区少子空穴扩散电流和发射区注入基区的电子流之和)的比值,表达式为

$$\eta = \frac{I_{nE}}{I_{nE} + I_{pE}} \approx \frac{1}{1 + \frac{N_B}{N_E} \cdot \frac{D_E}{D_B} \cdot \frac{W_B}{W_E}} \tag{3.30}$$

这里

I_{nE} 发射区注入基区的电子流

I_{pE} 发射区少子空穴扩散电流

N_B 基区掺杂浓度

N_E 发射区掺杂浓度

D_B 基区少子扩散系数

D_E 发射区少子扩散系数

W_B 基区宽度

W_E 发射区宽度

从公式(3.30)可以看到,为了提高发射极注入效率使其接近100%,和发射区相比,基区的掺杂浓度必须为轻掺杂而且宽度很小。

（3）饱和状态

当 B-E 结和 B-C 结均正向导通时,双极晶体管处于饱和状态,此时由于两个 PN 结的势垒都很小,电子可以自由流动。如果集电极和发射极之间的电压为零,即 $V_{CE} = 0$,集电极基本没有电流;如果集电极和发射极之间的电压为正,即 $V_{CE} > 0$,集电极电流将随着 V_{CE} 的增加而迅速增加,这是因为由发射区经过基区注入集电区的电子远远高于由集电区过基区注入发射区的电子。图3.24 给出了饱和状态下 NPN 双极晶体管能带示意图。

（4）截止状态

当 B-E 结和 B-C 结均反向偏置时,双极晶体管处于截止状态,此时由于两个 PN 结的势垒和零偏置状态下相比都变大了很多,电子不能方便地自由流动,因此此时集电极无电流流过。图3.25 给出了相应的截止状态下 NPN 双极晶体管能带示意图。

（5）反向有源状态

反向有源状态是指 B-C 结正向导通,而 B-E 结反向偏置,在这种状态下电子越过 B-C 结从集电区注入基区,然后越过基区扩散到 B-E 结空间电荷区,那里的电场把电子扫入发射区。上述电子流向和正向有源状态完全相反,因此集

电极电流流向发生改变。值得注意的是,通常 B-C 结面积比 B-E 结面积大很多,因此不是所有的电子均能被发射极收集。图 3.26 给出了相应的反向有源状态下 NPN 双极晶体管能带示意图,图 3.27 给出了常用的 NPN 双极晶体管 I-V曲线和相对应的工作模式。

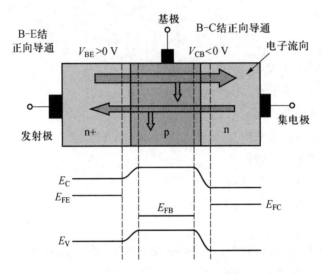

图 3.24　饱和状态下 NPN 双极晶体管能带示意图

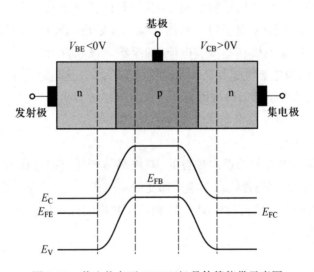

图 3.25　截止状态下 NPN 双极晶体管能带示意图

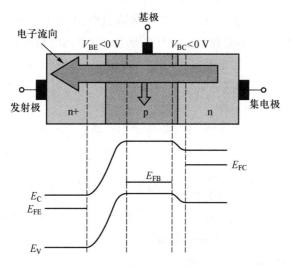

图 3.26 饱和状态下 NPN 双极晶体管能带示意图

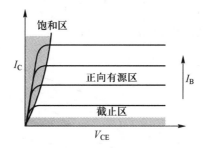

图 3.27 常用的 NPN 双极晶体管 I-V 曲线和相对应的工作模式

3.2.3 基区宽度调制效应

在分析双极晶体管基本特性时,通常基于下述假设:
(1) 发射区、基区和集电区均为均匀掺杂;
(2) 发射区、基区和集电区宽度固定;
(3) 发射区、基区和集电区电流密度为均匀数值;
(4) 基区电流为小电流注入。

但是上述假设在实际过程中往往不能都满足,因此会存在非理想效应。本章主要介绍两个主要的非理想效应:基区宽度调制效应和大电流注入效应,大电流注入效应将在下一节介绍。

在正向有源状态下,B-E 结正向导通,而 B-C 结反向偏置。在这种情况下

B-E 结空间电荷区宽度很小,对基区宽度影响很小;而 B-C 结空间电荷区宽度较零偏置情况下大,随着 B-C 结反向电压的增加,其空间电荷区扩展进入基区,使得基区有效宽度变小。因此基区宽度并非固定值,而是会随着 B-C 结电压的变化而变化,这种现象称为基区宽度调制效应,也称为厄利(Early)效应,基区宽度调制效应可以通过双极晶体管 I-V 曲线来观察。

从图 3.28 可以看到,NPN 双极晶体管 I-V 曲线存在明显的 Early 效应。在理想情况下,集电极电流和 B-C 结电压无关,因此集电极电流相对于集电极 – 发射极电压的斜率为零,即 $\dfrac{\mathrm{d}I_\mathrm{C}}{\mathrm{d}V_\mathrm{CE}} = 0$。而由于基区宽度调制效应的存在,集电极电流相对于集电极 – 发射极电压的斜率不再为零。如果将集电极电流曲线沿着斜率反向延长,则延长线会与横轴相交于一点,该点电压的绝对值称为 Early 电压。NPN 双极晶体管输出电导可以表示为

$$g_\mathrm{o} = \frac{\mathrm{d}I_\mathrm{C}}{\mathrm{d}V_\mathrm{CE}} = \frac{I_\mathrm{C}}{V_\mathrm{A} + V_\mathrm{CE}} \tag{3.31}$$

这里 V_A 为 Early 电压,典型数值为 100 ~ 300 V。

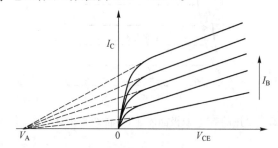

图 3.28　存在明显 Early 效应的 NPN 双极晶体管 I-V 曲线

3.2.4　大电流注入效应

双极晶体管有两个重要的直流参数:共发射极电流增益 β 和共基极电流增益 α,共发射极电流增益定义为集电极电流和基极电流之比,而共基极电流增益定义为集电极电流和发射极电流之比:

$$\beta = \frac{I_\mathrm{C}}{I_\mathrm{B}} \tag{3.32}$$

$$\alpha = \frac{I_\mathrm{C}}{I_\mathrm{E}} = \frac{\beta}{\beta + 1} \tag{3.33}$$

随着基区注入电流(B-E 结电压)的增加,随之发射区注入基区的电子会显著

增加,这样基区少子(电子)的浓度接近多子浓度,甚至比多子浓度还要大。假设基区为电中性区,这样会导致 B-E 边界的空穴浓度增加,即发射区少子电流增加,使得发射极注入效率降低。因此大注入情况下,共发射极电流增益 β 下降。

图 3.29 给出了共发射极电流增益随集电极电流变化曲线,在小注入情况下(Ⅰ区),共发射极电流增益 β 下降,是由于基区 – 发射区空间电荷区的复合电流使得基极电流增加,而集电极电流却不受任何影响;在中电流注入(Ⅱ区)情况下,共发射极电流增益 β 基本保持常数;而在大注入情况下(Ⅲ区),共发射极电流增益 β 将随着集电极电流的增加而下降。

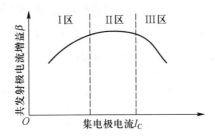

图 3.29 共发射极电流增益随集电极电流变化曲线

图 3.30 给出了集电极电流随 B-E 结电压变化曲线,从图中可以看到在大注入情况下,集电极电流发生弯曲。

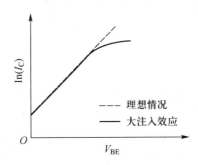

图 3.30 集电极电流随 B-E 结电压变化曲线

3.3 双极晶体管等效电路模型

为了开展基于双极晶体管的集成电路设计,建立基于物理结构的等效电路模型非常重要。目前最常用的双极晶体管等效电路模型有以下两种[3]:

- Ebers-Moll 模型(简称为 E-M 模型)
- Gummel-Pool 模型(简称为 G-P 模型)

Ebers-Moll 模型用于表征双极晶体管直流和低频情况下的工作状态,Gum-mel-Pool 模型则在 Ebers-Moll 模型的基础上考虑了更多的非理想效应,可以用于器件高频电路设计。下面分别详细介绍上述两种器件模型。

3.3.1 Ebers-Moll 模型

Ebers-Moll 模型的建模思想是将双极晶体管看做是两个相互作用的背靠背的 PN 结二极管,根据结构形式不同分为注入型和传输型模型。图 3.31 给出了注入型 Ebers-Moll 直流模型,模型中参考电流为流过 B-E 结和 B-C 结二极管的电流 I_F 和 I_R:

$$I_F = I_{ES}(e^{qV_{BE}/kT} - 1) \tag{3.34}$$

$$I_R = I_{CS}(e^{qV_{BC}/kT} - 1) \tag{3.35}$$

这里 I_{ES} 和 I_{CS} 分别为 B-E 结和 B-C 结的饱和电流。

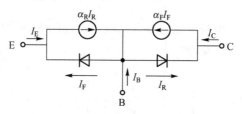

图 3.31 注入型 Ebers-Moll 直流模型

模型中的电流控制电流源 $\alpha_F I_F$ 和 $\alpha_R I_R$ 分别表示两个二极管的相互耦合部分,这里 α_F 和 α_R 分别为共基极正向和反向电流增益,其典型数据分别为 0.95 ~ 0.99 和 0.02 ~ 0.05。基极、集电极和发射极电流可以表示为

$$I_B = (1 - \alpha_F)I_F + (1 - \alpha_R)I_R \tag{3.36}$$

$$I_C = \alpha_F I_F - I_R \tag{3.37}$$

$$I_E = -I_F + \alpha_R I_R \tag{3.38}$$

当双极晶体管工作在正向有源状态时,B-C 结二极管可以看做断路,即 $I_R = 0$,则等效电路模型可以简化为图 3.32(a);当双极晶体管工作在反向有源状态时,B-E结二极管可以看做断路,即 $I_F = 0$,则等效电路模型可以简化为图 3.32(b)。

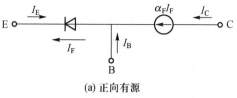

(a) 正向有源

(b) 反向有源

图 3.32 正向有源和反向有源状态下的等效电路模型

相对于注入型模型,传输型等效电路模型以两个二极管的相互耦合部分为参考电流,流过二极管的电流需要受控于共基极正向和反向电流增益 α_F 和 α_R。图 3.33 给出了传输型 Ebers-Moll 直流模型,图中电流源 I_{EC} 和 I_{CC} 可以表示为

$$I_{CC} = I_S (e^{qV_{BE}/kT} - 1) \tag{3.39}$$

$$I_{EC} = I_S (e^{qV_{BC}/kT} - 1) \tag{3.40}$$

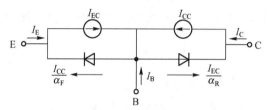

图 3.33 传输型 Ebers-Moll 直流模型

基极、集电极和发射极电流可以表示为

$$I_B = \left(\frac{1}{\alpha_F} - 1\right) I_{CC} + \left(\frac{1}{\alpha_R} - 1\right) I_{EC} \tag{3.41}$$

$$I_C = I_{CC} - \frac{I_{EC}}{\alpha_R} \tag{3.42}$$

$$I_E = -\frac{I_{CC}}{\alpha_F} + I_{EC} \tag{3.43}$$

根据对称原理,有如下关系:

$$\alpha_F I_{ES} = \alpha_R I_{CS} = I_S \tag{3.44}$$

将上式代入式(3.41)~式(3.43),可以发现注入型模型和传输型模型是等价的,即可以相互转换。在实际商用电路模拟软件中,一般把传输型 Ebers-Moll 模型进一步简化,将电流源 I_{EC} 和 I_{CC} 合并成一个电流源 I_{CT},并且考虑本征电容和寄生电阻,获得完整的大信号模型,如图 3.34 所示。

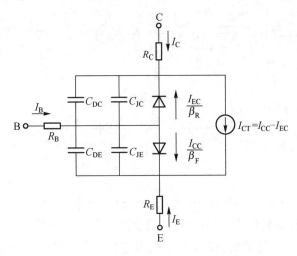

图3.34   完整的 Ebers-Moll 大信号模型

图 3.34 中电流源 I_{CT} 的表达式为

$$I_{CT} = I_{CC} - I_{EC} = I_S (e^{qV_{BE}/kT} - e^{qV_{BC}/kT}) \qquad (3.45)$$

如果考虑基区宽度调制效应,则饱和电流 I_S 需要进行修正:

$$I_S(V_{BC}) = \frac{I_{SO}}{1 + V_{BC}/V_A} \qquad (3.46)$$

这里 I_{SO} 为 B-C 结电压为零时的饱和电流。

正向共发射极电流增益 β_F 和反向共发射极电流增益 β_R 可以表示为

$$\beta_F = \frac{\alpha_F}{1 - \alpha_F} \qquad (3.47)$$

$$\beta_R = \frac{\alpha_R}{1 - \alpha_R} \qquad (3.48)$$

相应的基极、集电极和发射极电流可以表示为

$$I_B = \frac{I_{CC}}{\beta_F} + \frac{I_{EC}}{\beta_R} \qquad (3.49)$$

$$I_C = I_{CT} - \frac{I_{EC}}{\beta_R} \qquad (3.50)$$

$$I_E = -I_{CT} - \frac{I_{CC}}{\beta_F} \qquad (3.51)$$

图 3.33 中除了考虑了寄生电阻 R_B、R_C 和 R_E(分别为基极、集电极和发射极欧姆接触电阻)以外,还加入了本征扩散电容 C_{DE}、C_{DC},以及 B-E 结电容 C_{JE} 和 B-C 结电容 C_{JC},相应的电荷表达式为

$$Q_{DE} = \tau_F I_{CC} \tag{3.52}$$

$$Q_{DC} = \tau_R I_{EC} \tag{3.53}$$

$$Q_{JE} = \int_0^{V_{BE}} C_{JE} dV = \frac{C_{JEO}}{1-m_E} \left(1 - \frac{V_{BE}}{\phi_E}\right)^{-m_E} \tag{3.54}$$

$$Q_{JC} = \int_0^{V_{BC}} C_{JC} dV = \frac{C_{JCO}}{1-m_C} \left(1 - \frac{V_{BC}}{\phi_C}\right)^{-m_C} \tag{3.55}$$

这里，τ_F 和 τ_R 分别表示总的等效正向和反向载流子渡越时间，C_{JEO} 和 C_{JCO} 分别表示零偏 B-E 结和 B-C 结电容，m_E 和 m_C 分别表示 B-E 结和 B-C 结电容的梯度因子，ϕ_E 和 ϕ_C 分别表示 B-E 结和 B-C 结内建电势。

与上述电荷一一对应的电容表达式为

$$C_{DE} = \frac{dQ_{DE}}{dV_{BE}} = \frac{d(\tau_F I_{CC})}{dV_{BE}} \tag{3.56}$$

$$C_{DC} = \frac{dQ_{DC}}{dV_{BC}} = \frac{d(\tau_R I_{EC})}{dV_{BC}} \tag{3.57}$$

$$C_{JE}(V_{BE}) = \frac{dQ_{JE}}{dV_{BE}} = \frac{C_{JEO}}{(1 - V_{BE}/\phi_E)^{m_E}} \tag{3.58}$$

$$C_{JC}(V_{BC}) = \frac{dQ_{JC}}{dV_{BC}} = \frac{C_{JCO}}{(1 - V_{BC}/\phi_C)^{m_C}} \tag{3.59}$$

图 3.35 给出了相应的正向有源状态下 BJT 小信号等效电路模型，模型中各元件为大信号模型中各元件在固定偏置状态下的微分数值。下面介绍其物理意义和公式。

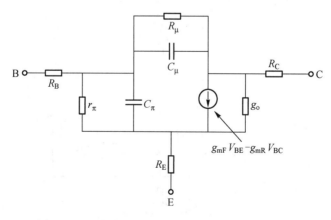

图 3.35　正向有源状态下 BJT 小信号等效电路模型

正向跨导 g_{mF} 表示集电极电流相对于 B-E 结电压的变化：

$$g_{mF} = \frac{dI_C}{dV_{BE}} = \frac{q}{kT} I_S e^{qV_{BE}/kT} = \frac{q}{kT} I_C \qquad (3.60)$$

反向跨导 g_{mR} 表示集电极电流相对于 B-C 结电压的变化：

$$g_{mR} = \frac{dI_C}{dV_{BC}} = \frac{q}{kT} I_S e^{qV_{BC}/kT} \qquad (3.61)$$

输入电阻 r_π 表示基极电流相对于 B-E 结电压的变化：

$$g_\pi = \frac{1}{r_\pi} = \frac{dI_B}{dV_{BE}} = \frac{d(I_C/\beta_F)}{dV_{BE}} = \frac{g_{mF}}{\beta_F} \qquad (3.62)$$

电阻 r_μ 表示基极电流相对于 B-C 结电压的变化：

$$g_\mu = \frac{1}{r_\mu} = \frac{dI_B}{dV_{BC}} = \frac{d(I_C/\beta_R)}{dV_{BC}} = \frac{g_{mR}}{\beta_R} \qquad (3.63)$$

3.3.2　Gummel-Pool 模型

Ebers-Moll 等效电路模型仅仅适用于中电流注入（Ⅱ区）情况，对于很小的电流注入（Ⅰ区）和大电流注入情况则不能有效表征，因此在 Ebers-Moll 等效电路模型的基础上，产生了 Gummel-Pool 模型。该模型与 Ebers-Moll 等效电路模型的主要区别在于，它引入了两个新的电流源来表征很小的电流注入情况，配合 q_b 因子来表征大电流注入情况（Ⅲ区）。

图 3.36 给出了电路模拟软件中常用的 BJT Gummel-Pool 大信号等效电路模型。从图中可以看到，B-E 结和 B-C 结各有两个电流源和基极电流相关，理想

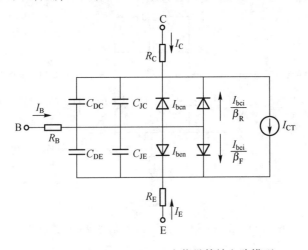

图 3.36　BJT Gummel-Pool 大信号等效电路模型

指数电压项 I_{bei} 用来模拟基极复合和发射区载流子注入,在低电压情况下起作用的非理想指数电压项 I_{ben} 用来模拟发射区空间电荷区域的复合,I_{bci} 和 I_{ben} 用来模拟 B-C 结的载流子发射和复合。

图 3.36 中的各个电流源表达式如下:

$$I_{bei} = I_s \left(e^{qV_{BE}/\eta_F kT} - 1 \right) \tag{3.64}$$

$$I_{ben} = I_{se} \left(e^{qV_{BE}/\eta_E kT} - 1 \right) \tag{3.65}$$

$$I_{bci} = I_s \left(e^{qV_{BC}/\eta_R kT} - 1 \right) \tag{3.66}$$

$$I_{ben} = I_{sc} \left(e^{qV_{BC}/\eta_C kT} - 1 \right) \tag{3.67}$$

$$I_{CT} = \frac{I_{bei} - I_{bci}}{q_b} \tag{3.68}$$

这里,I_{se} 和 I_{sc} 分别表示 B-E 结和 B-C 结泄漏饱和电流,η_F 和 η_R 分别表示正向电流和反向电流发射系数,η_C 和 η_E 分别表示 B-C 结和 B-E 结泄漏饱和电流发射系数,q_b 表示 Early 效应和共发射极电流增益随注入电流的变化,表达式如下:

$$q_b = \frac{q_1}{2} + \sqrt{\left(\frac{q_1}{2}\right)^2 + \frac{I_{bei}}{I_{kf}} + \frac{I_{bci}}{I_{kr}}} \tag{3.69}$$

$$q_1 = 1 + \frac{V_{BC}}{V_{AF}} + \frac{V_{BE}}{V_{AR}} \tag{3.70}$$

其中,I_{kf} 和 I_{kr} 分别表示正向和反向共发射极增益下降的拐角电流,V_{AF} 和 V_{AR} 分别表示正向和反向 Early 电压,N_K 为大电流注入效应拟和系数。

基极、集电极和发射极电流可以分别表示为

$$I_b = \frac{I_{bei}}{\beta_F} + \frac{I_{bci}}{\beta_R} + I_{ben} + I_{ben} \tag{3.71}$$

$$I_c = I_{CT} - \frac{I_{bci}}{\beta_R} - I_{ben} \tag{3.72}$$

$$I_e = -I_{CT} - \frac{I_{bci}}{\beta_F} - I_{ben} \tag{3.73}$$

图 3.37 给出了基于 Gummel-Pool 模型的基极和集电极电流(对数)随 $\frac{qV_{BE}}{kT}$ 变化曲线,从图中可以看到在低电流注入情况下(B-E 结电压较小),基极电流存在附加电流造成电流增益下降,而在中等电流注入情况下由基极和集电极电流可以直接确定共发射极电流增益。

图 3.38 给出了 Gummel-Pool 模型直流参数提取示意图。当 BC 结电压为零时(见图 3.38(a)),可以测得基极和集电极电流分别为

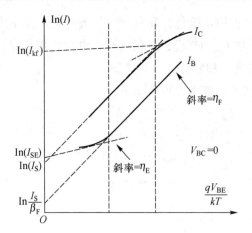

图 3.37　基于 Gummel-Pool 模型的基极和集电极电流(对数)随$\dfrac{qV_{BE}}{kT}$变化曲线

$$I_b = I_s\left[\exp\left(\frac{qV_{be}}{n_f kT}\right) - 1\right] \tag{3.74}$$

$$I_c = \frac{I_c}{\beta_f} + I_{se}\left[\exp\left(\frac{qV_{be}}{n_e kT}\right) - 1\right] \tag{3.75}$$

通过拟合基极和集电极电流 I_b 和 I_c 的测量曲线,可以获得参数 I_{se}、I_s、β_f、n_e 和 n_f 的数值。

当 BE 结电压为零时(见图 3.38(b)),可以测得基极和集电极电流分别为

$$I_b = \frac{I_e}{\beta_r} + I_{sc}\left[\exp\left(\frac{qV_{bc}}{n_c kT}\right) - 1\right] \tag{3.76}$$

$$I_e = I_s\left[\exp\left(\frac{qV_{bc}}{n_r kT}\right) - 1\right] \tag{3.77}$$

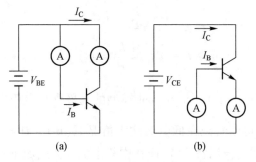

图 3.38　Gummel-Pool 模型直流参数提取示意图

通过拟合基极和集电极电流 I_b 和 I_c,可以获得 I_{sc}、I_s、β_r、n_c 和 n_r 的数值。

3.3.3 噪声模型

双极晶体管噪声等效电路模型如图 3.39 所示,由寄生电阻的热噪声和二极管散弹噪声构成,包括 $\overline{e_b^2}$、$\overline{e_c^2}$、$\overline{e_e^2}$、$\overline{i_b^2}$ 和 $\overline{i_c^2}$ 共 5 个噪声源。噪声电流源 $\overline{i_b^2}$ 和 $\overline{i_c^2}$ 为器件的本征散弹噪声源,具体表达式为

$$\overline{i_b^2} = 2qI_b\Delta f \tag{3.78}$$

$$\overline{i_c^2} = 2qI_c\Delta f \tag{3.79}$$

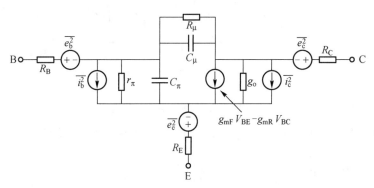

图 3.39 BJT 噪声等效电路模型

其余 3 个噪声源 $\overline{e_b^2}$、$\overline{e_c^2}$、$\overline{e_e^2}$ 分别表示寄生电阻 R_b、R_c、R_e 的热噪声,具体表达式为

$$\overline{e_i^2} = 4kTR_i\Delta f, \qquad i = b,c,e \tag{3.80}$$

这里 q 为电子电荷,k 为玻尔兹曼常数,T 为绝对温度,R_i 为电阻数值,τ 为时间延时,I_b 和 I_c 分别为基极和集电极电流。

3.4 微波射频特性

基于小信号等效电路模型,本节主要介绍双极晶体管的微波射频工作频率,以及三种最常用的放大结构的微波特性,最后对三种放大结构进行比较。

3.4.1 工作频率

图 3.40 给出了简化的小信号等效电路模型(正向有源状态),图中正向跨

导用 g_m 表示,由于 B-C 结反偏,相应的电阻 r_μ 很大,对器件特性影响很小,因此这里忽略不计。器件本征 Y 参数可以表示为

$$Y_{11} = \frac{1}{r_\pi} + j\omega(C_\pi + C_\mu) \tag{3.81}$$

$$Y_{12} = -j\omega C_\mu \tag{3.82}$$

$$Y_{21} = g_m - j\omega C_\mu \tag{3.83}$$

$$Y_{22} = g_o + j\omega C_\mu \tag{3.84}$$

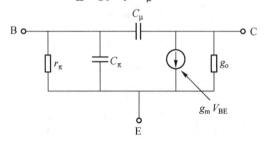

图 3.40　本征小信号等效电路模型

根据 H 参数和 Y 参数之间的关系,相应的 H 参数可以表示为

$$H_{11} = \frac{1}{Y_{11}} = \frac{r_\pi}{1 + j\omega r_\pi(C_\pi + C_\mu)} \tag{3.85}$$

$$H_{12} = -\frac{Y_{12}}{Y_{11}} = \frac{j\omega r_\pi C_\mu}{1 + j\omega r_\pi(C_\pi + C_\mu)} \tag{3.86}$$

$$H_{21} = \frac{Y_{21}}{Y_{11}} = \frac{g_m r_\pi - j\omega r_\pi C_\mu}{1 + j\omega r_\pi(C_\pi + C_\mu)} \tag{3.87}$$

$$H_{22} = \frac{\Delta Y}{Y_{11}} = \frac{g_o - \omega^2 r_\pi C_\pi C_\mu + j\omega C_\mu(1 + g_m r_\pi) + j\omega g_o r_\pi(C_\pi + C_\mu)}{1 + j\omega r_\pi(C_\pi + C_\mu)}$$

$$= g_o + \frac{j\omega C_\mu(1 + g_m r_\pi + j\omega r_\pi C_\pi)}{1 + j\omega r_\pi(C_\pi + C_\mu)} \tag{3.88}$$

特征频率 f_T 是双极晶体管最重要的参数之一,也是决定器件工作频率的主要参数。特征频率的定义为在输出端短路情况下的电流增益下降到 1 时,即 H_{21} 下降到 1 时的频率。根据 H_{21} 的表达式(3.87)进行整理:

$$H_{21} = \frac{\beta_F(1 - j\omega C_\mu/g_m)}{1 + j\omega r_\pi(C_\pi + C_\mu)} = \frac{\beta_F[1 - j(f/f_o)]}{1 + j(f/f_\beta)} \tag{3.89}$$

这里 f_o 和 f_β 分别为最大频率和 β 截止频率:

$$f_o = g_m/2\pi C_\mu \tag{3.90}$$

$$f_\beta = \frac{1}{2\pi r_\pi(C_\pi + C_\mu)} \tag{3.91}$$

并且有

$$\beta_F = g_m r_\pi$$

令 $|H_{21}| = 1$，可以获得特征频率 f_T 的表达式为

$$f_T = \frac{1}{2\pi}\sqrt{\frac{\beta_F^2 - 1}{r_\pi^2(C_\pi^2 + 2C_\pi C_\mu)}} \tag{3.92}$$

由于 $\beta_F \gg 1$，$C_\pi \gg C_\mu$，则上述公式可以简化为

$$f_T \approx \frac{\beta_F}{2\pi r_\pi C_\pi} = \frac{g_m}{2\pi C_\pi} \tag{3.93}$$

图 3.41 给出了特征频率 f_T 随集电极电流变化曲线。从图中可以看到，随着集电极电流的增加，特征频率 f_T 快速上升到饱和点，而后由于高电流注入效应导致特征频率 f_T 下降，采用 Gummel-Pool 模型更能反映实际情况。图 3.42 给出了电流增益 H_{21} 随频率变化曲线。从图中可以看到，在低频时候，增益近似为共发射极电流增益 β_F，当频率上升至 β 截止频率 f_β，电流增益 H_{21} 近似为共发射极电流增益 β_F 的 $1/\sqrt{2}$，当电流增益 H_{21} 下降为 1 时的频率为了特征频率 f_T。

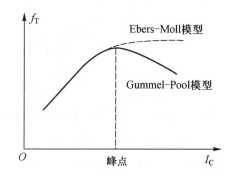

图 3.41 特征频率 f_T 随集电极电流变化曲线

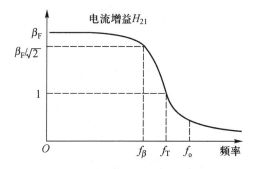

图 3.42 电流增益 H_{21} 随频率变化曲线

3.4.2　共发射极结构

图 3.43 给出了双极晶体管共发射极结构,图中 Z_S 和 Z_L 为端接阻抗,中间网络的 Y 参数由公式(3.81) ~ (3.84)给出,相应的 S 参数可以根据 Y 参数推导得出。

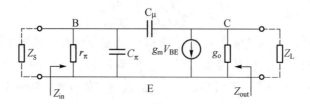

图 3.43　双极晶体管共发射极结构

共发射极结构的输入反射系数 Γ_{in} 和输出反射系数 Γ_{out} 可以由下式计算获得:

$$\Gamma_{in} = \frac{Z_{in} - Z_o}{Z_{in} + Z_o} = S_{11} + \frac{S_{12}S_{21}}{1 - S_{22}\Gamma_L}\Gamma_L \qquad (3.94)$$

$$\Gamma_{out} = \frac{Z_{out} - Z_o}{Z_{out} + Z_o} = S_{22} + \frac{S_{12}S_{21}}{1 - S_{11}\Gamma_S}\Gamma_S \qquad (3.95)$$

这里,Z_o 为系统特征阻抗,Z_S 和 Z_L 分别为源和负载阻抗,Z_{in} 和 Z_{out} 分别为器件输入阻抗和输出阻抗,Γ_L 和 Γ_S 分别为负载反射系数和源反射系数。

当输入阻抗和输出阻抗均为匹配负载时(即 $Z_S = Z_L = Z_o$),有 $\Gamma_S = \Gamma_L = 0$,根据公式(3.94)和(3.95),有

$$Z_{in} = Z_o \frac{1 + S_{11}}{1 - S_{11}} \qquad (3.96)$$

$$Z_{out} = Z_o \frac{1 + S_{22}}{1 - S_{22}} \qquad (3.97)$$

这里

$$S_{11} = \frac{(Y_o - Y_{11})(Y_o + Y_{22}) + Y_{12}Y_{21}}{(Y_o + Y_{11})(Y_o + Y_{22}) - Y_{12}Y_{21}} \qquad (3.98)$$

$$S_{22} = \frac{(Y_o + Y_{11})(Y_o - Y_{22}) + Y_{12}Y_{21}}{(Y_o + Y_{11})(Y_o + Y_{22}) - Y_{12}Y_{21}} \qquad (3.99)$$

将(3.98)和(3.99)代入(3.96)和(3.97),可以得到

$$Z_{in} = \frac{Y_o + Y_{22}}{Y_{11} Y_o + \Delta Y} \tag{3.100}$$

$$Z_{out} = \frac{Y_o + Y_{11}}{Y_{22} Y_o + \Delta Y} \tag{3.101}$$

对于共发射极结构,在低频情况下一般有

$$Y_o \gg Y_{11}, Y_o \gg Y_{22}, Y_o Y_{11} \gg \Delta Y, Y_o Y_{22} \gg \Delta Y$$

则输入阻抗和输出阻抗主要由 Y_{11} 和 Y_{22} 决定,在频率较低的时候输入阻抗为 r_π,一般在几百欧姆量级;而输出阻抗为 $1/g_o$,一般在几千欧姆量级。因此对于共发射极结构,输入阻抗为中等阻抗,输出阻抗为高阻抗。功率增益由 $g_m/(g_o + Y_L)$ 决定,电流增益由 β 决定,因此共发射极结构具有较高的增益。

3.4.3 共基极结构

图 3.44 给出了双极晶体管共基极结构。值得注意的是,基极和发射极位置互换,共基极器件本征 Y 参数可以表示为

$$Y_{11} = g_m + \frac{1}{r_\pi} + g_o + j\omega C_\pi \tag{3.102}$$

$$Y_{12} = -g_o \tag{3.103}$$

$$Y_{21} = -(g_m + g_o) \tag{3.104}$$

$$Y_{22} = g_o + j\omega C_\mu \tag{3.105}$$

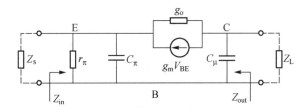

图 3.44 双极晶体管共基极结构

根据公式(3.92)和(3.93)获得的结果,在低频情况下,输入、输出阻抗分别为

$$Z_{in}(\omega \to 0) \approx \frac{Y_o + g_o}{g_m Y_o + g_o/r_\pi} \approx \frac{1}{g_m} \tag{3.106}$$

$$Z_{out}(\omega \to 0) \approx \frac{Y_o + g_m}{g_o Y_o + g_o/r_\pi} \approx 1/g_o \tag{3.107}$$

频率较低时,输入阻抗为 $1/g_m$(约为 V_T/I_C),一般在几十欧姆的量级;输出

阻抗通常由输出电导决定,一般在几千欧姆量级。因此对于共基极结构,输入阻抗为低阻抗,输出阻抗为高阻抗。同时功率增益由 g_m/g_o 决定,电流增益由 α 决定,因此共基极结构具有高的电压增益和低的电流增益(约为 1)。

3.4.4　共集电极结构

图 3.45 给出了双极晶体管共集电极结构。值得注意的是,集电极和发射极位置互换,共集电极器件本征 Y 参数可以表示为

$$Y_{11} = \frac{1}{r_\pi} + j\omega(C_\pi + C_\mu) \tag{3.108}$$

$$Y_{12} = \frac{1}{r_\pi} + j\omega C_\pi \tag{3.109}$$

$$Y_{21} = g_m + \frac{1}{r_\pi} + j\omega C_\pi \tag{3.110}$$

$$Y_{22} = g_m + \frac{1}{r_\pi} + g_o + j\omega C_\pi \tag{3.111}$$

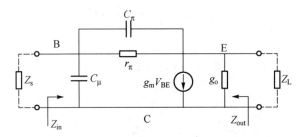

图 3.45　双极晶体管共集电极结构

在低频情况下,输入、输出阻抗分别为

$$Z_{in}(\omega \to 0) \approx \frac{Y_o + g_m}{Y_o/r_\pi + g_o/r_\pi} \approx r_\pi \tag{3.112}$$

$$Z_{out}(\omega \to 0) \approx \frac{Y_o + 1/r_\pi}{g_m Y_o + g_o/r_\pi} \approx \frac{1}{g_m} \tag{3.113}$$

频率较低时,输入阻抗为 r_π,一般在几百欧姆量级;输出阻抗为 $1/g_m$(约为 V_T/I_C),一般在几十欧姆的量级。因此对于共集电极结构,输入阻抗为高阻抗,输出阻抗为低阻抗。同时功率增益基本为 1,电流增益由 β 决定,因此共集电极结构具有高的电流增益和低的电压增益(约为 1)。

3.4.5 三种结构特性比较

图3.46给出了共基极、共集电极和共发射极阻抗特性比较,表3.2给出了共基极、共集电极和共发射极增益特性比较[5],表中的数值为低频时的近似表达式。由于共发射极中等高的输入阻抗和高的输出阻抗,以及很高的电压增益,因此可以作为放大级,与场效应晶体管相比,输入匹配比较容易;共基极由于低输入阻抗和高输出阻抗,可以用做隔离级,另外共发射极和共基极可以构成Cascode放大级,具有较高的带宽和增益;共集电极又称之为源跟随器,一般用以电平移位和放大级之间的隔离。

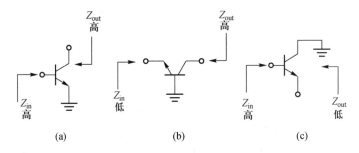

图 3.46　共基极、共集电极和共发射极阻抗特性比较

表 3.2　共基极、共集电极和共发射极特性比较

结　　构	共 发 射 极	共 基 极	共 集 电 极
输入阻抗	中等 r_π	低 $1/g_m = r_\pi/\beta$	中等 r_π
输出阻抗	高 $1/g_o$	高 $1/g_o$	低 $1/g_m = r_\pi/\beta$
电压增益	高 $-g_m/g_o$	高 g_m/g_o	低 ≈ 1
电流增益	高 β	低 α	高 $\beta+1$

参考文献

[1] Ludwig R, Bretchko P . RF circuit design: theory and applications. London: Pearson Educa-

tion, 2002.

[2] Neamen D A . Semiconductor Physics and Devices Basic Principles. Columbus: McGraw-Hill Company, 2003.

[3] Massobrio G . Antognetii P. Semiconductor device modeling with SPICE. Columbus: McGraw-Hill Company, 1993.

[4] Bennett R J. Interpretation of Forward Bias Behavior of Schottky Barriers. IEEE Trans Electron Device, 1987, 34(4):935 – 937.

[5] Golio M. The RF and Microwave Handbook. Boca Raton: CRC Press, 2001.

第 4 章   HBT 基本工作原理

由第 3 章可以知道,为了保持较高的发射结注入效率,双极晶体管(BJT)对基区和发射区的掺杂浓度和结构有严格的要求:

(1)发射区掺杂浓度在三个区中最高。

(2)基区要保持较低的掺杂浓度和较小的宽度。

但是值得注意的是,发射区高掺杂浓度会导致基极 – 发射极 PN 结的结电容增大,而低掺杂浓度的基区会导致较高的基区电阻,上述两个因素均是限制 BJT 工作频率的关键原因。

为了提高发射结注入效率和改善 BJT 的工作频率特性,采用比基区更宽的带隙材料作为发射区是一个很好的选择。1948 年,William Shockley 就此设想申请了美国专利。1957 年,Kroemer 教授则详细阐述了这种晶体管的工作机制,但是由于工艺条件的限制,直到 1970 年异质结晶体管(HBT)才进入真正实用阶段,这得益于分子束外延(Molecular Beam Epitaxy, MBE)与金属有机化合物气相淀积(Metalorganic Chemical Vapor Deposition, MOCVD)这两种新的外延技术的出现[1]。由于采用了宽禁带的材料作为发射极,HBT 在继承了 BJT 的优点的同时,在器件性能上有了质的飞跃:宽禁带的发射区可有效地阻挡基区空穴的反向注入,因此可采用高掺杂的基区以提高器件的频率特性。

很显然异质结双极晶体管的核心结构是异质结,即 PN 结是由不同带隙的材料构成的,因此在阐述异质结双极晶体管的工作原理之前,介绍异质结的结构和工作机理将有助于更好地理解异质结双极晶体管。本章主要内容包括半导体异质结工作原理、常用的化合物 HBT 物理结构及其工作机理。

4.1   半导体异质结

半导体异质结构是指随着位置不同,半导体材料具有不同的化学成分。最简单的半导体异质结构为单半导体异质结。单半导体异质结是指半导体结构中存在一个界面,界面两边的半导体材料具有不同的化学成分。一个理想的异质结具有以下特点:

(1) 两种半导体材料必须具有相同的晶体结构和非常接近的晶格常数。

(2) 两种半导体材料必须具有非常接近的温度系数,在温度发生变化时两种半导体材料伸缩一致。

(3) 需要合理选择半导体生长系统。

由于构成半导体异质结的两种半导体材料具有不同的禁带宽度,因此在界面能带会不连续。为了形成有用的异质结,两种半导体材料的晶格常数必须匹配,否则会引起界面处的缺陷。图 4.1 给出了 n 型窄带隙材料和 p 型宽带隙材料构成的 nP 异质结[2]。从图中可以看到在接触前(如图 4.1(a)所示),n 型窄带隙材料的导带和价带均位于宽带隙材料的导带和价带之间。上述两种半导体材料导带之间的能量差可以表示为

$$\Delta E_{\mathrm{C}} = q(\chi_{\mathrm{n}} - \chi_{\mathrm{P}}) \tag{4.1}$$

这里,q 为电子电荷,χ_{n} 和 χ_{P} 分别为 n 型窄带隙材料和 p 型宽带隙材料的电子亲和能。

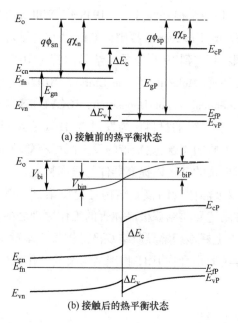

图 4.1　n 型窄带隙材料和 p 型宽带隙材料构成的 nP 异质结热平衡状态

两种半导体材料价带之间的能量差可以表示为

$$\Delta E_V = (q\chi_P + E_{gP}) - (q\chi_n + E_{gn}) = \Delta E_g - \Delta E_C \qquad (4.2)$$

这里,ΔE_g 为两种半导体材料带隙能量差:$\Delta E_g = E_{gP} - E_{gn}$。

一旦两种半导体材料接触形成异质结,能带将会发生弯曲。图 4.1(b) 给出了不同半导体材料接触后的热平衡状态。从图中可以看到,费米能级在整个半导体系统中是一致的($E_{fn} = E_{fP}$),真空能级 E_o 是连续,并且和导带、价带平行。

和同质结特性一样,在异质结中也存在空间电荷区,总的内建电势 V_{bi} 为两侧内建电势之和:

$$V_{bi} = V_{bin} + V_{biP} \qquad (4.3)$$

这里,V_{bin} 和 V_{biP} 分别为 n 型窄带隙材料和 p 型宽带隙材料的内建电势:

$$V_{bin} = \frac{\varepsilon_P N_{aP} V_{bi}}{\varepsilon_n N_{dn} + \varepsilon_P N_{aP}} \qquad (4.4)$$

$$V_{biP} = \frac{\varepsilon_n N_{dn} V_{bi}}{\varepsilon_n N_{dn} + \varepsilon_P N_{aP}} \qquad (4.5)$$

n 型窄带隙材料和 p 型宽带隙材料的耗尽区宽度分别为

$$x_n = \sqrt{\frac{2\varepsilon_n \varepsilon_P N_{aP} V_{bi}}{q N_{dn} (\varepsilon_n N_{dn} + \varepsilon_P N_{aP})}} \qquad (4.6)$$

$$x_P = \sqrt{\frac{2\varepsilon_n \varepsilon_P N_{dn} V_{bi}}{q N_{aP} (\varepsilon_n N_{dn} + \varepsilon_P N_{aP})}} \qquad (4.7)$$

式中,ε_n 和 ε_P 分别为 n 型窄带隙材料和 p 型宽带隙材料的介电常数,而 N_{dn} 和 N_{aP} 则分别为相应的掺杂浓度。

图 4.2 给出了 n 型宽带隙材料(如 GaAs)和 p 型窄带隙材料(如 AlGaAs)构成的 Np 异质结。从 nP 和 Np 两种不同类型的异质结能带图,可以看到一个与同质结明显不同的特点,那就是电子和空穴势垒高度不同。对于同质结来说,电子和空穴势垒高度是相同的,电子和空穴电流的相对数值由掺杂浓度决定,相差不会很大。而在异质结中,电子和空穴势垒高度相差较大,导致电子电流和空穴电流相差好几个数量级。对于 nP 异质结(如图 4.1 所示),显然电子电流小于空穴电流;而对于 Np 异质结(如图 4.2 所示),显然空穴电流小于电子电流。值得注意的是,如果电子和空穴势垒高度相差 0.2 V,则电子电流是空穴电流的 10^4 倍。

最常用的 Ⅲ – Ⅴ 半导体异质结材料包括以下组合:

(1) GaAs 和 AlGaAs

(2) GaAs 和 InGaP

(3) InP 和 InGaAs

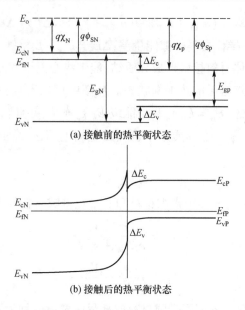

(a) 接触前的热平衡状态

(b) 接触后的热平衡状态

图 4.2　n 型宽带隙材料和 p 型窄带隙材料构成的 Np 异质结的热平衡状态

（4）Si 和 SiGe

图 4.3 给出了Ⅲ－Ⅴ族化合物半导体能带隙和晶格常数关系[3]。从图中可以发现两个常用的材料体系 GaAs 和 InP,以及和它们的晶格相匹配的化合物。表 4.1 给出了三种常用的半导体异质结组合以及它们的导带、价带和带隙能量差。很显然,价带和导带能量差的比值 $\Delta E_v / \Delta E_c$ 越大,表明空穴势垒越大,相应的电流比电子电流要小很多。

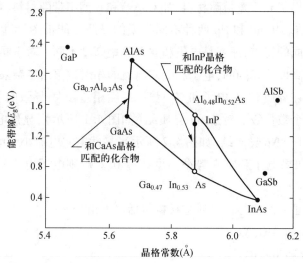

图 4.3　Ⅲ－Ⅴ族化合物半导体能带隙和晶格常数关系图

表 4.1　常用的半导体异质结组合

异质结	$\Delta E_C(eV)$	$\Delta E_V(eV)$	$\Delta E_g(eV)$	$\Delta E_V/\Delta E_C$
$Al_{0.3}Ga_{0.7}As/GaAs$	0.24	0.13	0.37	0.54
$In_{0.5}Ga_{0.5}P/GaAs$	0.19	0.29	0.48	1.53
$InP/In_{0.53}Ga_{0.47}As$	0.25	0.34	0.59	1.36

4.2　常用的 HBT 器件

虽然 BJT 为电子电路设计提供了有效的低成本、大批量生产方案,尤其在 4 GHz 以下的射频电路如功率放大器、低噪声放大器和振荡器等,但是由于其微波匹配网络尺寸较大,通常用做分离器件在印刷电路板(PCB)上制作电路。HBT 作为 BJT 的改进版,具有如下优势:

(1)高载流子注入效率。由于基极 – 发射极能带间隙不同,降低了少数载流子在空间电荷区域的复合,导致共发射极电流增益提高。

(2)基区可以高掺杂,发射区低掺杂。由于基极 – 发射极能带不连续,发射区可以掺杂较低以降低基极 – 发射极 PN 结电容,基区可以掺杂较高,以降低基区接触电阻和方块电阻,而对电流增益不产生任何影响。

(3)特征频率高。由于电阻和电容的降低会降低电流的时间延迟,使得器件工作速度显著提高,工作频率随之提高。

表 4.2 对常用的 MESFET、HEMT 和 HBT 各种特性,包括特征频率、最大振荡频率、增益、带宽和噪声进行了比较[4]。从表中可以看到,HBT 具有很好的阈值特性,相位噪声特性最低,跨导/输出电导之比较高,但是噪声特性比 FET 器件要大一些。

表 4.2　MESFET、HEMT 和 HBT 特性比较

特性指标	MESFET	HEMT	HBT
特征频率	中等	高	高
最大振荡频率	中等	高	高
增益带宽积	中等	高	高
噪声系数	中等	低	高
相位噪声	中等	高	低
跨导/输出电导	低	中等	高
阈值均匀性	中等	好	很好

下面介绍微波射频电路设计中常用的不同材料制作的 HBT 器件的工作原理,以及在微波射频电路中的应用水平(低噪声放大器、功率放大器、振荡器以及混频器等),器件包括 GaAs 基 HBT 和 InP 基 HBT。

4.2.1　GaAs 基 HBT

1. 与 BJT 比较

图 4.4 给出了 Si 和 GaAs 速率电场对比曲线[3]。从图中可以看到,与 Si 相比,在相同电场强度情况下,GaAs 材料的载流子具有更高的速率,尤其在不掺杂材料的低电场,电子迁移率可以高达 8000 cm²/(V·s),约为相同情况下 Si 材料的 7 倍,这使得 GaAs 基器件的特征频率远远高于 Si 器件。

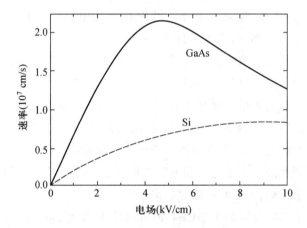

图 4.4　Si 和 GaAs 速率电场曲线

在化合物半导体器件中,GaAs HBT 技术在市场上已广为接受,主要依于 GaAs 器件可以达到以下性能:

(1) 线性度高。

(2) 功率附加效率高。

(3) 相位噪声低。

(4) 可靠性高。

(5) 制作成本相对较低,和 InP 器件相比成本相对便宜。

(6) 单电源供电。和 FET 双电源供电相比,在电路设计方面具有较大的优越性,可以使版图设计更加简单。

(7) 灵活性很强。针对高速和高击穿电压等不同应用,集电极厚度可以进行相应的调整。较厚的集电极可以增强击穿电压,而较薄的集电极可以缩短载流子渡越时间。

目前市场上最常用的两类材料系统是 AlGaAs/GaAs HBT 和 InGaP/GaAs HBT。

图 4.5 给出了典型的 Npn AlGaAs/GaAs HBT 能带曲线示意图,很显然这是一个单异质结 HBT,因为发射区材料为 AlGaAs,而基区和集电区均为 GaAs,基极 – 发射极 PN 结为异质结,而基极 – 集电极为同质结。图 4.5 (a)为不同半导体材料接触后的热平衡状态。从图中可以看到费米能级在整个半导体系统中是一致的($E_{fn} = E_{fp} = E_{fN}$),一旦两种半导体材料接触形成异质结或者同质结,能带将会发生弯曲。图 4.5 (b)给出了 Npn AlGaAs/GaAs HBT 器件在正向有源状态下的能带曲线示意图。由于基极 – 发射极正向偏置,导致相应的电子和空穴势垒下降,而显然基极 – 发射极电子电流要比反向注入的空穴电流大得多,而基极 – 集电极则是一个普通的 PN 结。由于发射极采用宽带隙材料构成异质结,基区、发射区和集电区的掺杂浓度不再像 BJT 一样相互依赖。

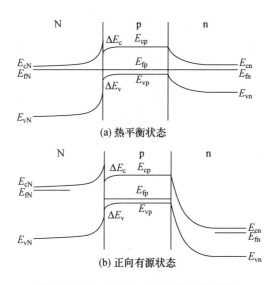

(a) 热平衡状态

(b) 正向有源状态

图 4.5　Npn AlGaAs/GaAs HBT 能带图

图 4.6 给出了 AlGaAs/GaAs HBT 和 Si BJT 器件基区、发射区和集电区掺杂浓度和深度关系曲线[3]。从图中可以看到,HBT 器件基区掺杂浓度可以很高,基区方块电阻可以低到 100 Ω/方块,可明显提高最高振荡频率 f_{max},而发射极低掺杂可以降低基极 – 发射极电容,可提高器件工作频率。HBT 器件发射极电子电流 J_n 和空穴电流 J_p 之比可以表示为

$$\gamma_e = \frac{J_n}{J_p} = \frac{D_n}{D_p} \cdot \frac{n_e}{p_b} \cdot \frac{w_e}{w_b} \exp(\Delta E_g / kT) \tag{4.8}$$

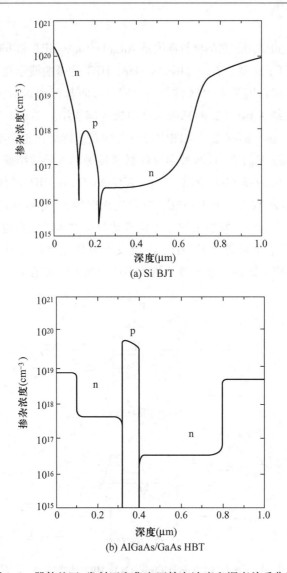

(a) Si BJT

(b) AlGaAs/GaAs HBT

图 4.6　器件基区、发射区和集电区掺杂浓度和深度关系曲线

这里,D_n 和 D_p 分别为电子和空穴的扩散系数,n_e 和 p_b 分别为发射区和基区掺杂浓度,w_e 和 w_b 分别为发射区和基区宽度。

　　由上述公式可以看出,即使基区掺杂浓度较高,器件也可以获得很高的发射极注入效率,如果基区和发射区材料能带隙相差 $8kT$,则基区和发射区掺杂浓度之比可以高达3000。因此对于 HBT 器件,基区掺杂可以高达$10^{20}\,\mathrm{cm}^{-3}$,比 BJT 基区掺杂浓度高 100 倍。

　　BJT 基区掺杂浓度较低,导致了较低的 Early 电压以及较大的输出电导,同时在较大的反向偏置电压情况下,基区有全部耗尽的危险。而 HBT 的基区掺杂浓度可以很高,可以获得很高的 Early 电压(几百伏特)和较小的输出电导,因此相应的电压增益远远高于 BJT。图 4.7 给出了 BJT 和 HBT DC 特性比较[5,6],从图中可以明显看到在线性区,HBT 集电极电流基本不变,而 BJT 变化较大;另外 HBT 在饱和区有一个缓慢增长的变化,导致集电极 – 发射极电压有一个小的偏移(小于 0.5 伏特),而 BJT 则上升很快。

图 4.8 给出了 BJT 和 HBT 正向 Gummel 特性比较。从图中可以看到,BJT 的基极 – 发射极工作电压在 Si 材料 PN 结内建电势(0.75 伏特)左右,而 HBT 基极 – 发射极工作电压在 GaAs 材料 PN 结内建电势(1.2 伏特)左右。显然,HBT 在电压低端电流增益会明显下降,而 BJT 在电压高端处有下降趋势。

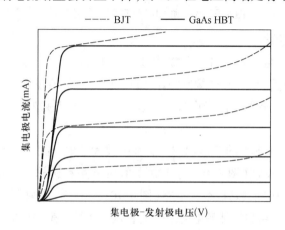

图 4.7　BJT 和 HBT DC 特性比较

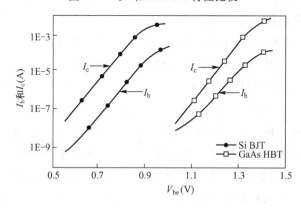

图 4.8　BJT 和 HBT 正向 Gummel 特性比较

图 4.9 给出了典型的 BJT 和 HBT 特征频率特性比较。显然,BJT 工作频率通常低于 4 GHz(特征频率的三分之一),而 HBT 工作频率可以高于 20 GHz。

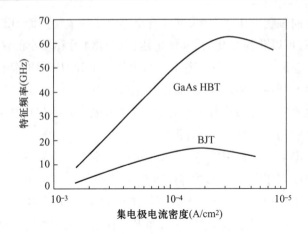

图 4.9　BJT 和 HBT 特征频率特性比较

2. 应用电路设计

GaAs HBT 已经广泛应用于微波射频集成电路设计。最新研究结果表明，其最大振荡频率 f_{max} 已经超过 200 GHz，而特征频率 f_T 则超过 150 GHz。下面介绍 GaAs HBT 在微波射频低噪声放大器、功率放大器、混频器和振荡器设计中的应用水平。

图 4.10 给出了典型的 GaAs HBT 低噪声放大器电路拓扑。除了利用共发射极电路以外，多级反馈（图 4.10(a)）、共发射极电路和达林顿电路组合（图 4.10(b)）以及共发射极和共基极组合电路（图 4.10(c)）[7-11] 是常用的电路形式。在典型的共发射极电路和达林顿电路组合前置放大器中，第一级采用高增益的共发射极放大级，第二级采用达林顿放大级，用于提高带宽和改善驱动后续电路的能力。由于第一级增益很高，因此后续电路的噪声影响可以忽略，反馈电阻用于提供直流偏置和电路匹配，因此上述电路又称为直接耦合电路。共发电流反馈放大级虽然可以提供较宽的带宽，但是由于负载电阻较小会引起电路热噪声增加而降低灵敏度。采用共发射极电路和共基极组合电路，可以在提供相同带宽的基础上，选取远高于共发电流反馈放大级所选取的反馈电阻（接近 10 倍），这样可以大大改善电路的灵敏度。对于典型的共发射极电路和共基极组合电路，电路由一个共发射极电路和共基极组合电路和两级发射极跟随器组成，最后一级发射极跟随器器件的发射极面积为 A_E，而其他器件发射极的面积均为 A_E 的十分之一。

表 4.3 给出了 GaAs HBT 低噪声放大器特性比较。从表中可以看到，GaAs HBT 基放大器的噪声系数在 2 ~ 3 dB 之间，当频率高达 60 GHz 时，噪声系数可以接近 6 dB，显然与 HEMT 相比，噪声系数是比较高的。与低噪声放大器设计不同，功率放大器设计时主要考虑级间匹配，无需考虑噪声系数和增益之间的折中。图 4.11 给出

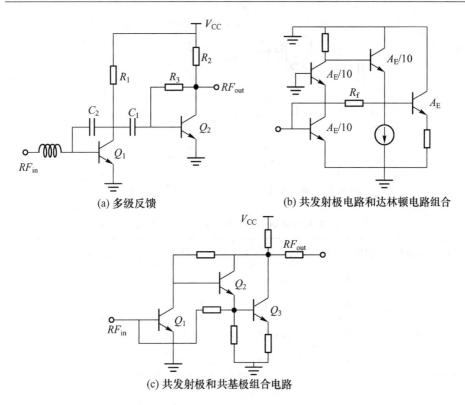

(a) 多级反馈   (b) 共发射极电路和达林顿电路组合

(c) 共发射极和共基极组合电路

图 4.10　典型的 GaAs HBT 低噪声放大器电路拓扑

了一个典型的 GaAs HBT 功率放大器电路拓扑,可以看到主要包括输入匹配、输出匹配和级间匹配。表4.4 给出了 GaAs HBT 低噪声放大器特性比较。

表 4.3　GaAs HBT 低噪声放大器特性比较

特征频率（GHz）	频带（GHz）	增益(dB)	噪声系数(dB)	功耗(mW)	文　献
24	DC ~ 10	22.5	3.0 ~ 3.65	55	[8]
23	1.5 ~ 2.3	8.9	2.0	2.1	[9]
23	4.5 ~ 5.5	16.2	2.4	72	[9]
70	DC ~ 40	9.5	—	102	[10]
—	2 ~ 5	28	3.0	—	[11]
96	60	25	5.8	—	[12]

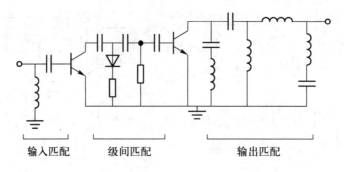

输入匹配　　　　级间匹配　　　　　　输出匹配

图 4.11　典型的 GaAs HBT 功率放大器电路拓扑

表 4.4　GaAs HBT 功率放大器特性比较

频带(GHz)	增益(dB)	反射系数(dB)	输出功率(dBm)	附加效率(%)	文　献
60	15	< -5	13	—	[12]
5 ~ 6	20	< -10	22	16	[13]
1.7 ~ 1.9	28	< -10	31	40	[14]
2.4	21	< -10	26.5	39	[15]

4.2.2　InP 基 HBT

　　研究 InP 材料的历史和 GaAs 一样长。在过去的几十年里,它广泛应用于高速光电集成电路。利用 InP 材料可以有效缓解 GaAs 材料中的散热问题,其复合材料如 InGaAs 和 GaAsSb 可以有效改善 InP 材料晶体管的微波射频特性。研究结果表明,采用 InP 材料可以制作出速度最快的晶体管,InP 材料以其优越的本征电子特性取代 GaAs 成为最佳选择,主要的问题在于难以获得较大的 InP 材料晶圆。与 GaAs 相比,InP 和相应的化合物具有以下优势[16]:

- 低的表面复合速率
- InP 基片较高的热电导率
- 超好的电子传输速率

　　图 4.12 给出了 InP 和 InGaAs 材料速率电场曲线。和 GaAs 相比,InP 和 InGaAs材料的饱和速率要高得多。相应的 InP HBT 器件与 GaAs HBT 相比有如下优点:

- 由小的电子质量引起的高电子迁移率;

- 较低的基区 – 发射区结开关电压;
- 更好的散热性能;
- 更高的工作频率。

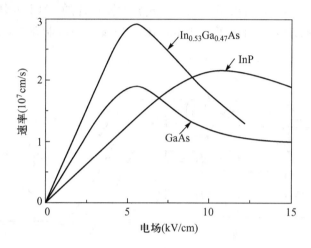

图 4.12　Ⅲ – Ⅴ族材料速率电场曲线

　　按照结的特性来分,InP HBT 可以分为单异质结和双异质结两种。单异质结是指基区材料和发射区不同而和集电区一致,也就是说基区 – 发射区构成的 PN 结为异质结,而基区 – 集电区构成的 PN 结为同质结。双异质结是指基区材料和发射区以及集电区的材料均不相同,基区 – 发射区构成的 PN 结和基区 – 集电区构成的 PN 结均为异质结。图 4.13 给出了工作在正向有源区域的 InP 基单异质结和双异质结 HBT 的能带示意图。从图中可以看到,基极和发射极之间的电压 V_{be} 等于基区费米能级和发射区费米能级之差,基极和集电极之间的电压 V_{bc} 等于基区费米能级和集电极费米能级之差。在单异质结 HBT 器件中,由于窄带隙集电区 InGaAs 中较高的碰撞电离速率导致器件具有较高的输出电导和较低的击穿电压,器件特性受到影响,而采用双异质结器件可以改善上述限制。图中 J_n 为由发射极注入基极的电子电流,J_p 为由基极注入发射极的空穴电流,J_r 为 B-E 结耗尽区的复合电流,J_{rb} 为基区复合电流。图 4.14 给出了相应的 InP 基 HBT 横截面示意图。

　　对于用于 40 Gb/s 以上光纤通信传输系统的外驱动电路,带宽要求至少 30 GHz,因此宽带高电压输出是外驱动电路的主要设计指标。图 4.15 给出了一个典型的基于直耦放大器设计的 40 Gb/s 外调制驱动电路[17]。从图中可以看到,采用 InP HBT 缓冲和差分电路构成的光驱动 3 dB 带宽可以高达近 40 GHz,

端口反射系数低于 −10 dB。另外对于超宽带设计来说,分布式放大器是一个很好的选择,但是由于分布式放大器的增益有限,因此需要一个预驱动电路。也就是说,采用上述差分电路放大级和分布式放大器级联,就可以达到超宽带和高电压输出。图 4.16 给出了基于分布式放大器设计的 40 Gb/s 外调制驱动电路设计原理图,表 4.5 给出了基于 InP HBT 分布式外调制驱动电路研制结果比较。

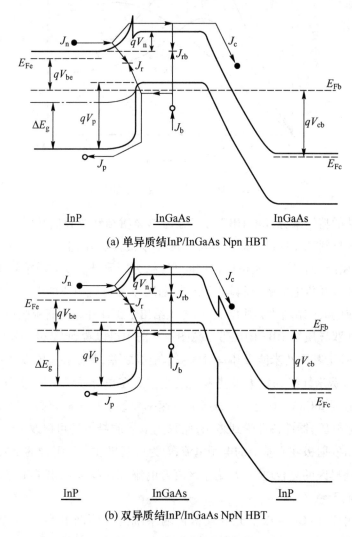

(a) 单异质结 InP/InGaAs Npn HBT

(b) 双异质结 InP/InGaAs NpN HBT

图 4.13　InP 基 HBT 能带图(正向有源区)

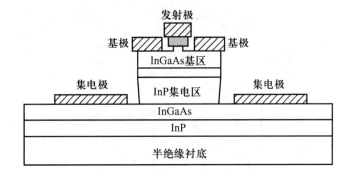

图 4.14　InP 基 HBT 横截面示意图

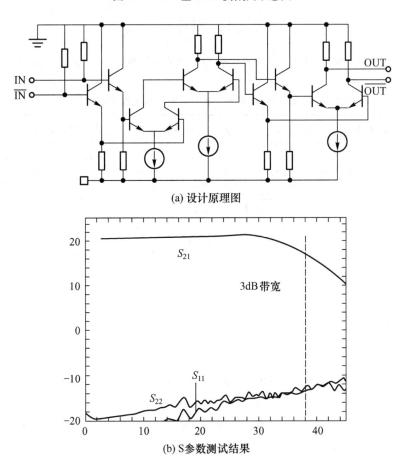

(a) 设计原理图

(b) S参数测试结果

图 4.15　基于直耦放大器设计的 40 Gb/s 外调制驱动电路

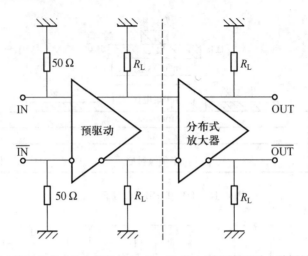

图 4.16　基于分布式放大器设计的 40～80 Gb/s 外调制驱动电路设计原理图

表 4.5　基于 InP HBT 分布式外调制驱动电路研制结果比较

特征频率(GHz)	调制速率(Gb/s)	驱动电压(V)	上升/下降时间(ps)	文　献
160	40	3.0	8.6	[18]
200	40	5.1	—	[19]
200	80	2.6	—	[19]
150	40	11.3	8	[20]

参考文献

［1］Kroemer H. Heterostructure bipolar transistor and integrated circuit. Proc. IEEE, 1982, 70 (1):13-25.

［2］Neamen D A. Semiconductor Physics and Devices Basic Principles. Columbus: McGraw-Hill Company, 2003.

［3］Asbeck F M, Chang M-C, Wang K-C, et al. GaAs-based heterojunction bipolar transistors for very high performance electronic circuits. Proc. IEEE, 1993, 81(12):1709-1726.

［4］Feng M, Shen S-C, Caruth D C, Huang J-J. Device technologies for RF front-end circuits in next-generation wireless communications. Proc. IEEE, 2004, 92(2):354-375.

[5] Oyama B K, Wong B P. GaAs HBT's for analog circuit. Proc. IEEE, 1993, 81(12):1744–1761.

[6] Ali A, Gupta A. HEMTs and HBTs: Devices, Fabrication and Circuits. Boston: Artech House, 1991.

[7] Kobayashi K W, Oki A K. A Low-Noise Baseband 5-GHz Direct-Coupled HBT Amplifier with Common-Base Active Input Match. IEEE Microwave and Guided Wave Letters, 1994, 14(11):373–375.

[8] Kobayashi K W, Oki A K. A DC-10 GHz high gain-low noise GaAs HBT direct-coupled amplifier. IEEE Microwave and Guided Wave Letters, 1995, 5(9):308–310.

[9] Kobayashi K W, Oki A K, Tran L T, et al. Ultra-low dc power GaAs HBT S-and C-band low noise amplifiers for portable wireless applications. IEEE Trans on Microwave Theory and Tech, 1995, 43(12):3055–3061.

[10] Kuriyama Y, Akagi J, Sugiyama T, et al. DC to 40-GHZ broad-band amplifiers using Al-GaAs/GaAs HBTS. IEEE Journal of Solid-State Circuits, 1995, 30(10):1051–1054.

[11] Lin Y T, Lu S S. A 2.4/3.5/4.9/5.2/5.7-GHz concurrent multiband low noise amplifier using InGaP/GaAs HBT technology. IEEE Microwave and Wireless Components Letters, 2004, 14(10):463–465.

[12] Handa S, Suematsu E, Tanaka H, et al. 60 GHz-band low noise amplifier and power amplifier using InGaP/GaAs HBT technology. MTT-S, International Microwave Symposium Digest, 2003:227–230.

[13] Oka T, Hasegawa M, Hirata M, et al. A high-power low-distortion GaAs HBT power amplifier for mobile terminals used in broadband wireless applications. IEEE Journal of Solid-State Circuits, 2007, 42(10):2123–2129.

[14] Zhang H, Gao H, Li G-P. Broad-Band Power Amplifier With a NovelcTunable Output Matching Network. IEEE Trans Microwave Theory and Techniques, 2005, 53(11):3606–3614.

[15] Huang C-C, Chen W-T, Chen K-Y. High Efficiency Linear Power Amplifier for IEEE 802.11g WLAN Applications. IEEE Microwave and Wireless Components Letters, 2006, 16(9):508–510.

[16] Wang H. Studies on InP-based Heterojunction Bipolar Transistors (HBTs) for MMIC Applications. Ph. D thesis. Nanyang Technical University, Singapore,2000.

[17] Baeyen Y, Georgiou G, Weiner J. S, Leven A, Houtsma V, Paschke P, Lee Q, Kopf R F, Yang Y, Chua L, Chen C, Liu C T, Chen Y-K. InP D-HBT ICs for 40-Gb/s and Higher Bitrate Lightwave Tranceivers. IEEE Journal of Solid-State Circuit, 2002, 37(9):1152–1159.

[18] Krishnamurthy K, Vetury R, Xu J, et al. 40 Gb/s TDM system using InP HBT IC technology. IEEE MTT-S International Microwave Symposium Digest, 2003:1189–1192.

[19] Schneider K, Driad R, Makon R E, et al. Comparison of InP/InGaAs DHBT distributed amplifiers as modulator drivers for 80-Gbit/s operation. IEEE Trans Microwave Theory and Techniques, 2005, 53(11):3378–3387.

[20] Baeyens Y, Weimann N, Roux P, et al. High Gain-Bandwidth Differential Distributed InP D-HBT Driver Amplifiers With Large (11.3 Vpp) Output Swing at 40 Gb/s. IEEE Journal of Solid-Sate Circuits, 2004, 39(10):1697–1704.

第5章 异质结晶体管小信号建模和参数提取技术

从半导体器件和电路设计角度来看,小信号等效电路模型是分析器件内部机理的第一步,利用它可以确定半导体器件的工作频率和功率增益等微波射频特性,同时每一个模型元件和器件结构一一对应,可以使得研究人员方便地理解器件的物理结构和工作机理,因此准确地建立半导体器件的小信号等效电路模型非常重要。异质结晶体管(HBT)和双极晶体管(BJT)工作原理非常类似,因而 HBT 的小信号模型可在 BJT 的基础上完成。由于增加了本征元件个数,HBT 的参数提取技术要远远比 BJT 复杂。本章以 Ⅲ - Ⅴ族 HBT 为例介绍小信号等效电路模型、模型参数的物理意义以及 HBT 小信号等效电路模型参数提取方法,包括寄生 PAD 电容提取技术、寄生引线电感提取技术、寄生电阻提取技术以及本征元件提取技术。

5.1 小信号等效电路模型

在商用微波射频电路模拟软件中,常用的 HBT 小信号等效电路模型主要有两种:T 型等效电路模型和 PI 型等效电路模型。值得注意的是,所有的模型都是人造的,目的是用最基本的电路元件来模拟复杂的实际物理过程。与 PI 型等效电路模型相比,T 型等效电路模型与实际器件的物理结构更接近,而 PI 型等效电路模型则和场效应晶体管的模型十分相似。研究表明,上述两种模型均能很好地反映器件物理机理,模型的精度也不相上下,这也是两种模型能够共存的原因。

5.1.1 焊盘

焊盘是指为了利用微波射频测试仪器设备对器件特性进行测试而在芯片上

设计的和同轴波导线连接的共面波导结构,它由输入信号、输出信号和地线构成,如图 5.1(a)所示。相应的等效电路模型由三个电容构成,如图 5.1(b)所示,其中 C_{pb} 表示输入信号(基极)焊盘对地电容,C_{pc} 表示输出信号(集电极)焊盘对地电容,C_{pbc} 表示输入信号焊盘和输出信号焊盘之间的电容。R_{bx}、R_c、R_e 分别为基极、集电极、发射极欧姆接触电阻。L_b、L_c、L_e 分别为基极、集电极、发射极引线电感。

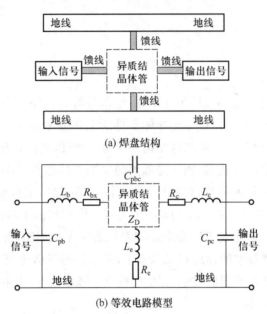

(a) 焊盘结构

(b) 等效电路模型

图 5.1　焊盘结构和等效电路模型

HBT 小信号等效电路模型的导纳 Y 矩阵可以表示为

$$Y = Y_{PAD} + [Z_{RL} + Y_{INT}^{-1}]^{-1} \qquad (5.1)$$

其中,Y_{PAD} 表示 PAD 电容导纳矩阵:

$$Y_{PAD} = \begin{bmatrix} j\omega(C_{pb} + C_{pbc}) & -j\omega C_{pbc} \\ -j\omega C_{pbc} & j\omega(C_{pc} + C_{pbc}) \end{bmatrix} \qquad (5.2)$$

Z_{RL} 表示寄生电感和外部寄生电阻串联网络 Z 参数:

$$Z_{RL} = \begin{bmatrix} R_{bx} + R_e + j\omega(L_b + L_e) & R_e + j\omega L_e \\ R_e + j\omega L_e & R_c + R_e + j\omega(L_c + L_e) \end{bmatrix} \qquad (5.3)$$

5.1.2　T 型等效电路模型

图 5.2 给出了典型的 HBT 器件 T 型小信号等效电路模型(本征部分),等效

电路模型元件大体上可以分为两部分:

(1) 强偏置相关的本征元件:C_{be}、R_{be}、C_{bc} 和 α;

(2) 弱偏置相关的本征元件:R_{bi} 和 C_{ex}。

这里,C_{be} 和 R_{be} 为 B-E 结的本征电容和动态电阻,C_{bc} 为 B-C 结的本征电容,R_{bi} 为本征基极电阻,C_{ex} 为 B-C 结的寄生电容,α 为共基极电流传输系数,其表达式为

$$\alpha = \frac{\alpha_o}{1 + j\omega/\omega_\alpha} e^{-j\omega\tau_T} \tag{5.4}$$

这里,α_o 为直流情况下的共基极电流传输系数,ω_α 为 α 下降 3 dB 的角频率,τ_T 为时间延迟。

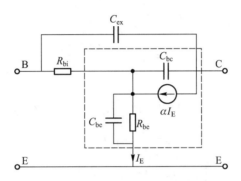

图5.2 HBT 器件 T 型小信号等效电路模型

值得注意的是,上述模型忽略了 B-C 结的两个动态电阻 R_{ex} 和 R_{bc},R_{ex} 表示寄生结的动态电阻,R_{bc} 表示本征结的动态电阻。由于在线性工作状态下 B-C 结反偏,动态电阻很大,因此可以看做开路状态。

下面给出 T 型小信号等效电路模型的 **Y** 矩阵推导过程。根据基尔霍夫定律,可以直接写出图 5.2 中虚线框内的网络参数:

$$Y_{11} = Y_{BC} + (1 - \alpha)Y_{BE} \tag{5.5}$$

$$Y_{12} = -Y_{BC} \tag{5.6}$$

$$Y_{21} = \alpha Y_{BE} - Y_{BC} \tag{5.7}$$

$$Y_{22} = Y_{BC} \tag{5.8}$$

将上述网络和本征电阻 R_{bi} 进行串联,可以得到相应的 **Y** 参数为

$$Y'_{11} = \frac{Y_{11}}{1 + R_{bi}Y_{11}} \tag{5.9}$$

$$Y'_{12} = \frac{Y_{12}}{1 + R_{bi}Y_{11}} \tag{5.10}$$

$$Y'_{21} = \frac{Y_{21}}{1 + R_{bi} Y_{11}} \tag{5.11}$$

$$Y'_{22} = \frac{Y_{22}}{1 + R_{bi} Y_{11}} \tag{5.12}$$

再和电容 C_{ex} 进行并联,得到 T 型小信号等效电路模型的 **Y** 矩阵:

$$Y_{11} = Y_{EX} + \frac{Y_{BC} + (1 - \alpha) Y_{BE}}{A} \tag{5.13}$$

$$Y_{21} = -Y_{EX} + \frac{-Y_{BC} + \alpha Y_{BE}}{A} \tag{5.14}$$

$$Y_{12} = -Y_{EX} + \frac{-Y_{BC}}{A} \tag{5.15}$$

$$Y_{22} = Y_{EX} + \frac{Y_{BC}(1 + Y_{BE} R_{bi})}{A} \tag{5.16}$$

这里

$$A = 1 + R_{bi} \left[Y_{BC} + (1 - \alpha) Y_{BE} \right]$$

$$Y_{BE} = \frac{1}{R_{be}} + j\omega C_{be}$$

$$Y_{BC} = j\omega C_{bc}$$

$$Y_{EX} = j\omega C_{ex}$$

如果不考虑 PAD 电容,则 T 型小信号等效电路模型和寄生电感以及电阻串联后的 HBT 阻抗参数为[1]

$$Z_{11} = \frac{\left[(1 - \alpha) Z_{BC} + Z_{EX} \right] R_{bi}}{Z_{BC} + Z_{EX} + R_{bi}} + Z_{BE} + Z_E + Z_B \tag{5.17}$$

$$Z_{12} = \frac{(1 - \alpha) Z_{BC} R_{bi}}{Z_{BC} + Z_{EX} + R_{bi}} + Z_{BE} + Z_E \tag{5.18}$$

$$Z_{21} = \frac{\left[-\alpha Z_{EX} + (1 - \alpha) R_{bi} \right] Z_{BC}}{Z_{BC} + Z_{EX} + R_{bi}} + Z_{BE} + Z_E \tag{5.19}$$

$$Z_{22} = \frac{(1 - \alpha) Z_{BC} (Z_{EX} + R_{bi})}{Z_{BC} + Z_{EX} + R_{bi}} + Z_{BE} + Z_E + Z_C \tag{5.20}$$

这里,

$$Z_B = R_{bx} + j\omega L_b$$

$$Z_C = R_c + j\omega L_c$$

$$Z_E = R_e + j\omega L_e$$

$$Z_{BC} = \frac{1}{j\omega C_{bc}}$$

$$Z_{EX} = \frac{1}{j\omega C_{ex}}$$

$$Z_{BE} = \frac{R_{BE}}{1 + j\omega R_{BE} C_{BE}}$$

5.1.3　PI 型等效电路模型

图 5.3 给出了 HBT 器件 PI(π)型小信号等效电路模型。显然,本征 HBT 等效电路模型和场效应晶体管模型非常相似,输入阻抗 Z_{π} 由 B-E 结电阻 R_{π} 和结电容 C_{π} 构成($Z_{\pi} = R_{\pi} + j\omega C_{\pi}$),反馈部分由 B-C 结电阻 R_{μ} 和结电容 C_{μ} 构成($Z_{\mu} = R_{\mu} + j\omega C_{\mu}$),增益由跨导 g_{m} 表示,输出电阻为 r_{o}。值得注意的是在线性区域,B-C 结反偏,结电阻 R_{μ} 很大通常可以忽略不计。

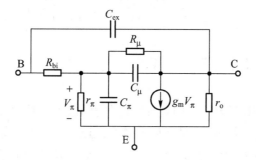

(a) 压控电流源形式

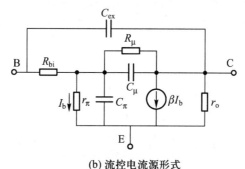

(b) 流控电流源形式

图 5.3　HBT 器件 π 型小信号等效电路模型

本征 HBT 器件的 Y 参数矩阵可以表示为[2]

$$Y_{11} = \frac{1}{r_{\pi}} + j\omega(C_{\pi} + C_{\mu}) \tag{5.21}$$

$$Y_{12} = -\mathrm{j}\omega C_{\mu} \tag{5.22}$$

$$Y_{21} = g_{\mathrm{mo}}\mathrm{e}^{-\mathrm{j}\omega\tau_{\pi}} - \mathrm{j}\omega C_{\mu} \tag{5.23}$$

$$Y_{22} = \frac{1}{r_{\mathrm{o}}} + \mathrm{j}\omega C_{\mu} \tag{5.24}$$

这里,g_{mo} 为直流增益跨导,τ_{π} 则为相应的时间延迟。

考虑本征基极电阻 R_{bi} 和寄生 B-C 结电容 C_{ex} 后,Y 参数矩阵可以表示为

$$Y_{11} = \frac{1 + \mathrm{j}\omega r_{\pi}(C_{\pi} + C_{\mu})}{(r_{\pi} + R_{\mathrm{bi}}) + \mathrm{j}\omega R_{\mathrm{bi}} r_{\pi}(C_{\pi} + C_{\mu})} + \mathrm{j}\omega C_{\mathrm{ex}} \tag{5.25}$$

$$Y_{12} = \frac{-\mathrm{j}\omega r_{\pi} C_{\mu}}{(r_{\pi} + R_{\mathrm{bi}}) + \mathrm{j}\omega R_{\mathrm{bi}} r_{\pi}(C_{\pi} + C_{\mu})} - \mathrm{j}\omega C_{\mathrm{ex}} \tag{5.26}$$

$$Y_{21} = \frac{g_{\mathrm{m}} r_{\pi}\mathrm{e}^{-\mathrm{j}\omega\tau_{\pi}} - \mathrm{j}\omega r_{\pi} C_{\mu}}{(r_{\pi} + R_{\mathrm{bi}}) + \mathrm{j}\omega R_{\mathrm{bi}} r_{\pi}(C_{\pi} + C_{\mu})} - \mathrm{j}\omega C_{\mathrm{ex}} \tag{5.27}$$

$$Y_{22} = \frac{r_{\pi}/r_{\mathrm{o}} + \mathrm{j}\omega r_{\pi} C_{\mu}}{(r_{\pi} + R_{\mathrm{bi}}) + \mathrm{j}\omega R_{\mathrm{bi}} r_{\pi}(C_{\pi} + C_{\mu})} + \mathrm{j}\omega C_{\mathrm{ex}} \tag{5.28}$$

5.1.4   T 型和 PI 型之间的关系

对于固定的 HBT 器件,它的各种特性如直流、小信号和大信号特性都是唯一的,但是等效电路模型可以是多种多样的,因此,可以认为模型是人造的,但是通常模型元件都具有相应的物理意义,而且等效电路模型的端口特性必须和器件实际测试的特性相一致。因此,T 型等效电路模型和 PI 型等效电路的 Y 参数矩阵是等价的,根据公式(5.5)~(5.8)和(5.21)~(5.24)可以获得如下关系[3-8]:

$$g_{\mathrm{mo}} = \frac{\alpha_{\mathrm{o}}}{R_{\mathrm{be}}}\frac{\sqrt{1 + (\omega R_{\mathrm{be}} C_{\mathrm{be}})^2}}{\sqrt{1 + \left(\dfrac{\omega}{\omega_{\alpha}}\right)^2}} \tag{5.29}$$

$$\tau_{\pi} = \tau_{\mathrm{T}} + \frac{1}{\omega}\left[\tan^{-1}\left(\frac{\omega}{\omega_{\alpha}}\right) - \tan^{-1}(\omega R_{\mathrm{be}} C_{\mathrm{be}})\right] \tag{5.30}$$

$$C_{\pi} = C_{\mathrm{be}} + g_{\mathrm{mo}}\frac{\sin(\omega\tau_{\pi})}{\omega} \tag{5.31}$$

$$R_{\pi} = \frac{R_{\mathrm{be}}}{1 - g_{\mathrm{mo}} R_{\mathrm{be}}\cos(\omega\tau_{\pi})} \tag{5.32}$$

值得注意的是,PI 型模型中的各个元件和频率是不相关的。但是如果从 T 型模型元件直接计算,得到的 PI 型模型元件是和频率相关的。也就是说,假设

任何一种模型元件频率不相关,都会导致另外一种模型的元件频率相关。因此,这两种模型从物理角度来看是不能完全等价的。

5.1.5 Mason 单向功率增益

器件制作完成后,通常需要比较一个重要的功率指标,即 Mason 单向功率增益,又称为 U 增益因子。这个指标在射频微波设计过程中不是特别常用,而文献中却常常出现,因此在这里简要介绍一下。

1954 年,Mason 推导出了一个单向增益因子 U,作为衡量器件好坏的一个指标[9,10]。图 5.4 给出了半导体器件 U 增益示意图,通过无源输入输出共轭匹配网络和反馈网络,新构成的网络 N' 反馈系数 S'_{12} 为零(即网络无反馈),输入和输出端口反射系数同时为零。半导体器件 U 增益可以采用开路 Z 参数、短路 Y 参数和混合 H 参数来表示。

采用开路 Z 参数的 U 增益表达式为

$$U = \frac{|Z_{21} - Z_{12}|^2}{4[\text{Re}(Z_{11})\text{Re}(Z_{22}) - \text{Re}(Z_{12})\text{Re}(Z_{21})]} \tag{5.33}$$

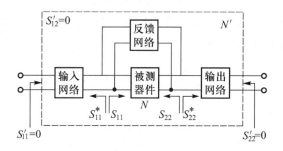

图 5.4　半导体器件 U 增益示意图

采用短路 Y 参数的 U 增益表达式为

$$U = \frac{|Y_{21} - Y_{12}|^2}{4[\text{Re}(Y_{11})\text{Re}(Y_{22}) - \text{Re}(Y_{12})\text{Re}(Y_{21})]} \tag{5.34}$$

采用混合 H 参数的 U 增益表达式为

$$U = \frac{|H_{21} - H_{12}|^2}{4[\text{Re}(H_{11})\text{Re}(H_{22}) - \text{Im}(H_{12})\text{Im}(H_{21})]} \tag{5.35}$$

由公式(5.33)、(5.34)和(5.35)可以知道,在 U 增益公式中,开路 Z 参数和短路 Y 参数可以互换,而 H 参数的分母需要进行调整。

5.1.6　特征频率和最大振荡频率

特征频率 f_T 和最大振荡频率 f_max 是 RF 微波半导体器件的重要参数,由于特征频率 f_T 决定器件开关速度,而最大振荡频率 f_max 决定功率增益的能力,因此设计数字电路需要着重考虑 f_T ,而设计 RF 功率电路需要着重考虑 f_max 。

特征频率 f_T 定义为输出短路正向电流增益下降到单位增益时的频率。正向电流增益 h_{21} 定义为

$$h_{21} = \frac{Y_{21}}{Y_{11}} \tag{5.36}$$

假设忽略寄生参数的影响,即仅考虑器件本征部分,则正向电流增益 h_{21} 可表示为

$$|h_{21}| = \left|\frac{Y_{21}}{Y_{11}}\right| \approx \frac{g_\text{mo}}{2\pi f(C_\pi + C_\mu + C_\text{ex})} \tag{5.37}$$

当 $f = f_\text{T}$ 时, $|h_{21}| = 1$,则可以得到特征频率 f_T 的近似表达式:

$$f_\text{T} = \frac{g_\text{mo}}{2\pi(C_\pi + C_\mu + C_\text{ex})} \tag{5.38}$$

最大振荡频率 f_max 定义为最大资用功率增益下降到单位增益时的频率。最大资用功率增益 MAG 定义为[11]

$$G_\text{a,max} = \frac{|S_{21}|}{|S_{12}|}(k - \sqrt{k^2 - 1}) \tag{5.39}$$

这里, k 为稳定因子:

$$k = \frac{1 - |S_{11}|^2 - |S_{22}|^2 + |\Delta S|^2}{2|S_{12}S_{21}|} \tag{5.40}$$

其中, $k = 1$ 时的最大资用功率增益称为最大稳定增益(Maximum stable power gain, MSG)为

$$G_\text{MSG} = G_\text{a,max}|_{k=1} = \frac{|S_{21}|}{|S_{12}|} \tag{5.41}$$

G_MSG 是 $G_\text{a,max}$ 的最大值。一个晶体管的增益 S_{21} 和反馈系数 S_{12} 可以决定该晶体管在放大器设计中能够提供的最大功率增益。

对于 HBT 器件,最大振荡频率 f_max 可以用下面的表达式来近似表示[12,13]:

$$f_\text{max} = \sqrt{\frac{f_\text{T}}{8\pi R_\text{bi} C_\text{bc}}} \tag{5.42}$$

5.2　器件结构

　　本章所使用的器件由新加坡南洋理工大学制作完成,采用分子束外延技术在半绝缘衬底上生长。表5.1 给出了典型的 InP/InGaAs/InP DHBT 的外延结构,图5.5 给出了相应的版图设计[14,15]。p 型掺杂和 n 型掺杂分别采用 Be 和 Si,TiPtAu用于基极、集电极和发射极的欧姆接触,空气桥用于连接内部和外部的基极、集电极和发射极接触点,集电极由掺杂的多层 InGaAs 和 InP 构成。对于发射极面积为 $5 \times 5\ \mu m^2$ 的 HBT 器件, f_T 和 f_{max} 可以达到 75 GHz 和 50 GHz。

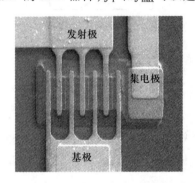

图 5.5　InP/InGaAs/InP DHBT 版图

表 5.1　InP/InGaAs/InP DHBT 外延结构

物　理　层		厚　　度	掺　　杂
InGaAs CAP		100 nm	$n^+ = 2 \times 10^{19}\,\mathrm{cm}^{-3}$
InP CAP		60 nm	$n^+ = 2 \times 10^{19}\,\mathrm{cm}^{-3}$
InP 发射极		90 nm	$n = 3 \times 10^{17}\,\mathrm{cm}^{-3}$
InGaAs 基极		47 nm	$p^+ = 2 \times 10^{19}\,\mathrm{cm}^{-3}$
集电极	InGaAs	40 nm	$n^- = 5 \times 10^{15}\,\mathrm{cm}^{-3}$
	InGaAs	10 nm	$p = 2 \times 10^{18}\,\mathrm{cm}^{-3}$
	InP	10 nm	$n = 1 \times 10^{18}\,\mathrm{cm}^{-3}$
	InP	290 nm	$n^- = 5 \times 10^{15}\,\mathrm{cm}^{-3}$
InP 子集电极		8 nm	$n^+ = 5 \times 10^{18}\,\mathrm{cm}^{-3}$
InGaAs 子集电极		450 nm	$n^+ = 5 \times 10^{18}\,\mathrm{cm}^{-3}$
半绝缘衬底			

5.3　PAD 电容提取技术

PAD 电容提取测试版图和等效电路模型分别如图 5.6(a) 和(b) 所示。值得注意的是,测试结构必须和器件测试结构一致,否则造成较大的误差,主要原因是 PAD 电容发生了变化。

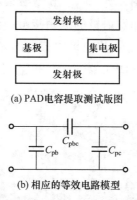

(a) PAD电容提取测试版图

(b) 相应的等效电路模型

图 5.6　PAD 电容提取测试版图和相应的等效电路模型

C_{pb}、C_{pc} 和 C_{pbc} 可以由测量开路测试结构的 S 参数直接计算获得[2]:

$$C_{pb} = \frac{1}{\omega}\mathrm{Im}(Y_{11} + Y_{12}) \tag{5.43}$$

$$C_{pc} = \frac{1}{\omega}\mathrm{Im}(Y_{22} + Y_{12}) \tag{5.44}$$

$$C_{pbc} = -\frac{1}{\omega}\mathrm{Im}(Y_{12}) = -\frac{1}{\omega}\mathrm{Im}(Y_{21}) \tag{5.45}$$

把测量得到的 S 参数转化为 Y 参数:

$$Y_{11} = Y_o\frac{(1 - S_{11})(1 + S_{22}) + S_{12}S_{21}}{(1 + S_{11})(1 + S_{22}) - S_{12}S_{21}} \tag{5.46}$$

$$Y_{12} = Y_o\frac{-2S_{12}}{(1 + S_{11})(1 + S_{22}) - S_{12}S_{21}} \tag{5.47}$$

$$Y_{21} = Y_o\frac{-2S_{21}}{(1 + S_{11})(1 + S_{22}) - S_{12}S_{21}} \tag{5.48}$$

$$Y_{22} = Y_o\frac{(1 + S_{11})(1 - S_{22}) + S_{12}S_{21}}{(1 + S_{11})(1 + S_{22}) - S_{12}S_{21}} \tag{5.49}$$

图 5.7 给出了 PAD 电容提取结果随频率变化曲线。从图中可以看到,从 1 GHz 到 40 GHz 的频率范围内,C_{pb}、C_{pc} 和 C_{pbc} 变化很小,正负误差均在 5% 以内,几

乎呈现常数特性,充分说明 PAD 和频率无关,当然和偏置电压也没有关系。图5.8
给出了输入、输出反射系数以及传输系数的模拟和测试结果比较。从图中可以看
到,模拟结果和测试结果吻合得很好。传输系数 S_{21} 在高频范围的测试结果离散性
较大,但是由于幅度相对输入输出反射系数很小,因此绝对误差很小。

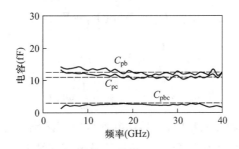

图 5.7　提取的寄生 PAD 电容数值

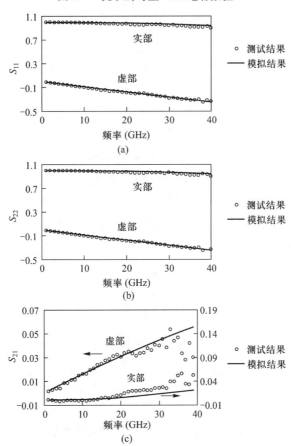

图 5.8　输入、输出反射系数的模拟和测试结果比较

PAD 电容除了利用测试结构获得以外,还可以利用截止条件下低频 S 参数测试。下面介绍这种提取技术,并和测试结构方法进行比较。图 5.9 给出了 HBT 截止条件下低频等效电路模型,寄生电阻和电感被忽略,有源区域由 3 个电容构成,电容和 Y 参数之间的关系为

$$C_{pb} + C_{be} = \frac{1}{\omega}\text{Im}(Y_{11} + Y_{12}) \tag{5.50}$$

$$C_{pc} = \frac{1}{\omega}\text{Im}(Y_{22} + Y_{12}) \tag{5.51}$$

$$C_{pbc} + C_{ex} + C_{bc} = -\frac{1}{\omega}\text{Im}(Y_{12}) \tag{5.52}$$

从上述公式可以看到,集电极 PAD 电容可以直接确定,而其他两个 PAD 电容无法直接获得,需要优化拟合。利用 B-E 结电容和结电压之间的关系

$$C_{be} = \frac{C_{jbeo}}{(1 - V_{BE}/V_{bi})^{M_{BE}}} \tag{5.53}$$

通过测试不同 B-E 结电压情况下的 S 参数,可以获得 $C_{pb} + C_{be}(v_{be})$ 随 B-E 结电压变化曲线,利用优化拟合可以获得 C_{pb} 的数值。同理,利用 B-C 结电容和结电压之间的关系

$$C_{bc} = \frac{C_{jbco}}{(1 - V_{BC}/V_{bi})^{M_{BC}}} \tag{5.54}$$

通过测试不同 B-C 结电压情况下的 S 参数,可以获得 $C_{pbc} + C_{ex} + C_{bc}(v_{bc})$ 随 B-E 结电压变化曲线,利用优化拟合可以获得 C_{pbc} 的数值[16-21]。

但是,利用优化拟合往往无法获得全局最小点,会导致多值性。图 5.10 给出了典型的 $C_{pb} + C_{be}(v_{be})$ 随偏置变化曲线,实验证明有无数组解,即基极 PAD 电容无法准确确定。

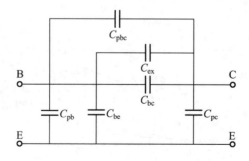

图 5.9   HBT 截止条件下低频等效电路模型

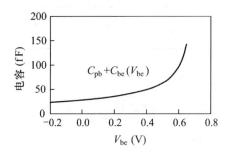

图 5.10　典型的 $C_{pb} + C_{be}(V_{be})$ 随偏置变化曲线

　　从上面分析可以知道,利用截止条件下低频 S 参数测试来获得 PAD 电容,虽然可以不必制作测试结构,节约芯片面积,但是提取的基极和集电极 PAD 电容不唯一,因此精度不高。

5.4　寄生电感提取技术

　　寄生电感是指连接器件管芯和 PAD 之间的因微带不均匀造成的寄生电感,在等效电路模型中分别用 L_b、L_c 和 L_e 表示。通常提取寄生电感的方法有两种:测试结构方法和集电极开路方法。下面分别介绍这两种常用的寄生电感提取技术。

5.4.1　测试结构方法

　　提取寄生电感的测试版图和等效电路模型如图 5.11 所示,其中图 5.11(a)为将器件内部短接的测试版图,图 5.11(b)为相应的等效电路模型。

　　通过测试 HBT 器件基极、集电极和发射极短路结构的 S 参数,在消去寄生电容之后,利用开路 Z 参数,可以直接确定三个引线电感和三个引线电阻[2]:

$$L_e = \frac{1}{\omega} \mathrm{Im}(Z_{12}) = \frac{1}{\omega} \mathrm{Im}(Z_{21}) \tag{5.55}$$

$$L_b = \frac{1}{\omega} \mathrm{Im}(Z_{11} - Z_{12}) \tag{5.56}$$

$$L_c = \frac{1}{\omega} \mathrm{Im}(Z_{22} - Z_{21}) \tag{5.57}$$

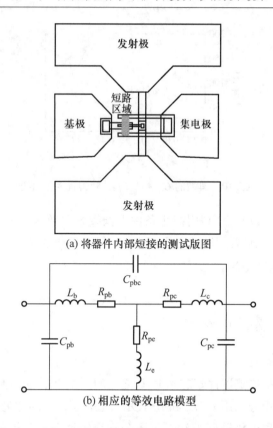

(a) 将器件内部短接的测试版图

(b) 相应的等效电路模型

图 5.11　确定键合引线寄生元件的测试版图和相应的等效电路

$$R_{pb} = \mathrm{Re}(Z_{11} - Z_{12}) \tag{5.58}$$

$$R_{pc} = \mathrm{Re}(Z_{22} - Z_{21}) \tag{5.59}$$

$$R_{pe} = \mathrm{Re}(Z_{12}) = \mathrm{Re}(Z_{12}) \tag{5.60}$$

　　图 5.12 给出了基于短路测试结构的寄生电感提取结果,可以看到焊盘电容去嵌之前和之后获得的寄生电感对比结果。对于 GaAs 和 InP 器件,由于焊盘电容在 10~15 fF 之间,不是很大,对短路结构的影响可以忽略,因此在提取寄生电感的过程中,无需考虑焊盘电容,即可以利用短路结构的 Y 参数直接提取,无需消去寄生电容之后再进行提取。

　　图 5.13 给出了基于短路测试结构的馈线电阻提取结果,从图中可以看到,馈线引起的阻抗大约在 1 Ω 以下,而它们可以被欧姆接触电阻所吸收,因此在整体模型中往往看不到它们的出现。

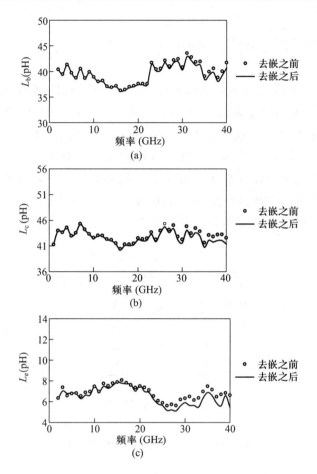

图 5.12 基于短路测试结构的寄生电感提取结果

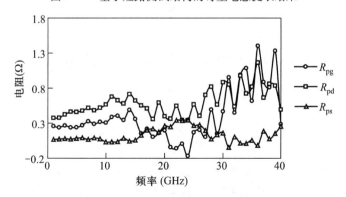

图 5.13 基于短路测试结构的馈线电阻提取结果

5.4.2　集电极开路方法

集电极开路(即 Open-collector)方法,是指在 DC 情况下集电极没有静态电流的偏置状态,而基极需要注入足够大的电流(I_b 在 $10\sim100\,\mathrm{mA}$ 之间)使得 B-E 结和 B-C 结穿通,也就是说两个背靠背的 PN 结正向偏置。相应的 S 参数测试框图见图 5.14,集电极上没有电流注入,相当于集电极开路。图 5.15 给出了集电极开路方法虚部等效电路模型,由于 B-E 结和 B-C 结穿通,因此在本征部分电阻起主要作用(在微波频段)。图 5.16 给出了集电极开路情况下的 Z 参数虚部随频率变化曲线,从曲线的斜率很容易获得三个寄生馈电电感数值[1,22-24]。

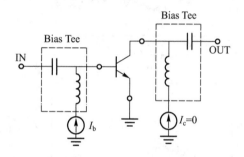

图 5.14　集电极开路方法

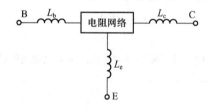

图 5.15　集电极开路情况下虚部等效电路模型

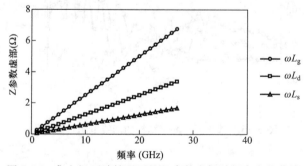

图 5.16　集电极开路情况下的 Z 参数虚部随频率变化曲线

5.5 寄生电阻提取技术

寄生电阻是指基极、集电极和发射极欧姆接触电阻,即 R_{bx}、R_c 和 R_e。值得注意的是,在寄生元件提取的过程中,提取寄生电阻是难点。通常提取寄生电阻的方法有三种:Z 参数方法、截止状态方法以及集电极开路方法。下面分别介绍上述三种常用的寄生电阻提取技术。

5.5.1 Z 参数方法

我们知道,在低频情况下 HBT 器件的共基极电流放大系数接近于 1,由 HBT 器件 Z 参数公式(5.18),可以得到当输入端口开路情况下的反向传输阻抗 Z_{12} 的实部可以近似为[24]

$$\mathrm{Re}(Z_{12}) = R_{be} + R_e \tag{5.61}$$

这里,R_{be} 为 B-E 结动态电阻:

$$R_{be} = \frac{\eta kT}{qI_E} \tag{5.62}$$

将公式(5.62)带入(5.61),利用 Z_{12} 的实部随发射极电流倒数 $1/I_E$ 的变化曲线的截距来获得发射极寄生电阻,即获得发射极电流趋近于无穷大时的外推结果。图 5.17 给出了工作频率为 1 GHz 时 Z_{12} 的实部随发射极电流倒数 $1/I_E$ 的变化曲线(InP HBT 器件),从图中很容易获得发射极寄生电阻 R_e 的数值。

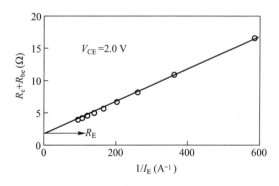

图 5.17 Z_{12} 的实部随发射极电流倒数 $1/I_E$ 的变化曲线,频率为 1 GHz

值得注意的是,Z 参数方法仅仅对于提取发射极寄生电阻 R_e 有效,而对于基极和集电极寄生电阻,则需要利用下面两个方法来确定。

5.5.2　截止状态方法

图 5.18 给出了截止情况下 Ⅲ – V 族化合物 HBT 等效电路模型,截止状态定义为 B-E 结和 B-C 结均反偏或者零偏置。在这种状态下,器件内部不存在 DC 电流,共基极电流放大系数 α 很小趋向于零,器件呈现无源状态($Z_{12} = Z_{21}$)。相应的等效电路变得十分简单,其开路 Z 参数可以表示为

$$Z_{11} - Z_{12} = \frac{Z_{EX}R_{bi}}{Z_{BC} + Z_{EX} + R_{bi}} + Z_B \tag{5.63}$$

$$Z_{12} = Z_{21} = \frac{Z_{BC}R_{bi}}{Z_{BC} + Z_{EX} + R_{bi}} + Z_{BE} + Z_E \tag{5.64}$$

$$Z_{22} - Z_{12} = \frac{Z_{BC}Z_{EX}}{Z_{BC} + Z_{EX} + R_{bi}} + Z_C \tag{5.65}$$

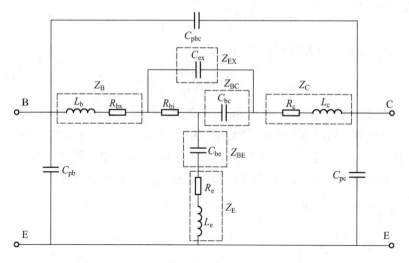

图 5.18　截止情况下 Ⅲ – V 族化合物 HBT 等效电路模型

在削去焊盘电容和寄生电感的影响之后,截止状态下的本征 B-C 结电容 C_{bc} 和寄生 C_{ex} 之和可以由下面的公式确定[25,26]:

$$C_{bc} + C_{ex} = -\frac{1}{\omega B\left[1 + \frac{A^2}{C^2 F^2} \right]} \tag{5.66}$$

$$C_{ex} = -\frac{D^2}{\omega A\left[\left(1 + \frac{1}{F} \right)^2 + D^2 \right]} \tag{5.67}$$

这里，

$$A = \mathrm{Im}(Z_{11} - Z_{12})$$

$$B = \mathrm{Im}(Z_{22} - Z_{12})$$

$$C = \mathrm{Re}(Z_{12})$$

$$D = \frac{C}{B}$$

$$E = \frac{A}{B}$$

$$F = \frac{E + \sqrt{E^2 + 4ED^2}}{2D^2}$$

利用上述公式，可以直接确定寄生电阻 R_{bx} 和 R_c 以及本征基极电阻 R_{bi}：

$$R_{bi} = -\frac{D}{\omega C_{ex}} \tag{5.68}$$

$$R_{bx} = \mathrm{Re}\left(Z_{11} - Z_{12} - \frac{R_{bi} C_{bc}}{C_{ex} + C_{bc} + j\omega R_{bi} C_{bc} C_{ex}} \right) \tag{5.69}$$

$$R_c = \mathrm{Re}\left(Z_{22} - Z_{12} - \frac{1}{j\omega(C_{ex} + C_{bc}) - \omega^2 R_{bi} C_{bc} C_{ex}} \right) \tag{5.70}$$

同时截止状态下的本征 B-E 结电容 C_{be} 可以由下式确定：

$$C_{be} = \frac{1}{\omega \mathrm{Im}\left(Z_{12} - \frac{R_{bi} C_{ex}}{C_{ex} + C_{bc} + j\omega R_{bi} C_{bc} C_{ex}} \right)} \tag{5.71}$$

图 5.19 和图 5.20 给出了提取的 $C_{bc} + C_{ex}$ 和 C_{ex} 随频率变化曲线，B-E 结偏置电压为 0 V 和 0.2 V，集电极电压 $V_{CE} = 0$。C_{bc} 和 C_{ex} 均会随着偏置的变化而变化。

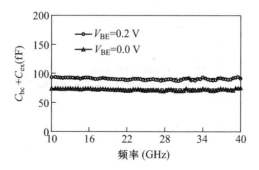

图 5.19　截止状态下 $C_{bc} + C_{ex}$ 随频率变化曲线

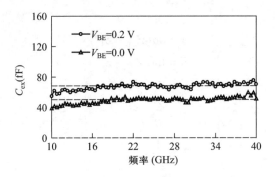

图 5.20   截止状态下 C_{ex} 随频率变化曲线

图 5.21 ~ 图 5.24 分别给出了截止状态下基极本征电阻 R_{bi}、B-E 结电容 C_{be}、基极电阻 R_{bx} 和集电极寄生电阻 R_c 随频率变化曲线。在比较宽的频带范围内，R_{bx} 和 R_c 非常平坦，且和频率以及偏置无关。

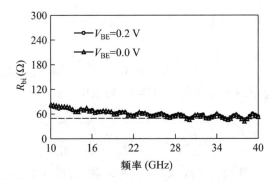

图 5.21   截止状态下 R_{bi} 随频率变化曲线

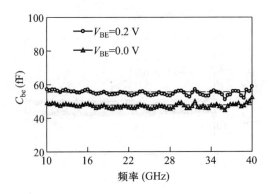

图 5.22   截止状态下 C_{be} 随频率变化曲线

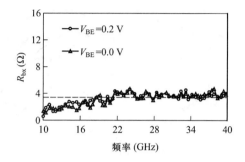

图 5.23　截止状态下 R_{bx} 随频率变化曲线

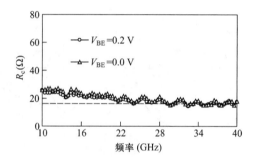

图 5.24　截止状态下 R_c 随频率变化曲线

　　表 5.2 给出了本章使用的 InP HBT 器件的寄生参数,图 5.25 给出了两种不同偏置的截止状态下 S 参数模拟和测试比较曲线。从图中可以看到,模拟结果和测试结果吻合得很好。

表 5.2　InP HBT 器件寄生参数

参　　数		数　　值
寄生电容(fF)	C_{pb}	12.5
	C_{pc}	11.5
	C_{pbc}	1.5
寄生电感(pH)	L_b	42
	L_c	39
	L_e	7.5
寄生电阻(Ω)	R_{bx}	3.5
	R_c	18
	R_e	1.8

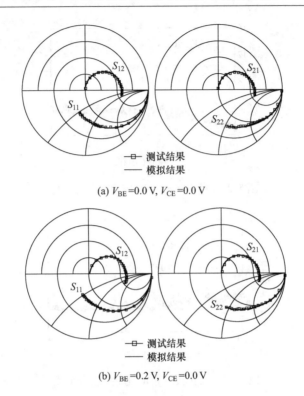

(a) $V_{BE} = 0.0\ \text{V}, V_{CE} = 0.0\ \text{V}$

(b) $V_{BE} = 0.2\ \text{V}, V_{CE} = 0.0\ \text{V}$

图 5.25　截止状态下 S 参数模拟和测试比较曲线

5.5.3　集电极开路方法

集电极开路方法的测试原理见图 5.14,相应的实部等效电路模型如图 5.26 所示,值得注意的是,由于 B-E 结和 B-C 结穿通,结电阻 R_{ex}、R_{bc} 和 R_{be} 都远远小于基极本征电阻 R_{bi},而在低频情况下电容全部可以忽略[1,22-24]。

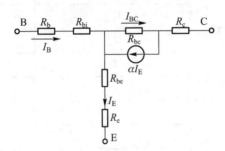

图 5.26　集电极开路情况下实部等效电路模型

根据上述假设,其 Z 参数的实部可以用下面的公式表征:

$$\mathrm{Re}(Z_{11}) = R_{\mathrm{bi}} + R_{\mathrm{bx}} + R_{\mathrm{e}} + R_{\mathrm{be}} \tag{5.72}$$

$$\mathrm{Re}(Z_{12}) = R_{\mathrm{e}} + R_{\mathrm{be}} = R_{\mathrm{e}} + \frac{\eta_{\mathrm{be}} V_{\mathrm{T}}}{I_{\mathrm{BE}}} \tag{5.73}$$

$$\mathrm{Re}(Z_{21}) = R_{\mathrm{e}} + R_{\mathrm{be}} - \alpha R_{\mathrm{bc}}$$

$$= R_{\mathrm{e}} + \frac{\eta_{\mathrm{be}} V_{\mathrm{T}}}{I_{\mathrm{BE}}} + \alpha \frac{\eta_{\mathrm{bc}} V_{\mathrm{T}}}{I_{\mathrm{BC}}} \tag{5.74}$$

$$\mathrm{Re}(Z_{22}) = R_{\mathrm{c}} + R_{\mathrm{e}} + R_{\mathrm{be}} + (1 - \alpha) R_{\mathrm{bc}} \tag{5.75}$$

则有

$$\mathrm{Re}(Z_{11} - Z_{12}) = R_{\mathrm{bi}} + R_{\mathrm{bx}} \tag{5.76}$$

$$\mathrm{Re}(Z_{22} - Z_{21}) = R_{\mathrm{bc}} + R_{\mathrm{c}}$$

$$= \frac{\eta_{\mathrm{bc}} V_{\mathrm{T}}}{I_{\mathrm{BC}}} + R_{\mathrm{c}} \tag{5.77}$$

这里,V_{T} 为热电势,α 为低频共基极电流放大系数,η_{bc} 和 η_{be} 分别为本征 B-C 结和本征 B-E 结理想因子,I_{BC} 和 I_{BE} 分别为流过本征 B-C 结和本征 B-E 结的直流电流,且和基极注入电流成正比。根据上述分析和公式(5.73)、(5.74)、(5.76)和(5.77),可以得到如下结论:

(1) 利用 $Z_{22} - Z_{21}$ 的实部随基极电流的倒数 $1/I_{\mathrm{B}}$ 的变化曲线的截距来获得集电极寄生电阻 R_{c}。

(2) 利用 Z_{12} 或者 Z_{21} 的实部随基极电流的倒数 $1/I_{\mathrm{B}}$ 的变化曲线的截距来获得集电极寄生电阻 R_{e}。

(3) 由于本征基极电阻 R_{bi} 在较大基极注入电流情况下趋近于零,因此可以利用该情况下的 $Z_{11} - Z_{12}$ 的实部来确定基极寄生电阻 R_{bx}。

图 5.27 给出了 $Z_{22} - Z_{21}$、Z_{21} 和 Z_{12} 的实部随基极电流 $1/I_{\mathrm{B}}$ 的倒数变化曲线,

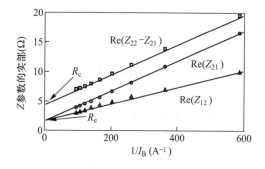

图 5.27 $Z_{22} - Z_{21}$、Z_{21} 和 Z_{12} 的实部随 $1/I_{\mathrm{B}}$ 变化曲线

图 5.28 给出了 $Z_{11} - Z_{12}$ 的实部随基极电流 I_B 变化曲线。利用上述曲线可以直接确定三个寄生电阻。

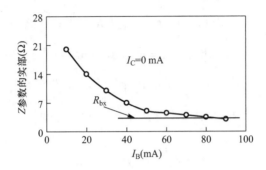

图 5.28 $Z_{11} - Z_{12}$ 的实部随基极电流 I_B 变化曲线

表 5.3 对上述三种寄生电阻提取方法进行了比较。还有很多种提取 HBT 器件寄生电阻的方法,如各种直流测试技术[27-31],本章不再讨论。

表 5.3   寄生电阻提取方法比较

方　　法	Z 参数方法	截止状态方法	集电极开路方法
偏置情况	线性区域	截止区域	$I_c = 0$
确定电阻	R_e	R_{bx} 和 R_c	R_{bx}、R_c 和 R_e
难度	低	高	中
局限性	不能提取 R_{bx} 和 R_c	需要高频测试	容易损坏器件

5.6　本征元件提取技术

5.6.1　直接提取技术

一旦确定所有的寄生元件,按照下面的去嵌技术,可以很容易获取所有本征元件的数值[32-37]。

（1）测试器件的 S 参数,并转化为 Y 参数 Y_D。

（2）削去焊盘电容的影响:

$$Y_D' = Y_D - \begin{bmatrix} \mathrm{j}\omega(C_{pb} + C_{pbc}) & -\mathrm{j}\omega C_{pbc} \\ -\mathrm{j}\omega C_{pbc} & \mathrm{j}\omega(C_{pc} + C_{pbc}) \end{bmatrix} \tag{5.78}$$

（3）将获得的 Y 参数 Y'_D 转化为 Z'_D 参数，削去寄生电感和电阻的影响，获得本征部分的 Z 参数：

$$Z = Z'_D - \begin{bmatrix} (R_{bx} + R_e) + j\omega(L_b + L_e) & R_e + j\omega L_e \\ R_e + j\omega L_e & (R_c + R_e) + j\omega(L_c + L_e) \end{bmatrix} \quad (5.79)$$

（4）按照下面的公式直接确定各个元件。

$$C_{bc} + C_{ex} = \frac{1}{\omega} \mathrm{Im}\left(\frac{1}{Z_{22} - Z_{21}} \right) \quad (5.80)$$

$$C_{ex} = -\frac{1}{\omega^2} \frac{\mathrm{Re}\left(\dfrac{1}{Z_{22} - Z_{21}} \right) \mathrm{Re}\left(\dfrac{1}{Z_{11} - Z_{12}} \right)}{\mathrm{Im}\left(\dfrac{1}{Z_{22} - Z_{21}} \right)} \quad (5.81)$$

$$R_{bi} = \frac{\mathrm{Im}\left(\dfrac{1}{Z_{22} - Z_{21}} \right)}{\omega C_{bc} \mathrm{Re}\left(\dfrac{1}{Z_{11} - Z_{12}} \right)} \quad (5.82)$$

$$\alpha_o = |\alpha(\omega)| \Big|_{\omega \to 0} = \left| \frac{Z_{12} - Z_{21}}{Z_{22} - Z_{21}} \right| \Big|_{\omega \to 0} \quad (5.83)$$

$$\omega_\alpha = \frac{\omega |\alpha(\omega)|}{\sqrt{\alpha_o^2 - |\alpha(\omega)|^2}} \quad (5.84)$$

$$\tau = -\frac{1}{\omega} \mathrm{arctg}\left(\frac{\mathrm{Im}\left(\dfrac{Z_{12} - Z_{21}}{Z_{22} - Z_{21}} \right)}{\mathrm{Re}\left(\dfrac{Z_{12} - Z_{21}}{Z_{22} - Z_{21}} \right)} \right) + \frac{1}{\omega} \mathrm{arctg} \frac{\omega}{\omega_\alpha} \quad (5.85)$$

$$R_{BE} = \frac{1}{\mathrm{Re}\left(\dfrac{1}{Z_{12} - \dfrac{(1-\alpha)C_{ex}R_{bi}}{(C_{bc} + C_{ex}) + j\omega C_{bc} C_{ex} R_{bi}}} \right)} \quad (5.86)$$

$$C_{BE} = \frac{1}{\omega} \mathrm{Im}\left(\dfrac{1}{Z_{12} - \dfrac{(1-\alpha)C_{ex}R_{bi}}{(C_{bc} + C_{ex}) + j\omega C_{bc} C_{ex} R_{bi}}} \right) \quad (5.87)$$

图 5.29 给出了共基极电流放大系数幅度 $|\alpha(\omega)|$ 随频率变化曲线（$V_{CE} = 2\,\mathrm{V}$）。从图中可以看到，随着频率的增加，共基极电流放大系数幅度随之减小，随着基极注入电流的增加，共基极电流放大系数幅度在高频显著下降。图 5.30 给出了低频共基极电流放大系数幅度 α_o 随基极电流 I_B 和集电极电压 V_{CE} 变化曲线，从图中可以看到，α_o 和 I_B 和 V_{CE} 基本无关，呈现常数状态。

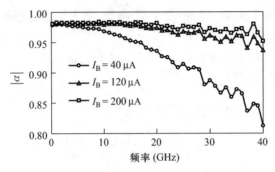

图 5.29　共基极电流放大系数幅度 $|\alpha(\omega)|$ 随频率变化曲线($V_{CE} = 2\,V$)

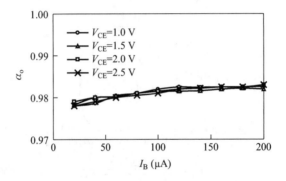

图 5.30　低频共基极电流放大系数幅度 α_o 随 I_B 和 V_{CE} 变化曲线

图 5.31 给出了 3 dB 角频率 f_α 随频率变化曲线($V_{CE} = 2\,V$),图 5.32 给出了 3 dB 角频率 f_α 随 I_B 和 V_{CE} 变化曲线。从图中可以看到,3 dB 角频率 f_α 在低频下很难确定,必须在较高的频率范围下确定(通常频率需要大于 10 GHz);f_α 和集电极电压 V_{CE} 关系不大,仅仅和基极注入电流 I_B 相关,随着 I_B 的增加而显著增加。f_α 可用 B-E 结电容 C_{be} 和动态电阻 R_{be} 来表示:

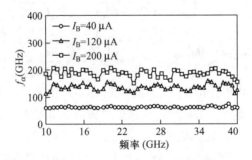

图 5.31　3 dB 角频率 f_α 随频率变化曲线

($V_{CE} = 2\,V$)

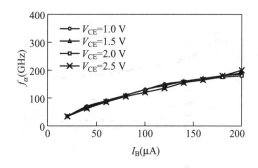

图 5.32　3 dB 角频率 f_α 随 I_B 和 V_{CE} 变化曲线

$$f_\alpha = \frac{1}{2\pi R_{be} C_{be}} \tag{5.88}$$

由于 R_{be} 随 I_B 的增加下降很快,而 C_{be} 随 I_B 的增加缓慢增加,这也是 f_α 随着 I_B 的增加而显著增加的原因。

图 5.33 给出了时间延迟 τ 随频率变化曲线($V_{CE} = 2\,V$),图 5.34 给出了时间延迟 τ 随 I_B 和 V_{CE} 变化曲线。从图中可以看到,τ 随着基极电流的增加而减小,而随着集电极电压的增加而增加。下面的分析可以得到相应的解释。我们知道,时间延迟 τ 可以用下面的物理经验公式来表示:

$$\tau = \frac{m\tau_B}{1.2} + \frac{\tau_c}{2} = \frac{m}{1.2\omega_\alpha} + \frac{W_{BC}}{2\upsilon_{sat}} \tag{5.89}$$

这里,τ_B、τ_c 分别为基极和集电极时间延迟,W_{BC} 为 B-C 结耗尽区宽度,υ_{sat} 高电场载流子迁移率,m 为经验参数。由于 W_{BC} 随着集电极电压的增加而增加,而 ω_α 随着基极电流的增加而增加。

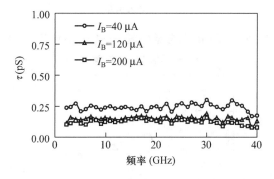

图 5.33　时间延迟 τ 随频率变化曲线($V_{CE} = 2\,V$)

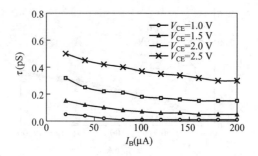

图 5.34   时间延迟 τ 随 I_B 和 V_{CE} 变化曲线

图 5.35 给出了 B-C 结外部电容 C_{ex} 在 $V_{CE} = 2\,\text{V}$ 情况下随频率和基极电流变化曲线,图 5.36 给出了 C_{ex} 随偏置电压 V_{CB} 变化曲线。从图中可以看到,C_{ex} 是和偏置电压相关的元件,随着基极 – 集电极电压的增加而减小,原因是 B-C 结的耗尽区宽度增加。值得注意的是,C_{ex} 和基极电流无关,因此 C_{ex} 可以利用通常反偏二极管的电容经验公式来拟合:

$$C_{ex} = \frac{C_{jexo}}{(1 + V_{cb}/V_{jex})^{m_{jex}}} \tag{5.90}$$

这里,$V_{cb} = V_{CB} - I_C R_c$。

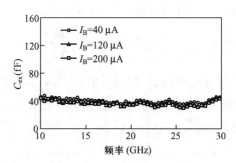

图 5.35   B-C 结外部电容 C_{ex} 随频率变化曲线($V_{CE} = 2\,\text{V}$)

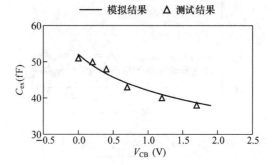

图 5.36   B-C 结外部电容 C_{ex} 随偏置电压变化曲线

在上述公式中,C_{jexo} 为零偏置情况下的寄生 B-C 结电容,V_{jex} 为寄生 B-C 结内建电势,m_{jex} 为梯度因子。图 5.36 给出了模拟和测试结果比较曲线,其中模型参数为:$C_{\text{jexo}} = 52\,\text{fF}$,$m_{\text{jex}} = 0.25$ 和 $V_{\text{jex}} = 0.75\,\text{V}$。

图 5.37 给出了本征 B-C 结电容 C_{bc} 随频率变化曲线($V_{\text{CE}} = 2\,\text{V}$),图 5.38 给出了本征 B-C 结电容 C_{bc} 随 I_{B} 和 V_{CE} 变化曲线。从图中可以看到,C_{bc} 随着基极电流和集电极电压的增加而减小。

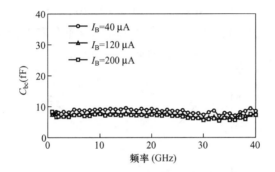

图 5.37　本征 B-C 结电容 C_{bc} 随频率变化曲线($V_{\text{CE}} = 2\,\text{V}$)

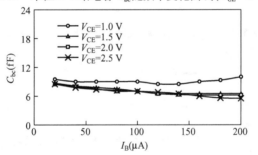

图 5.38　本征 B-C 结电容 C_{bc} 随 I_{B} 和 V_{CE} 变化曲线

图 5.39 给出了本征基极电阻 R_{bi} 随频率变化曲线($V_{\text{CE}} = 2\,\text{V}$)。在线性区域,

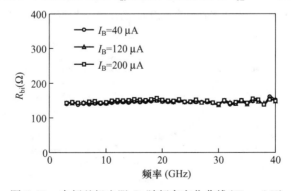

图 5.39　本征基极电阻 R_{bi} 随频率变化曲线($V_{\text{CE}} = 2\,\text{V}$)

由于 B-E 结电压 V_{BE} 变化很小 $(0.65 \sim 0.75 \text{ V})$,因此基极电阻 R_{bi} 呈现常数状态。但是从图 5.40 可以看出,很显然 R_{bi} 是和 V_{BE} 相关的。可以利用 V_{BE} 的三阶多项式来拟合上述特性:

$$R_{bi} = A_0 + A_1 \mid V_{be} \mid + A_2 V_{be}^2 + A_3 \mid V_{be}^3 \mid \tag{5.91}$$

这里,$V_{be} = V_{BE} - (I_B R_{bx} + I_E R_e)$。

在本例中,多项式模型参数为

$$A_0 = 49.3, A_1 = -6.5, A_2 = 192.67, A_3 = 14.7$$

图 5.41、图 5.42 给出了本征 B-E 结动态电阻 R_{be} 随 I_B 和 V_{CE} 变化曲线。从图中

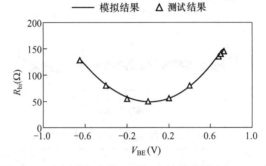

图 5.40　本征基极电阻 R_{bi} 随 V_{BE} 变化曲线($V_{CE} = 2 \text{ V}$)

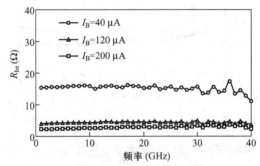

图 5.41　本征 B-E 结动态电阻 R_{be} 随频率变化曲线($V_{CE} = 2 \text{ V}$)

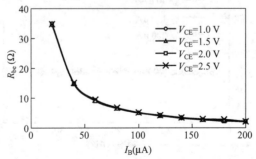

图 5.42　本征 B-E 结动态电阻 R_{be} 随 I_B 和 V_{CE} 变化曲线

可以看出，R_{be} 仅仅和 I_B 有关，随着 I_B 的增加迅速减小。图 5.43、图 5.44 给出了本征 B-E 结电容 C_{be} 随 I_B 和 V_{CE} 变化曲线，C_{be} 仅仅和 I_B 有关，随着 I_B 的增加而增加。

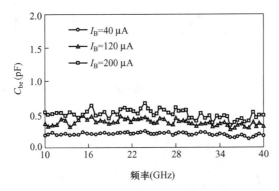

图 5.43　本征 B-E 结电容 C_{be} 随频率变化曲线（$V_{CE}=2\,\text{V}$）

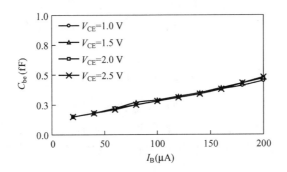

图 5.44　本征 B-E 结电容 C_{be} 随 I_B 和 V_{CE} 变化曲线

　　图 5.45 给出了不同偏置状态下模拟和测试 S 参数对比曲线（I_B 分别为 $40\,\mu\text{A}$、$120\,\mu\text{A}$ 及 $200\,\mu\text{A}$，V_{CE} 为 $2\,\text{V}$），频率范围从 $50\,\text{MHz}$ 到 $40\,\text{GHz}$。模拟结果和测试结果吻合得很好，验证了模拟和提取结果的正确性。

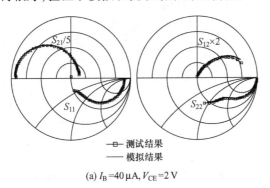

(a) $I_B=40\,\mu\text{A}$，$V_{CE}=2\,\text{V}$

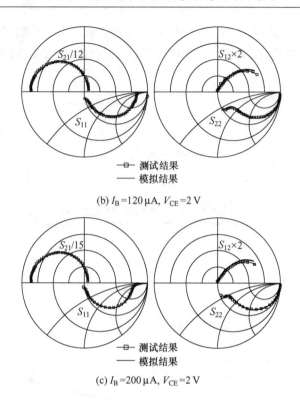

(b) $I_{\mathrm{B}}=120\,\mu\mathrm{A}$, $V_{\mathrm{CE}}=2\,\mathrm{V}$

(c) $I_{\mathrm{B}}=200\,\mu\mathrm{A}$, $V_{\mathrm{CE}}=2\,\mathrm{V}$

图 5.45　模拟结果和测试结果的 S 参数对比曲线

　　为了观察特征频率 f_{t} 的变化,图 5.46 给出模拟结果和测试结果的 H_{21} 对比曲线。从图中可以看到,基极电流为 40 μA 和 120 μA 时,器件特征频率分别可以达到 45 GHz 和 65 GHz。

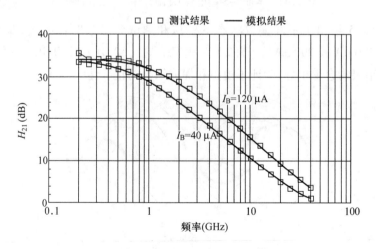

图 5.46　模拟结果和测试结果的 H_{21} 对比曲线

5.6.2 混合提取技术

在直接提取技术中,由于 B-E 结为正偏,本征动态电阻 R_{be} 起主要作用,B-E 结电容 C_{be} 的提取比较困难,通常需要较高的频率而且会产生较大的波动。为了解决这一问题,我们可以利用 T 型和 PI 型等效电路模型之间的关系[7],因为 PI 型等效电路模型中的输入电容比 T 型等效电路模型中的 B-E 结电容 C_{be} 的提取要容易得多。

根据 T 型和 PI 型等效电路模型之间的关系,有

$$g_{\text{mo}} = \frac{\alpha_{\text{o}}}{R_{\text{be}}} \frac{\sqrt{1 + (\omega R_{\text{be}} C_{\text{be}})^2}}{\sqrt{1 + \left(\frac{\omega}{\omega_\alpha}\right)^2}} \tag{5.92}$$

$$\tau_\pi = \tau_{\text{T}} + \frac{1}{\omega}\left[\text{arctg}\left(\frac{\omega}{\omega_\alpha}\right) - \text{arctg}(\omega R_{\text{be}} C_{\text{be}})\right] \tag{5.93}$$

$$C_\pi = C_{\text{be}} + g_{\text{mo}}\sin\left(\frac{\omega\tau_\pi}{\omega}\right) \tag{5.94}$$

$$R_\pi = \frac{R_{\text{be}}}{1 - g_{\text{mo}}R_{\text{be}}\cos(\omega\tau_\pi)} \tag{5.95}$$

从上述公式可以看到,高频情况下 PI 型等效电路模型的部分模型参数变得和频率相关,而 T 型等效电路模型的元件则均和频率无关。因此,只有在低频情况下 T 型和 PI 型等效电路模型元件才会一一对等。在低频情况下,上述公式等价为

$$g_{\text{mo}} = \frac{\alpha_{\text{o}}}{R_{\text{be}}} \tag{5.96}$$

$$\tau_\pi = \tau_{\text{T}} \tag{5.97}$$

$$C_\pi = C_{\text{be}} + g_{\text{mo}}\tau_\pi \tag{5.98}$$

$$R_\pi = \frac{R_{\text{be}}}{1 - g_{\text{mo}}R_{\text{be}}} \tag{5.99}$$

这样,B-E 结电容 C_{be} 可以由下述公式确定:

$$C_{\text{be}} = C_\pi - g_{\text{mo}}\tau_{\text{T}} \tag{5.100}$$

或者

$$C_{\text{be}} = C_\pi - \frac{\alpha_{\text{o}}}{R_{\text{be}}}\tau_{\text{T}} \tag{5.101}$$

这里,

$$C_{\pi} = \frac{\mathrm{Im}(Y_{11} + Y_{12})}{\omega} \tag{5.102}$$

$$g_{\mathrm{mo}} = |Y_{21} - Y_{12}| \tag{5.103}$$

$$\alpha_{\mathrm{o}} = |\alpha(\omega)| = \left| \frac{Y_{21} - Y_{12}}{Y_{11} + Y_{21}} \right| \Bigg|_{\omega \to 0} \tag{5.104}$$

$$\omega_{\alpha} = \frac{\omega |\alpha(\omega)|}{\sqrt{\alpha_{\mathrm{o}}^2 - |\alpha(\omega)|^2}} \tag{5.105}$$

$$\tau_{\mathrm{T}} = -\frac{1}{\omega} \mathrm{arctg} \left(\frac{\mathrm{Im}\left(\dfrac{Y_{21} - Y_{12}}{Y_{11} + Y_{21}} \right)}{\mathrm{Re}\left(\dfrac{Y_{21} - Y_{12}}{Y_{11} + Y_{21}} \right)} \right) + \frac{1}{\omega} \mathrm{arctg} \frac{\omega}{\omega_{\alpha}} \tag{5.106}$$

图 5.47 给出了 τ_{π} 和 τ_{T} 随频率变化曲线($I_{\mathrm{b}} = 100\,\mu\mathrm{A}$, $V_{\mathrm{ce}} = 2\,\mathrm{V}$)。从图中可以看到,$\tau_{\pi}$ 远远大于 τ_{T},而 τ_{T} 提取的结果在整个频段比 τ_{π} 好得多。因此在提取时间延迟的技术上,采用 T 型模型比较好。

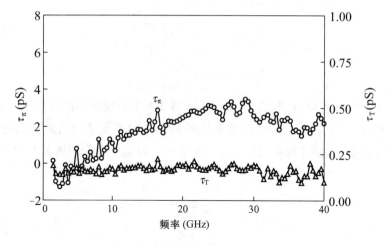

图 5.47 τ_{π} 和 τ_{T} 随频率变化曲线($I_{\mathrm{b}} = 100\,\mu\mathrm{A}$, $V_{\mathrm{ce}} = 2\,\mathrm{V}$)

图 5.48 给出了 g_{mo} 和 $\dfrac{\alpha_{\mathrm{o}}}{R_{\mathrm{be}}}$ 随频率变化曲线,从图中可以看到两个基本一致,但是 PI 型模型显然更好。

图 5.49 给出了利用 T 型模型提取的 C_{be} 随频率变化曲线,显然在整个频段内起伏很大,精度不高;而利用 PI 型模型提取的 C_{be} 随频率变化曲线则平坦得多(如图 5.50 所示),因此可以利用 T 型和 PI 型等效电路模型元件之间的一一对应关系来确定比较困难确定的元件数值。

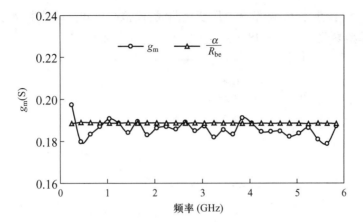

图 5.48　g_{mo} 和 $\dfrac{\alpha_{\mathrm{o}}}{R_{\mathrm{be}}}$ 随频率变化曲线 $(I_{\mathrm{b}}=100\,\mu\mathrm{A},V_{\mathrm{ce}}=2\,\mathrm{V})$

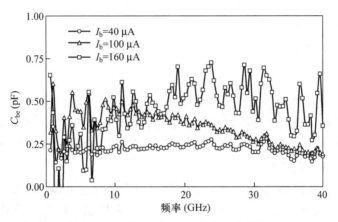

图 5.49　利用 T 型模型提取的 C_{be} 随频率变化曲线 $(V_{\mathrm{ce}}=2\,\mathrm{V})$

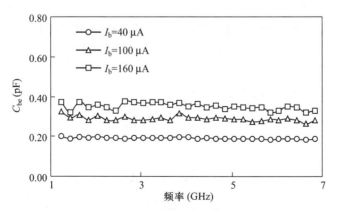

图 5.50　利用 PI 型模型提取的 C_{be} 随频率变化曲线 $(V_{\mathrm{ce}}=2\,\mathrm{V})$

　　图 5.51 给出了 C_{be} 随偏置电压变化曲线,模拟结果和测试结果吻合得很好。相应的模型参数为: $C_{\mathrm{jbeo}} = 48\ \mathrm{fF}$, $m_{\mathrm{jbe}} = 0.42$, $V_{\mathrm{jbe}} = 0.684\ \mathrm{V}$ 。

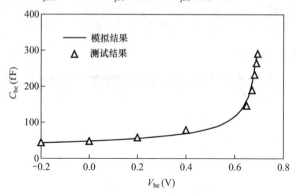

图 5.51　C_{be} 随偏置电压变化曲线($V_{\mathrm{ce}} = 2\ \mathrm{V}$)

5.7　半分析技术

　　除了上面介绍的直接提取技术以外,还有一种参数提取技术称为半分析技术,主要指导思想是:模型参数可以直接提取的就直接确定,不能直接确定的则需要用分析和优化相结合的方法进行。本章将用示例来说明半分析技术在 HBT 建模技术中的应用。

　　如果没有开路测试结构,我们很难获得所有的焊盘电容。假设不考虑基极和集电极焊盘之间的耦合(忽略 C_{pbc}), C_{pc} 可以利用截止状态下公式(5.48)确定,而基极焊盘电容无法确定。下面介绍一种半分析技术来确定基极焊盘电容[38],具体流程如下:

　　(1)首先利用集电极开路的方法确定所有寄生电感和电阻。

　　(2)在截止状态下,利用去嵌技术削去集电极寄生元件 C_{pc} 、L_{c} 及 R_{c} ,如图 5.52 所示。

　　(3)计算剩余网络的开路 Z 参数。

$$Z_{11} = \frac{Z_{11}^{\mathrm{I}}}{1 + \mathrm{j}\omega C_{\mathrm{pb}} Z_{11}^{\mathrm{I}}} \tag{5.107}$$

$$Z_{12} = \frac{Z_{12}^{\mathrm{I}}}{1 + \mathrm{j}\omega C_{\mathrm{pb}} Z_{11}^{\mathrm{I}}} \tag{5.108}$$

$$Z_{21} = \frac{Z_{21}^{\mathrm{I}}}{1 + \mathrm{j}\omega C_{\mathrm{pb}} Z_{11}^{\mathrm{I}}} \tag{5.109}$$

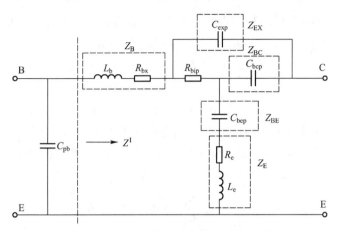

图 5.52　削去集电极寄生元件后的等效电路模型(截止状态下)

$$Z_{22} = \frac{Z_{22}^{\mathrm{I}} + \mathrm{j}\omega C_{\mathrm{pb}}\Delta Z^{\mathrm{I}}}{1 + \mathrm{j}\omega C_{\mathrm{pb}}Z_{11}^{\mathrm{I}}} \qquad (5.110)$$

这里,

$$Z_{11}^{\mathrm{I}} = \frac{[C_{\mathrm{bcp}} + C_{\mathrm{exp}}]R_{\mathrm{bi}}}{C_{\mathrm{bcp}} + C_{\mathrm{exp}} + \mathrm{j}\omega R_{\mathrm{bip}}C_{\mathrm{bcp}}C_{\mathrm{exp}}} + \frac{1}{\mathrm{j}\omega C_{\mathrm{bep}}} + (R_{\mathrm{e}} + R_{\mathrm{bx}}) + \mathrm{j}\omega(L_{\mathrm{b}} + L_{\mathrm{e}}) \quad (5.111)$$

$$Z_{12}^{\mathrm{I}} = \frac{R_{\mathrm{bi}}C_{\mathrm{exp}}}{C_{\mathrm{bcp}} + C_{\mathrm{exp}} + \mathrm{j}\omega R_{\mathrm{bip}}C_{\mathrm{bcp}}C_{\mathrm{exp}}} + \frac{1}{\mathrm{j}\omega C_{\mathrm{bep}}} + R_{\mathrm{e}} + \mathrm{j}\omega L_{\mathrm{e}} \qquad (5.112)$$

$$Z_{21}^{\mathrm{I}} = Z_{12}^{\mathrm{I}} \qquad (5.113)$$

$$Z_{22}^{\mathrm{I}} = \frac{C_{\mathrm{exp}}R_{\mathrm{bip}} + 1/\mathrm{j}\omega}{C_{\mathrm{bcp}} + C_{\mathrm{exp}} + \mathrm{j}\omega R_{\mathrm{bip}}C_{\mathrm{bcp}}C_{\mathrm{exp}}} + \frac{1}{\mathrm{j}\omega C_{\mathrm{bep}}} + R_{\mathrm{e}} + \mathrm{j}\omega L_{\mathrm{e}} \qquad (5.114)$$

$$\Delta Z^{\mathrm{I}} = Z_{11}^{\mathrm{I}}Z_{22}^{\mathrm{I}} - Z_{12}^{\mathrm{I}}Z_{21}^{\mathrm{I}} \qquad (5.115)$$

$C_{\mathrm{bcp}} + C_{\mathrm{exp}}$ 和 $C_{\mathrm{pb}} + C_{\mathrm{bep}}$ 可以由低频下的 Y 参数直接确定,实际上 5 个未知数 (C_{bcp}、C_{exp}、C_{pb}、C_{bep} 和 R_{bip})已经具备了两个方程。由网络 Z 参数的实部和虚部构成的方程可以表示为

$$\mathrm{Re}(Z_{11}) = \frac{(R_{\mathrm{bx}} + R_{\mathrm{e}})C_{\mathrm{bep}}}{C_2} + \frac{R_{\mathrm{bip}}C_{\mathrm{bep}}^2}{C_2^2} \qquad (5.116)$$

$$\mathrm{Re}(Z_{11} - Z_{12}) = \frac{R_{\mathrm{bip}}C_{\mathrm{bcp}}C_{\mathrm{bep}} + R_{\mathrm{bx}}C_1 C_{\mathrm{bep}}}{C_1 C_2} \qquad (5.117)$$

$$\mathrm{Im}\left(\frac{Z_{11}}{Z_{22} - Z_{12}}\right) = \frac{R_{\mathrm{bi}}(C_1 C_{\mathrm{bep}}^2 + C_1 C_{\mathrm{bep}}C_{\mathrm{bcp}} - C_2 C_{\mathrm{bcp}}^2)}{C_2^2} +$$

$$\frac{(R_{\mathrm{bx}} + R_{\mathrm{e}})[C_1 C_{\mathrm{bep}}(C_1 + C_{\mathrm{bep}}) - C_1^2 C_2]}{C_2^2} \qquad (5.118)$$

将式(5.116)和(5.117)代入(5.118),可以得到一个 C_{bep} 的三阶方程:

$$aC_{\text{bep}}^3 + bC_{\text{bep}}^2 + cC_{\text{bep}} + d = 0 \qquad (5.119)$$

这里,

$$a = -\frac{C_1}{C_2}(R_{\text{bx}} + R_{\text{e}})^2$$

$$b = C_1 \text{Re}(Z_{11})(R_{\text{bx}} + R_{\text{e}}) - C_2(R_{\text{bx}} + R_{\text{e}})^2 - C_1(R_{\text{bx}} + R_{\text{e}})m$$

$$c = C_1 C_2 \text{Re}(Z_{11})m - C_2(R_{\text{bx}} + R_{\text{e}})n + 2C_1 C_2(R_{\text{bx}} + R_{\text{e})}\text{Re}(Z_{11} - Z_{12})$$

$$d = C_2^2 \text{Re}(Z_{11})n - C_2 [C_1 \text{Re}(Z_{11} - Z_{12})]^2$$

$$m = (R_{\text{bx}} + R_{\text{e}})\frac{C_1}{C_2} - (R_{\text{bx}} + R_{\text{e}}) - R_{\text{bx}}\frac{C_1}{C_2}$$

$$n = C_1 \text{Re}(Z_{11}) + \text{Re}(Z_{11} - Z_{12})\frac{C_1^2}{C_2} - (R_{\text{bx}} + R_{\text{e}})\frac{C_1^2}{C_2} - \text{Im}\left(\frac{Z_{11}}{Z_{22} - Z_{12}}\right)$$

$$C_1 = C_{\text{bcp}} + C_{\text{exp}}$$

$$C_2 = C_{\text{pb}} + C_{\text{bep}}$$

通常情况下,方程(5.119)有三个解,需要削去不符合物理意义的解(或者大于 C_2 或者为复数),正确的符合物理意义的解为较小的实数。获得 C_{bep} 之后,其他所有未知元件均可得到。

由于直接提取技术获得的元件数值很容易带入偏差,因此往往需要后续优化技术。一般情况下,利用上述方法获得的所有寄生元件可以作为获得正常偏置状态下等效电路模型的初始数值。提取过程如下(如图 5.53 所示):

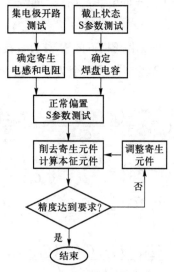

图 5.53　半分析技术流程

（1）测试集电极开路状态下器件的 S 参数，提取寄生电阻和电感。

（2）测试截止状态下器件的 S 参数，确定焊盘电容。

（3）测试正常工作状态下的 S 参数，并削去上述寄生元件。

（4）利用直接方法提取本征元件。

（5）将模拟结果和测试结果获得的 S 参数进行对比，并计算相应的精度。

（6）精度符合要求，提取过程结束，否则对寄生元件进行更新。

（7）转入步骤（3）继续优化直至精度满足要求。

图 5.54 给出了截止状态下电容提取结果。从图中可以看到，在较低的频率范围内，电容数值可以准确确定。图 5.55 给出了截止状态下 $\mathrm{Re}(Z_{11})$、$\mathrm{Re}(Z_{11} - Z_{12})$ 和 $\mathrm{Im}\left(\dfrac{Z_{11}}{Z_{22} - Z_{12}}\right)$ 提取结果。从图中可以看到，在较高的频率范围内，可以精确提取相应的数值。将上述方法提取的电容和 Z 参数的实部和虚部代入公式（5.119）可以获得截止状态下 B-E 结电容 C_{bep}，从而可以得到所有寄生元件的数值。

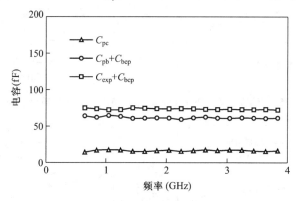

图 5.54　截止状态下低频电容提取结果

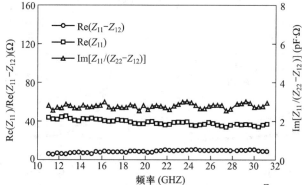

图 5.55　截止状态下高频 $\mathrm{Re}(Z_{11})$，$\mathrm{Re}(Z_{11} - Z_{12})$ 和 $\mathrm{Im}\left(\dfrac{Z_{11}}{Z_{22} - Z_{12}}\right)$ 提取结果

　　图 5.56、图 5.57 和图 5.58 分别给出了偏置为 $I_B = 20\ \mu A$、$I_B = 100\ \mu A$ 和 $I_B = 200\ \mu A$、$V_{CE} = 2\ V$ 情况下的模拟结果和测试结果的 S 参数比较曲线,从图中可以看到模拟结果和测试结果吻合得很好。

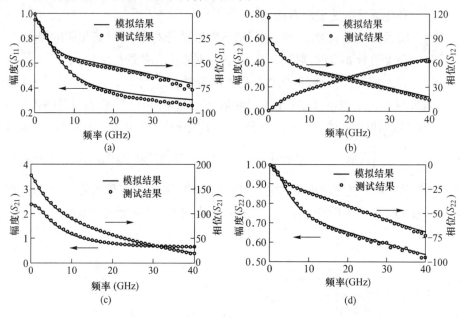

图 5.56　偏置为 $I_B = 20\ \mu A$, $V_{CE} = 2\ V$ 情况下的 S 参数比较曲线

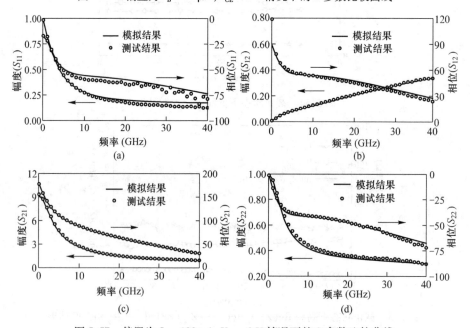

图 5.57　偏置为 $I_B = 100\ \mu A$, $V_{CE} = 2\ V$ 情况下的 S 参数比较曲线

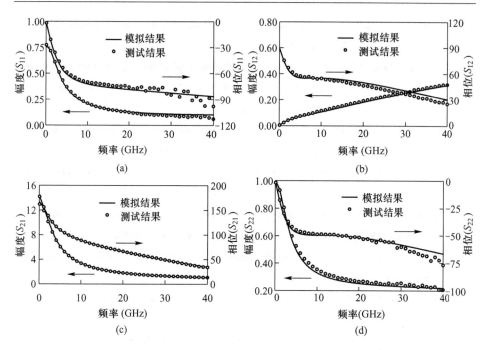

图 5.58   偏置为 $I_B = 200\,\mu A, V_{CE} = 2\,V$ 情况下的 S 参数比较曲线

参考文献

[1] Wei C-J, Huang C M. Direct extraction of equivalent circuit parameters for heterojunction bipo-
lar transistor. IEEE Trans Microwave Theory and Techniques, 1995, 43(9): 2035 – 2039.

[2] Costa D, Liu W U, Harris J S, Jr. Direct extraction of the AlGaAs/GaAs heterojunction bipolar
transistors small-signal equivalent circuit. IEEE Trans Electron Devices, 1991, 38 (9):
2018 – 2024.

[3] Teeter D A, Curtice W R. Comparison of hybrid pi and Tee HBT circuit topologies and their re-
lationship to large signal modeling. IEEE Microwave Symposium Digest, IEEE MTT-S, 1997:
375 – 378.

[4] Rudolph M, Doerner R, Heymann P, et al. Towards a unified method to implement transit-time
effects in Pi-topology HBT compact models. IEEE Microwave Symposium Digest,
2002: 997 – 1000.

[5] Tasker P J, Fernandez-Barciela M. HBT small signal T and π model extraction using a simple,
robust and fully analytical procedure. IEEE Microwave Symposium Digest, 2002: 2129 – 2132.

[6] Dvorak M W, Bolognesi C R. On the accuracy of direct extraction of the heterojunction-bipolar-

transistor equivalent-circuit model parameters C_π, Cbc, Re. IEEE Trans Microwave Theory and Techniques, 2003, 51(6): 1640 – 1649.

[7] Gao J, Li X, Wang H, Boeck Georg. An Improved Analytical Method for Determination of Small Signal Equivalent Circuit Model Parameters for InP/InGaAs HBTs. IEE Proceedings Circuit, Device and System. 2005, 152(6): 661 – 666.

[8] Das M B. High frequency performance limitations of millimeter-wave heterojunction bipolar transistor. IEEE Trans Electron Device, 1988, 35(5): 604 – 614.

[9] Mason S J. Power gain in feedback amplifiers. IRE Trans Circuit Theory, 1954, CT – 1 (2): 20 – 25.

[10] Vickes H-O. Comments on Unilateral Gain of Heterojunction Bipolar Transistors at Microwave Frequencies. IEEE Trans Electron Devices, 1989, 36(9): 1861 – 1862.

[11] Rollet J M. Stability and power gain invariants in linear two-ports. IEEE Trans Circuit Theory, 1962, 4(9): 29 – 32.

[12] Chang K, Bahl I, Nair V. RF and microwave circuit and component design for wireless. New York: John Wiley, 2002.

[13] Kurishima K. An analytical expression of fmax for HBT's. IEEE Trans Electron Device, 1996, 43(12): 2074 – 2079.

[14] Wang H, Ng G I, Zheng H, et al. Demonstration of Aluminumfree Metamorphic InP/ In0. 53Ga0. 47As/InP Double Heterojunction Bipolar Transistors on GaAs Substrates. IEEE Electron Device Letter, 2000, 21(9): 379 – 381.

[15] Wang H, Ng G I. Current transient in polyimide-passivated InP/InGaAs Heterojunction bipolar transistors: systematic experiments and physical model. IEEE Trans Electron Devices, 2000, 47(12): 2261 – 2269.

[16] Samelis A, Pavlidis D. DC to high-frequency HBT-model parameter evaluation using impedance block conditioned optimization. IEEE Trans Microwave Theory and Techniques, 1997, 45 (6): 886 – 897.

[17] Samelis A, Pavlidis D. DC to high-frequency HBT-model parameter evaluation using impedance block conditioned optimization. IEEE Trans Microwave Theory and Techniques, 1997, 45 (6): 886 – 897.

[18] Li B, Prasad S, Yang L-W, Wang S C. A semianalytical parameter—extraction procedure for HBT equivalent circuit. IEEE Trans Microwave Theory Techniques, 1998, 46 (10): 1427 – 1435.

[19] Sotoodeh M, Sozzi L, Vinay A, et al. Stepping toward standard methods of small-signal parameter extraction for HBT's. IEEE Trans Microwave Theory and Techniques, 2000, 47(6): 1139 – 1151.

[20] Bousnina S, Mandeville P, Kouki A B, et al. Direct parameter extraction method for HBT small-signal model. IEEE Trans Microwave Theory and Techniques, 2002, 50(2): 529 – 536.

[21] Sheinman B, Wasige E, Rudolph M, et al. A peeling algorithm for extraction of the HBT small-signal equivalent circuit. IEEE Trans Microwave Theory Tech, 2002, 50(12): 2814 – 2810.

[22] Ciacoletto L J. Measurement of emitter and collector series resistance. IEEE Trans Electron Devices, 1972, 19(5): 692 – 693.

[23] Gobert Y, Tasker P J, Bachem K H A. physical, yet simple, small-signal equivalent circuit for the heterojunction bipolar transistor. IEEE Trans Microwave Theory and Techniques, 1997, 45(1): 149 – 153.

[24] Maas S A, Tait D. Parameter-extraction method for heterojunction bipolar transistors. IEEE Microwave Guided Wave Letters, 1992, 2(12): 502 – 504.

[25] Gao J, Li X, Wang H, Boeck G. An Approach for determination of extrinsic resistances for metamorphic InP/InGaAs HBTs equivalent circuit model. IEE Proceedings Microwaves, Antennas and Propagation, 2005, 152(2): 195 – 200.

[26] Gao J, Li X, Yang H, Wang H, Boeck G. An approach to determine R_{bx} and R_c for InP HBT using cutoff mode measurement. European Microwave Week, GaAs Conference, 2003: 145 – 147.

[27] Linder M, Ingvarson F, Jeppson K, et al. Extraction of emitter and base series resistances of bipolar transistors from a single dc measurement. IEEE Trans Semiconductor Manufacturing, 2000, 13(2): 119 – 126.

[28] Ingvarson F, Linder M, Jeppson K O. Extraction of the base and emitter resistances in bipolar transistors using an accurate base resistance model. IEEE Trans Semiconductor Manufacturing, 2003, 16(2): 228 – 232.

[29] Ning T, Tang D. Method for determining the emitter and base series resistances of bipolar transistors. IEEE Trans Electron Devices, 1984, 31(4): 409 – 412.

[30] Scott J B. New method to measure emitter resistance of Heterojunction Bipolar Transistors. IEEE Trans Electron Devices, 2003, 50(9): 1970 – 1973.

[31] Filensky W, Beneking H. New technique for determination of static emitter and collector series resistances of bipolar transistor. Electronics Letters, 1981, 17(4): 503 – 504.

[32] Schaper U, Holzapfl B. Analytic parameter extraction of the HBT equivalent circuit with T-like topology from measured S parameters. IEEE Trans Semiconductor Manufacturing, 1995, 43(3): 493 – 498.

[33] Pehlke D R, Pavlidis D. Evaluation of the factors determining HBT high-frequency performance by direct analysis of S-parameter data. IEEE Trans Semiconductor Manufacturing, 1992,

40(12):2367 - 2373.

[34] Lee S,Ryum B R,Kang S W. A new parameter extraction technique for small-signal equiva-
lent circuit of polysilicon emitter bipolar transistors. IEEE Trans Electron Devices,1994,41
(2):233 - 238.

[35] Mrios J M,Lunardi L M,Chandrasekhar S,Miyamoto Y. A self-consistent method for complete
small signal parameter extraction of InP-basedheterojunction bipolar transistaors (HBT's).
IEEE Trans Microwave Theory Techniques,1997,45(1):39 - 44.

[36] Spiegel S J,Ritter D,Hamm R A,et al. Extraction of the InP/GaInAs heterojunction bipolar
transistors small signal equivalent circuit. IEEE Trans Electron Devices, 1995, 42 (6):
1059 - 1064.

[37] Ouslimani A,Gaubert J,Hafdallah H,et al. Direct extraction of linear HBT-model parameters
using nine analytical expression blocks. IEEE Trans Semiconductor Manufacturing,2002,50
(1):218 - 221.

[38] Gao J,Li X,Wang H,Boeck G. An approach to Determine Small signal model parameters for
InP-based Heterojunction Bipolar Transistors. IEEE Trans Semiconductor Manufacturing,
2006,19 (1):138 - 145.

第6章 异质结晶体管非线性建模和参数提取技术

微波集成电路计算机辅助设计(CAD)的核心就是建立有源器件(如二极管、场效应晶体管和异质结晶体管等)和无源器件(电感、电容、电阻以及微带传输线和耦合线等)的等效电路模型。有源器件的小信号等效电路模型对于理解器件物理结构和预测小信号 S 参数十分有用,但是却不能反映射频大信号功率谐波特性和交调特性,因此一个完整的微波集成电路仿真软件需要包括线性和非线性两大部分,以及用于求解线性和非线性特性的分析优化工具[1]。图 6.1 给出了利用等效电路模型预测器件特性的 CAD 仿真软件结构示意图。从图中可以看到,无源器件的等效电路模型通常为线性模型,而有源器件的等效电路模型则包括线性和非线性模型,以及噪声电路模型。利用上述电路模型仿真软件可以准确模拟器件的各种特性。

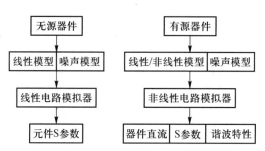

图 6.1 微波 CAD 软件结构示意图

第 5 章主要介绍了异质结晶体管线性小信号等效电路模型和参数提取技术,本章在此基础上讨论非线性等效电路模型的建模技术及其参数提取技术。在讨论非线性模型之前,我们先介绍线性和非线性、大信号和小信号之间的关系以及它们的定义;在此基础上介绍物理模型和经验模型的建模技术;最后介绍微波射频商用软件中常用的异质结晶体管非线性等效电路模型和相应的参数提取技术。

6.1　线性和非线性

在介绍非线性模型之前,我们先解释线性和非线性的定义,然后对比非线性和线性电阻和电容元件来说明线性模型和非线性模型的不同。

6.1.1　线性和非线性的定义

对于理想微波射频电路系统,输出信号和输入信号功率成正比例关系(也就是通常所说的线性关系),然而对于大多数实际系统来说,其传输函数往往比较复杂,仅在一定条件下满足输出随输入成线性变化,而在其他情况下呈现非正比例关系(也就是通常所说的非线性关系)。图 6.2 分别给出了线性器件和非线性器件输入信号和输出信号之间的关系曲线(亦称为传输函数)。

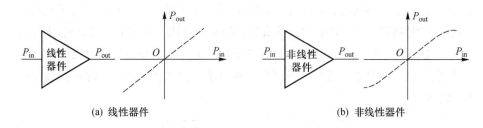

(a) 线性器件　　　　　　　　　　　　　　　(b) 非线性器件

图 6.2　线性器件和非线性器件功率输入输出关系曲线

为了分析微波射频电路中的非线性的影响,需要准确描述微波射频电路的功率输出和输入的变化关系,对于线性器件,有

$$P_{\text{out}}(t) = A \cdot P_{\text{in}}(t) \tag{6.1}$$

对于非线性器件,有

$$P_{\text{out}}(t) = g[P_{\text{in}}(t)] \tag{6.2}$$

这里,P_{in} 和 P_{out} 分别为微波射频电路的输出和输入变量,A 为器件功率增益常数,g 为非线性传递函数,一般情况下和时间无关。

对于无记忆性电路,电路的非线性传递函数通常可以用指数函数级数表征:

$$g(p) = \sum_{i=0}^{n} g_i p^i = g_0 + g_1 p + g_2 p^2 + \cdots + g_n p^n \tag{6.3}$$

从上述公式可以看出,指数函数的级数越多,被表征的非线性系统的模型精度越高,但是对于设计人员来说计算越复杂。一般情况下认为指数函数级数的

前三项已经可以有效描述电路的非线性传递函数,即电路的非线性传递函数可以简化为

$$g(p) \approx \sum_{i=0}^{3} g_i v^i = g_0 + g_1 p + g_2 p^2 + g_3 p^3 \tag{6.4}$$

非线性器件的输入信号和输出信号之所以呈现非线性传输函数关系,是因为微波射频器件内部存在非线性元件,这些非线性元件在输出端口会产生谐波分量(亦称为谐波失真)。谐波失真是指当输入为单频率信号波形时,经过非线性电路和系统以后,在输出信号中产生的新的频率分量。通常这些频率分量为基波频率的整数倍,n 次谐波即指其频率为基波频率的 n 倍,其中最为重要的为二次谐波和三次谐波。图 6.3 给出了单频率信号波形经过非线性系统后的谐波失真示意图。

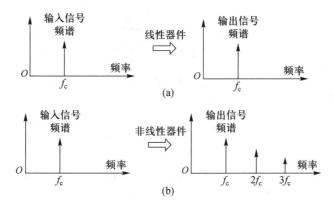

图 6.3　单频率信号波形输入信号经过非线性系统后的谐波失真示意图

假设单频率形输入信号为余弦函数:

$$P_{in} = P_o \cos(\omega_c t) \tag{6.5}$$

则输出信号为

$$
\begin{aligned}
P_{out} &= g_0 + g_1 P_o \cos(\omega_c t) + g_2 P_o^2 \cos^2(\omega_c t) + g_3 P_o^3 \cos^3(\omega_c t) \\
&= g_0 + \frac{g_2 P_o^2}{2} + \left(g_1 v_o + \frac{3 g_3 P_o^3}{4} \right) \cos(\omega_c t) + \frac{g_2 P_o^2}{2} \cos(2\omega_c t) + \frac{3 g_3 P_o^3}{4} \cos(3\omega_c t)
\end{aligned}
\tag{6.6}
$$

表 6.1 给出了相应输出信号的各种频率分量的幅度和物理意义。偶次谐波对直流分量有贡献,奇次谐波对基波分量有贡献。根据公式(6.6),很容易获得基波和谐波功率随输入功率变化曲线,如图 6.4 所示。

表 6.1　单频率形输入信号的谐波失真

分　量	幅　度	物理意义	符　号	备　注
$0 \cdot \omega_c$	$g_0 + \dfrac{g_2 P_o^2}{2}$	直流	DC	
$1 \cdot \omega_c$	$g_1 v_o + \dfrac{3 g_3 P_o^3}{4}$	基波		理想输出
$2 \cdot \omega_c$	$\dfrac{g_2 P_o^2}{2}$	二次谐波	HD2	可以通过滤波器滤掉
$3 \cdot \omega_c$	$\dfrac{3 g_3 P_o^3}{4}$	三次谐波	HD3	

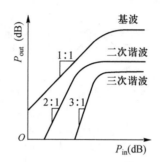

图 6.4　典型的非线性电路输出功率随输入功率变化曲线

6.1.2　线性元件和非线性元件

由以上分析可知,线性元件通常和输入信号无关,而非线性元件则一定和输入信号相关。下面以半导体器件建模中常用的电阻和电容为例,讨论线性元件和非线性元件之间的关系[2,3]。

1. 非线性电阻

如果在一个非线性电路网络中,电流和电压呈现出一定的非线性关系,假如电流是电压的函数:

$$I = f(V) \tag{6.7}$$

那么在非线性电路中,它是一个受端口电压控制的电流源,如图 6.5(a)所示。如果输入电压由直流分量 V_o 和一个相对很小的交流分量 v 构成,则根据泰勒级数公式,有

$$f(V_o + v) = f(V_o) + \frac{\mathrm{d}f(V)}{\mathrm{d}V}\bigg|_{V=V_o} v + \frac{1}{2}\frac{\mathrm{d}f^2(V)}{\mathrm{d}V^2}\bigg|_{V=V_o} v^2 + \frac{1}{6}\frac{\mathrm{d}f^3(V)}{\mathrm{d}V^3}\bigg|_{V=V_o} v^3 + \cdots$$

$$(6.8)$$

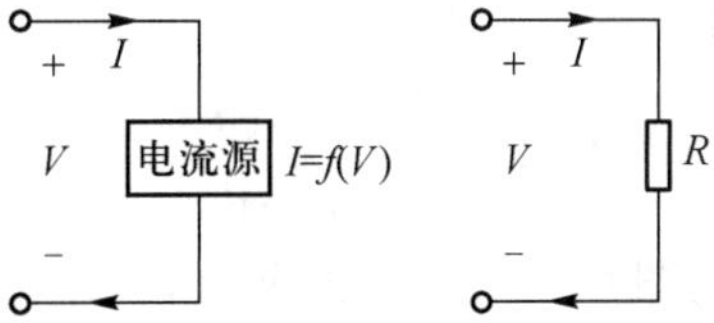

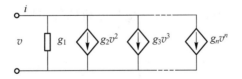

(a) 非线性电阻　　　(b) 线性电阻

图 6.5　非线性电阻和线性电阻

则由交流电压分量 v 产生的交流电流分量 i 可以表示为

$$i = f(V_o + v) - f(V_o) = \sum_{i=1}^{n} g_i v^i = g_1 v + g_2 v^2 + g_3 v^3 + \cdots \quad (6.9)$$

这里

$$g_1 = \frac{\mathrm{d}f(V)}{\mathrm{d}V}\bigg|_{V=V_o}$$

$$g_2 = \frac{1}{2}\frac{\mathrm{d}f^2(V)}{\mathrm{d}V^2}\bigg|_{V=V_o}$$

$$g_3 = \frac{1}{6}\frac{\mathrm{d}f^3(V)}{\mathrm{d}V^3}\bigg|_{V=V_o}$$

这样,受端口电压控制的电流源在小信号情况下的等效电路模型可以表示端口交流电压的幂级数。很显然由于输入电压信号的高阶项的存在,会产生新的频率分量,相应的等效电路模型如图 6.6 所示。

图 6.6　压控电流源的小信号等效电路模型

如果忽略二阶以上高次小项,交流电流可以表示为

$$i = f(V_o + v) - f(V_o) \approx \frac{\mathrm{d}f(V)}{\mathrm{d}V}\bigg|_{V=V_o} v \quad (6.10)$$

很显然,小信号情况下的动态电阻可以表示为

$$R(V_o) = \frac{v}{i} = \left[\frac{\mathrm{d}f(V)}{\mathrm{d}V}\bigg|_{V=V_o}\right]^{-1} \quad (6.11)$$

即动态电阻实际上是电压和电流关系函数在某一偏置点下导数的倒数。

在半导体器件中,最典型的非线性电阻是流过 PN 结的电流,具体表达式为

$$I_D = I_s\left[\exp\left(\frac{qV_j}{nkT}\right) - 1\right] \tag{6.12}$$

其在固定偏置电压下的动态电阻可以表示为

$$R_d(V_o) = \frac{dV_j}{dI_D} = \frac{nV_t}{I_D(V_o)} \tag{6.13}$$

这里,V_o 为固定偏置电压,图 6.7 给出了相应的 PN 结动态电阻计算示意图。值得注意的是,上面讨论的电流和电压呈现的非线性关系是指在单端口网络器件情况下的特性。

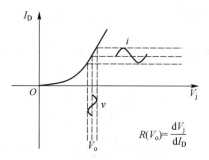

图 6.7   PN 结动态电阻计算示意图

在小信号情况下,非线性电阻产生的谐波分量较小。在大信号情况下,从电压和电流的非线性关系可以获得较大的谐波分量。

2. 非线性电容

实际上,在非线性电路的计算机辅助设计软件中,非线性电容是以其存储的电荷形式存在的,只有在线性或者小信号分析软件中使用电容形式,如图 6.8 所示。

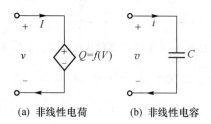

(a) 非线性电荷   (b) 非线性电容

图 6.8   非线性电荷和非线性电容

假设一个电容器存储的电荷是两端电压的非线性函数:

$$Q = f(V) \tag{6.14}$$

那么流过电容器两端的电流可以表示为

$$I = \frac{\mathrm{d}Q}{\mathrm{d}t} = \frac{\mathrm{d}f(V)}{\mathrm{d}t} \cdot \frac{\mathrm{d}V}{\mathrm{d}t} = C(V)\frac{\mathrm{d}V}{\mathrm{d}t} \tag{6.15}$$

如果输入电压由直流分量 V_o 和一个相对很小的交流分量 v 构成,根据泰勒级数公式,由交流电压分量 v 产生的交流电流分量 i 可以表示为

$$i = \sum_{m=0}^{n} \left[C_i(V_o)v^m \right] \frac{\mathrm{d}v}{\mathrm{d}t} = \left[C_0(V_o) + C_1(V_o)v + C_2(V_o)v^2 + \cdots \right] \frac{\mathrm{d}v}{\mathrm{d}t}$$
$$\tag{6.16}$$

这里,

$$C_m(V_o) = \frac{1}{m!}\frac{\mathrm{d}f^{m+1}(V)}{\mathrm{d}V^{m+1}}\bigg|_{V=V_o}, \qquad m = 0,1,\cdots,n \tag{6.17}$$

由此可见,非线性电容由存储电荷的导数和交流电压信号构成的幂级数构成,相应的小信号非线性等效电路模型如图 6.9 所示。

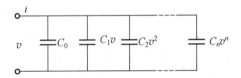

图 6.9　单个电压控制的非线性电容的等效电路模型

如果忽略二阶以上高次项,交流电流可以表示为

$$i \approx C_o(V_o)\frac{\mathrm{d}v}{\mathrm{d}t} \tag{6.18}$$

半导体器件模型研究中,最重要的是 PN 结电容。在线性电路计算中,通常采用电容计算公式(6.19);在非线性模拟程序中,通常采用电荷公式(6.20)。

$$C_j = \frac{C_{jo}}{\sqrt{1 - \dfrac{V_{gs}}{V_{bi}}}} \tag{6.19}$$

$$Q_j = 2V_{bi}C_j\left(1 - \sqrt{1 - \frac{V_j}{V_{bi}}}\right) \tag{6.20}$$

上面讨论的是受单个电压控制的非线性电容。在实际半导体器件建模过程中,常出现两个电压同时控制非线性电容的情况,其电荷和电容等效电路模型如图 6.10 所示。图中电容的表达式如下:

$$C_{m1} = \frac{1}{m!}\frac{\mathrm{d}f_1^{m+1}(V_1,V_2) + \mathrm{d}f_2^{m+1}(V_1,V_2)}{\mathrm{d}V_1^{m+1}}\bigg|_{V=V_{1o}}, \quad m = 0,1,2,\cdots \tag{6.21}$$

$$C_{m2} = \frac{1}{m!} \frac{\mathrm{d}f_1^{m+1}(V_1,V_2) + \mathrm{d}f_2^{m+1}(V_1,V_2)}{\mathrm{d}V_2^{m+1}}\bigg|_{V=V_{2o}}, \quad m=0,1,2,\cdots \quad (6.22)$$

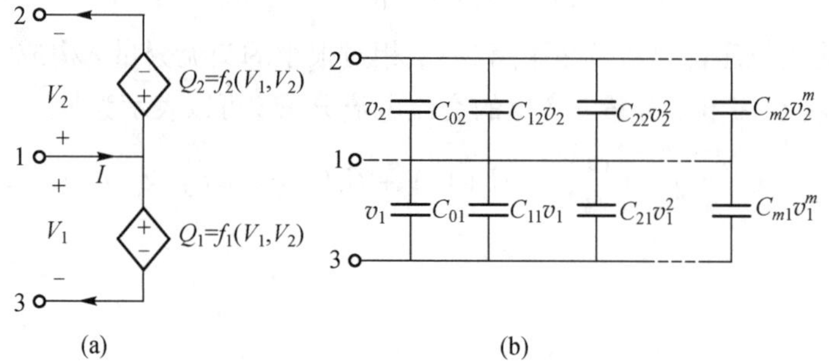

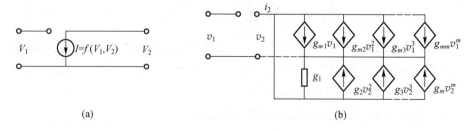

图 6.10 两个电压控制的非线性电容的等效电路模型

3. 非线性多电压控制电流源

前面已经讨论过单个电压控制非线性电流源的情形,本节以两个电压控制非线性电流源为例,讨论多个电压控制非线性电流源的情况。图 6.11(a) 给出了一个简单的两个电压控制非线性电流源的电路示意图,电流源是电压 V_1 和 V_2 的函数。值得注意的是,电流源端接在电压 V_2 的两端,这也是半导体器件建模过程中最常用的电流源。

在小信号状态下,两个电压控制非线性电流源对应的等效电路模型如图 6.11(b) 所示。图中一系列的压控电流源($g_{m1},g_{m2},\cdots,g_{mm}$)对应 2 端口和 1 端口之间的非线性关系,而非线性电流源($g_1,g_2,\cdots,g_m$)和 2 端口之间的关系和非线性电阻类似:

$$g_{mn} = \frac{1}{n!} \frac{\mathrm{d}f^n(V_1,V_2)}{\mathrm{d}V_1^n}\bigg|_{V=V_{1o}}, \quad n=0,1,2,\cdots \quad (6.23)$$

$$g_n = \frac{1}{n!} \frac{\mathrm{d}f^n(V_1,V_2)}{\mathrm{d}V_2^n}\bigg|_{V=V_{2o}}, \quad n=0,1,2,\cdots \quad (6.24)$$

其中 $g_{mn}(n=0,1,2,\cdots)$ 称为跨导,$g_n(n=0,1,2,\cdots)$ 则称为输出电导。

图 6.11 两个电压控制非线性电流源以及等效电路模型

通过对典型的三种非线性元件的讨论,可以清楚地知道,同一端口的电流和电压如果呈现非线性关系,那么对应的线性元件为电阻;非线性存储电荷对应的线性元件为电容;多电压控制的非线性电流源对应的线性元件为跨导和输出电导。图 6.12 对非线性元件和线性元件进行了对比总结。

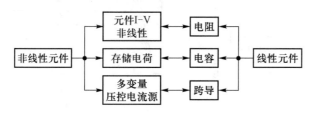

图 6.12 非线性元件和线性元件对比

6.2 大信号模型和小信号模型

大信号和小信号指的是输入信号的幅度,实际上是相对半导体器件的直流偏置而言的。当信号幅度和直流幅度相比很小,对器件的直流工作状态没有任何影响。也就是说在小信号工作状态下,器件工作状态和直流情况下一致。而当信号幅度和直流幅度相比较大,将影响器件的直流工作状态时,称为大信号状态。下面举例说明大信号状态对半导体器件的影响。

假设双极半导体器件的输入信号为典型的电脉冲信号 I_B(如图 6.13 所示),高电平和低电平分别为 I_{Bmax} 和 I_{Bmin}(均可以和直流偏置电流 I_{B0} 比拟)。由于传输的脉冲信号带宽从 DC 开始,因此电脉冲信号 I_B 将直接作用于器件而无需隔直电容,高电平和低电平将直接影响器件的直流工作状态(如图 6.14(a)所示)。图 6.14(b)给出了大信号下双极半导体器件的工作状态的变化,从图中可以看到,如果器件的原始直流工作点为 A 点,则由于脉冲信号高低电平的影响,器件的工作点将会漂移到 B 点或 C 点,这样器件由于外来信号的注入而改变了相应的稳定工作状态。

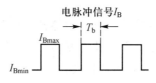

图 6.13 典型的电脉冲信号

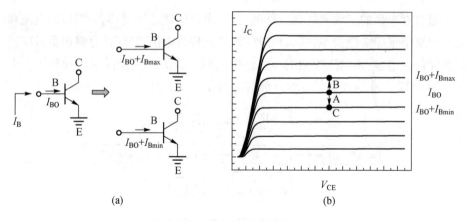

图 6.14　大信号状态下双极半导体器件的工作状态的变化

　　用来模拟器件大信号工作状态的模型称为大信号模型,用来模拟器件小信号工作状态的模型称为小信号模型。表 6.2 给出了半导体器件模型功能对比,从表中容易看出大信号模型、小信号模型、非线性模型和线性模型之间的关系。非线性模型和大信号模型功能完全一致,可以认为两者一致。而值得注意的是,小信号模型和线性模型功能并不完全一致,小信号模型既可以是线性模型,也可以是非线性模型。从这一点上来说,线性模型是小信号模型的一个组成部分。

表 6.2　半导体器件模型功能对比

模　型	偏置相关	DC 特性	S 参数	谐波特性	瞬态响应
线性模型	×	×	√	×	×
非线性模型	√	√	√	√	√
小信号模型	√	×	√	√	×
大信号模型	√	√	√	√	√

6.3　半导体器件的热阻

　　功率半导体器件的热特性是衡量半导体器件质量的一个重要标志,它可以确定半导体器件的安全工作范围以及预测器件的可靠性[4-6]。对于功率器件半导体,厂商通常需要给出器件的热阻和最大安全工作结温等指标,以给出器件的稳定工作范围。电路的热特性对于制造商和用户也同样重要,半导体晶体管所耗散的能量会使晶体管内部的温度逐渐升高,以至于比周围的环境温度高出很多,它会限制半导体器件和所构成的集成电路的稳定性和寿命。当一个双极晶体管开始工作时,其消耗的功率为流过集电极的电流和加在集电极两端的电压之积。集电极结从开始发热到消耗掉全部提供给它的能量,器件工作达到了平衡,同时能量由电能转化为热能散布到周围的环境中。

6.3.1 热阻的定义

半导体晶体管的热阻定义如下:

$$R_{th} = \frac{T_j - T_a}{P_{diss}} \qquad (6.25)$$

这里,

R_{th} 结温和环境温度之间的热阻,单位:℃/W

P_{diss} 消耗的功率,单位:W

T_j 结温,单位:℃

T_a 环境温度,单位:℃

从上面的定义可以看到,半导体晶体管的热阻是器件将热能从本身耗散到环境中的能力。较低的热阻将会使得器件工作在较低的温度从而延长寿命,而较高的热阻将会使得器件工作在较高的温度下从而使器件失效加快。热阻和器件的偏置状态相关,对于双极器件来说,和集电极电流和集电极电压相关。值得注意的是,该定义一个重要的假设是热阻在空间分布上是均匀的。为了使半导体晶体管内的热量迅速散发出去,功率晶体管在封装时含有热沉层(也称之为散热片)。

当没有热沉层时,半导体结通过空气向四周围辐射;而如果使用了热沉层,那么热量将在散发到空气中之前传导到热沉层,热沉层增加了有效功率耗散的面积,从而快速将热量从半导体器件本身传输出去。因此,采用了热沉层后,将会使器件工作在较高的功率水平,而且会降低器件的热阻。

图 6.15 给出了半导体结热的分布[7],其中图(a)和(b)分别为没有采用热沉层和采用热沉层的结构,同时给出了计算热阻的示意图。假设半导体结到管壳之间的热阻为 R_{jc},管壳和外界之间的热阻为 R_{ca},则没有采用热沉层时,器件总的热阻为

$$R_{th} = R_{jc} + R_{ca} \qquad (6.26)$$

假设管壳与热沉层之间的热阻为 R_{cs},热沉层与外界之间的热阻为 R_{sa},则采用热沉层时的器件热阻为

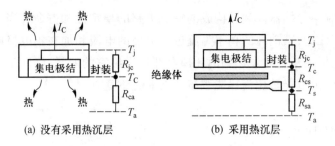

图 6.15　半导体结热的分布

$$R'_{th} = R_{jc} + R_{cs} + R_{sa} \tag{6.27}$$

由于 $R_{cs} + R_{sa} \ll R_{ca}$，根据上述公式有 $R_{th} \gg R'_{th}$。因此在具有相同最大结温 T_j 时，采用热沉层时的器件可以承受更大的耗散功率 P_{diss}，而在耗散功率一定的情况下，采用热沉层的器件的结温会更低。

图 6.16 给出了用于数值求解功率器件热特性的立体热传导模型[8,9]，其中图 (a) 为单指 HBT 器件，图 (b) 为多指 HBT 器件。对于固体热传导的时变方程，可以表示为

$$\nabla^2 T = \frac{\rho C_p}{k} \cdot \frac{\partial T}{\partial t} \tag{6.28}$$

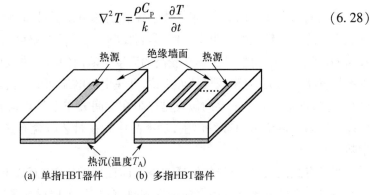

图 6.16　功率器件立体热传导模型

这里，

T　　温度，单位：℃

t　　时间，单位：s

ρ　　物体质量密度，单位：g/cm^3

C_p　　材料热容量，单位：J/g/℃

k　　材料热导率，单位：W/cm/℃

在文献中经常使用一个热扩散率的参数，定义为 $K = k/\rho C_p$，单位为 cm^2/s。表 6.3 给出了常用的半导体材料如硅 (Si)、锗 (Ge) 和砷化钾 (GaAs) 的热参数，

从表中可以看到,材料 Ge 和 GaAs 的热参数基本相当,而 Si 材料的热导率明显大于 Ge 和 GaAs 材料。

表 6.3 常用材料热参数

参　　数	Ge	Si	GaAs
$\rho(\text{g/cm}^3)$	5.33	2.33	5.32
$C_p(\text{J/g/℃})$	0.322	0.704	0.35
$k(\text{W/cm/℃})$	0.586	1.46	0.46
$K(\text{cm}^2/\text{s})$	0.34	0.9	0.24

将公式(6.28)在三维空间展开,有

$$\frac{\partial^2 T}{\partial x^2} + \frac{\partial^2 T}{\partial y^2} + \frac{\partial^2 T}{\partial z^2} = \frac{\rho C_p}{k} \cdot \frac{\partial T}{\partial t} \tag{6.29}$$

上述方程可以直接利用数值方法求解,以获得器件的热特性,这种方法称为物理基模型。物理基模型是一种基于器件物理结构、几何尺寸以及器件物理方程的模型,通过求解器件的物理方程来获得器件的各种特性,如小信号和大信号特性等。物理基模型的特点是基于最基本的器件物理原理,优点是可以直接指导器件的制作、预测器件的物理特性,是所有模型中精度最高的模型。缺点是很难和微波电路模拟软件兼容,主要原因有以下两点:

(1)需要用数值方法求解物理方程,数值方法包括有限时间域差分(FDTD)和有边界法等,通常这类数值方法软件只限于求解 DC 特性,如果需要 S 参数和大信号特性,则需要特殊的软件以及相当长的计算时间。

(2)只能计算有限的区域,主要是有源区,而对于在微波高频越来越重要的寄生元件(PAD 电容和引线电感等等)却不能考虑在内,这样和微波电路模拟软件无法兼容。

为了解决上述物理基模型的局限性,最好的选择是将物理基模型转化为可以和微波电路模拟软件相兼容的等效电路模型。等效电路模型是指模型全部由集总线性、非线性元件和受控源组成,这些元件是微波电路模拟软件的核心。我们知道,常用的微波电路模拟软件如 Agilen ADS 和 SPICE 等均含有功率器件非线性模型,可以直接获得器件的直流和大信号特性,但是如果需要包括热效应,则需要构建一个热效应的等效电路模型。图 6.17 给出了构建包括热效应在内的功率器件等效电路模型的示意图,首先需要将三维热效应物理方程简化为单维度的热方程,然后利用电路模拟软件中的元件对该方程进行求解,最后获得半导体结温度变化进而和原有的器件模型相结合,建立含有热效应在内的器件非线性模型。

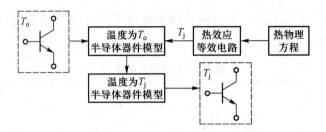

图 6.17　包括热效应在内的功率器件等效电路模型的示意图

为了利用等效电路模型来求解热方程,需要将立体热传导模型简化为一维热传导模型[10],也就是仅考虑最重要的热传导方向(如图 6.18 所示)。热方程 (6.27)可以简化为

$$\frac{\partial^2 T}{\partial x^2} = \frac{\rho C_{\mathrm{p}}}{k} \cdot \frac{\partial T}{\partial t} \tag{6.30}$$

耗散功率可以表示为

$$P_{\mathrm{diss}} = kA \cdot \frac{\partial T}{\partial x} \tag{6.31}$$

这里 A 为热源的面积。

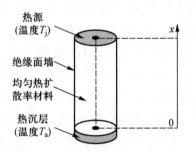

图 6.18　功率器件一维热传导模型

6.3.2　等效电路模型

从公式(6.30)可以发现,它的形式和微波传输线的方程非常类似,可以借助微波传输线电报方程的等效电路模型来获得器件的热特性。下面先介绍微波传输线的等效电路模型和相应的计算公式。

图 6.19 给出了理想均匀传输线中 Δx 长度的等效电路模型,图中各个变量定义如下:

R　单位长度串联电阻,单位:Ω/cm

C 　单位长度并联电容,单位:pF/cm

L 　单位长度串联电感,单位:pH/cm

G 　单位长度并联电导,单位:mS/cm

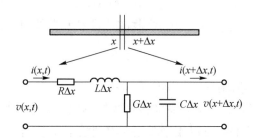

图 6.19 　理想均匀传输线等效电路模型

根据基尔霍夫定律,有如下关系:

$$v(x,t) - v(x+\Delta x,t) = R\Delta x \cdot i(x,t) + L\Delta x \cdot \frac{\partial i(x,t)}{\partial t} \tag{6.32}$$

$$i(x,t) - i(x+\Delta x,t) = G\Delta x \cdot v(x,t) + C\Delta x \cdot \frac{\partial v(x,t)}{\partial t} \tag{6.33}$$

将方程(6.32)和(6.33)两边同时除以 Δx,并使 $\Delta x \to 0$,可以得到如下方程:

$$\frac{\partial v(x,t)}{\partial x} = -\left. \frac{v(x,t) - v(x+\Delta x,t)}{\partial x} \right|_{\Delta x \to 0} = -\left[Ri(x,t) + L\frac{\partial i(x,t)}{\partial t} \right] \tag{6.34}$$

$$\frac{\partial i(x,t)}{\partial x} = -\left. \frac{i(x,t) - i(x+\Delta x,t)}{\partial x} \right|_{\Delta x \to 0} = -\left[Gv(x,t) + C\frac{\partial v(x,t)}{\partial t} \right] \tag{6.35}$$

假设单位长度串联电感 L 和单位长度并联电导 G 为零,则有

$$\frac{\partial v(x,t)}{\partial x} = -Ri(x,t) \tag{6.36}$$

$$\frac{\partial i(x,t)}{\partial x} = -C\frac{\partial v(x,t)}{\partial t} \tag{6.37}$$

将公式(6.35)代入(6.34),可以得到

$$\frac{\partial v^2(x,t)}{\partial x^2} = RC\frac{\partial v(x,t)}{\partial t} \tag{6.38}$$

由公式(6.38)和公式(6.30)可以发现,两者在形式上完全一致,因此可以建立温度和电压之间的一一对应关系,这样单位长度串联电阻和单位长度并联电容可以表示为

$$R = \frac{1}{kA} \tag{6.39}$$

$$C = \rho C_{\mathrm{p}} A \tag{6.40}$$

令传输线长度为 Δx，上述电阻和电容在热等效电路中可以称为热阻和热容：

$$R_{th} = \frac{\Delta x}{kA} \tag{6.41}$$

$$C_{th} = \rho C_p A / \Delta x \tag{6.42}$$

半导体器件的热容可以定义为吸收的热量 Q 和器件的变化数值之比：

$$C_{th} = \frac{Q}{T_2 - T_1} \tag{6.43}$$

热量 Q 的单位为焦耳，则热容的单位为 Ws/℃。

从上述公式可以看出，只要微波传输线的单位长度电阻和电容分别为 $1/kA$ 和 $\rho C_p A$，则该微波传输线可以用来求解热特性方程。值得注意的是，激励电流源为电路耗散功率，节点电压为温度变量。表 6.4 给出了电路元件参数和热参数之间的关系，电阻和热阻相对应，电容和热容相对应，电压和温度相对应，电流和功耗相对应，这样的一一对应关系构成求解热特性的等效电路模型[7]。从图 6.20 可以看到，基于传输线理论的热等效电路模型由多个 RC 单元网络构成，在实际应用过程中可以简化为一个单元。但是对于多层结构的半导体器件，不同层之间的热阻不同，则需要多个单元，每个单元的热阻和热容不再一致，根据实际情况确定单元个数，通常使用 1 个或者 2 个单元。

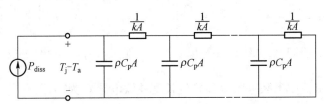

图 6.20　基于传输线理论的热等效电路模型

表 6.4　电路模型参数和热参数之间的关系

电参数	符　号	单　位	热参数	符　号	单　位
电阻	R	Ω	热阻	R_{th}	℃/W
电容	C	F	热容	C_{th}	Ws/℃
电压	V	V	温度	T	℃
电流	I	A	功耗	P	W
电导率	ρ	Ω/cm^2	热导率	k	W/cm/℃
电荷	q	C	热量	Q	J

图 6.21 给出了多层结构的半导体器件热等效电路模型(并联模型),由于层与层之间的热阻不同,因此需要确定多个热阻数值,相应的热响应函数为

$$Z_{th} = \cfrac{1}{j\omega C_{th1} + \cfrac{1}{R_{th1} + \cfrac{1}{j\omega C_{th2} + \cfrac{1}{R_{th2}} + \cdots}}} \tag{6.44}$$

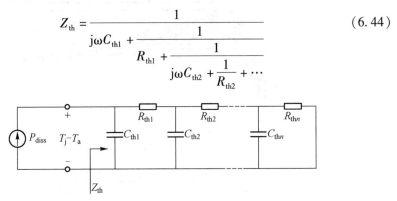

图 6.21 多层结构的半导体器件热等效电路模型

图 6.22 给出了一个和图 6.21 等价的热等效电路网络模型,称为串联模型,该模型虽然不像并联模型那样具有物理意义,但是由于函数功能一致,因此在实际电路设计过程中也可以应用。

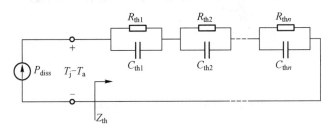

图 6.22 串联热等效电路网络模型

6.3.3 热阻的确定方法

与场效应晶体管相比,HBT 器件的自热效应在高电流、大功率区域非常明显,热阻的存在会导致共发射极电流增益 β 和基极 – 发射极结电压 V_{BE} 下降,而且由于衬底的热传导率很差,会导致更加严重的后果。图 6.23(a)和(b)分别给出了热阻对 V_{BE} 和集电极电流 I_C 的影响。从图中可以看到,由于热阻的影响,在高电流区域集电极电流随集电极 – 发射极电压 V_{CE} 的增加而下降,同样结电压 V_{BE} 随着 V_{CE} 的增加而下降。如果不考虑热阻,集电极电流和结电压 V_{BE} 在线性区域将保持不变或者略微上升。

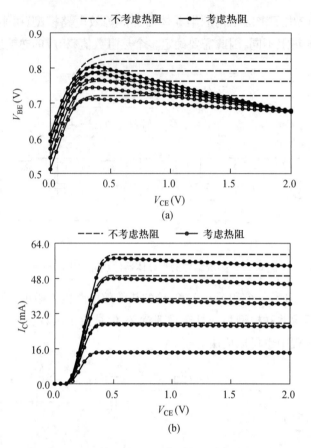

图 6.23 热阻对 V_{BE} 和集电极电流的影响

由于热阻对 HBT 器件的直流特性具有较大的影响,在器件模型中会起到很重要的作用,因此在建模过程中需要精确提取。根据热阻的定义,下面主要讨论几种简单快速 HBT 器件的热阻的提取技术[11-15]。

1. 基于 $I_C - P_{diss} - T$ 测试[12]

假设集电极电流和结温在温度 T_{j1} 处具有较好的线性特性,则集电极电流可以表示为

$$I_C(T_j) = \left[\beta(T_{j1}) + \frac{\Delta\beta}{\Delta T}(T_j - T_{j1}) \right] I_B \qquad (6.45)$$

这里,T_j 为器件平均结温,T_{j1} 为线性化较好的区域点,$\dfrac{\Delta\beta}{\Delta T}$ 为该区域电流增益相对于温度的斜率(如图 6.24 所示)。

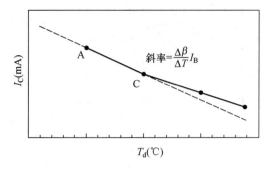

图6.24　集电极电流 I_C 随器件温度 T 的变化曲线

假设器件环境温度为 T_d,则器件平均结温根据热阻可以表示为

$$T_j = R_{th}P_{diss} + T_d \tag{6.46}$$

这里,$P_{diss} = V_{CE}I_C + V_{BE}I_B$。

将(6.46)带入(6.45),可以得到

$$I_C(T_d,P_{diss}) = \left[\beta(T_{j1}) + \frac{\Delta\beta}{\Delta T}(T_d - T_{j1}) + \frac{\Delta\beta}{\Delta T}R_{th}P_{diss}\right]I_B \tag{6.47}$$

则集电极电流对器件温度和功耗的偏导数可以表示为

$$\frac{\Delta\beta}{\Delta T}R_{th}I_B = \frac{\partial I_C(T_d,P_{diss})}{\partial P_{diss}} \tag{6.48}$$

$$\frac{\Delta\beta}{\Delta T}I_B = \frac{\partial I_C(T_d,P_{diss})}{\partial T_d} \tag{6.49}$$

利用公式(6.46)和(6.47),可以直接获得器件热阻:

$$R_{th} = \frac{\partial I_C(T_d,P_{diss})}{\partial P_{diss}} \bigg/ \frac{\partial I_C(T_d,P_{diss})}{\partial T_d} \tag{6.50}$$

图6.25 给出了典型的 HBT 器件的集电极电流随功耗变化曲线,其中器件环境温度分别为 T_{d1} 和 T_{21},点 A 和点 B 的环境温度一致,而点 A 和点 C 具有同样的功耗。器件热阻可以近似表示为

$$R_{th} = \frac{I_C(A) - I_C(B)}{P_1 - P_2} \bigg/ \frac{I_C(A) - I_C(C)}{T_{d1} - T_{d2}} \tag{6.51}$$

公式(6.50)中,集电极电流可以利用共发射极电流增益 β 取代[13]:

$$R_{th} = \frac{\beta(A) - \beta(B)}{P_1 - P_2} \bigg/ \frac{\beta(A) - \beta(C)}{T_{d1} - T_{d2}} \tag{6.52}$$

值得注意的是,集电极电流随温度变化的线性度决定了该提取方法的精度,由于线性度较差的原因(10% 的误差),本方法的精度不会太高。但是由于测试简单,因此对热阻的估计非常简便。

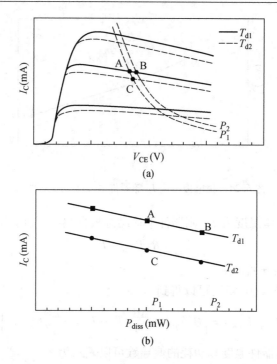

(a)

(b)

图 6.25　集电极电流 I_C 随 V_{CE} 和功耗 P_{diss} 的变化曲线

2. 基于 $V_{BE} - P_{diss} - T$ 测试[12]

根据基极 – 发射极结电压 V_{BE} 随结温的变化公式：

$$V_{BE}(T_j) = V_{BE}(T_{j1}) + \frac{\Delta V_{BE}}{\Delta T}(T_j - T_{j1}) \tag{6.53}$$

这里，T_j 为器件平均结温，T_{j1} 为线性化较好的区域点，$\dfrac{\Delta V_{BE}}{\Delta T}$ 为该区域电流增益相对于温度的斜率（如图 6.26 所示）。

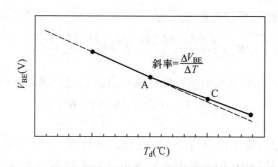

图 6.26　基极 – 发射极结电压 V_{BE} 随温度 T 的变化曲线

将热阻公式(6.46)带入(6.53),可以得到

$$V_{BE}(T_d, P_{diss}) = V_{BE}(T_{j1}) + \frac{\Delta V_{BE}}{\Delta T}(T_d - T_{j1}) + \frac{\Delta V_{BE}}{\Delta T}R_{th}P_{diss} \qquad (6.54)$$

则集电极电流对器件温度和功耗的偏导数可以表示为

$$\frac{\Delta V_{BE}}{\Delta T}R_{th} = \frac{\partial V_{BE}(T_d, P_{diss})}{\partial P_{diss}} \qquad (6.55)$$

$$\frac{\Delta V_{BE}}{\Delta T} = \frac{\partial V_{BE}(T_d, P_{diss})}{\partial T_d} \qquad (6.56)$$

利用公式(6.55)和(6.56),可以直接获得器件热阻:

$$R_{th} = \frac{\partial V_{BE}(T_d, P_{diss})}{\partial P_{diss}} \bigg/ \frac{\partial V_{BE}(T_d, P_{diss})}{\partial T_d} \qquad (6.57)$$

图 6.27 给出了典型的 HBT 器件的基极 – 发射极结电压 V_{BE} 随功耗变化曲线,其中器件环境温度分别为 T_{d1} 和 T_{d2},点 A 和点 B 的环境温度一致,而点 A 和点 C 具有同样的功耗。器件热阻可以近似表示为

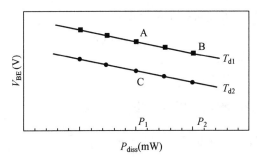

图 6.27 基极 – 发射极结电压 V_{BE} 随功耗 P_{diss} 的变化曲线

$$R_{th} = \frac{V_{BE}(A) - V_{BE}(B)}{P_1 - P_2} \bigg/ \frac{V_{BE}(A) - V_{BE}(C)}{T_{d1} - T_{d2}} \qquad (6.58)$$

由于基极 – 发射极结电压 V_{BE} 随温度变化的线性度较好(4% 的误差),因此该方法的精度比利用集电极电流计算热阻的方法精度高。

3. 基于高自热偏置测试[14]

下面介绍一种基于高自热偏置区域测试的方法。如图 6.28 所示,三个测试点具有相同的基极电流 I_B、相同的集电极电流 I_C 以及相同的共发射极电流增益 β,器件环境温度 $T_{di}(i = 1, 2, 3)$ 分别为 $T - \Delta T$、T 和 $T + \Delta T$,功耗分别为 P_1、P_2 和 P_3。根据流增益 β 和结温的关系,这三个测试点具有相同的结温 T_j。

假设热阻和器件环境温度具有线性关系:

$$R_{th}(T_d) = A + BT_d \qquad (6.59)$$

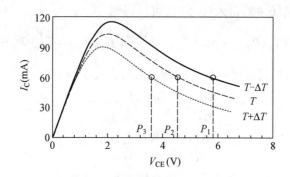

图 6.28 高自热偏置区域测试方法

根据热阻定义有如下三个关系式：

$$T_j = T - \Delta T + [A + B(T - \Delta T)]P_1 \tag{6.60}$$

$$T_j = T + (A + BT)P_2 \tag{6.61}$$

$$T_j = T + \Delta T + [A + B(T + \Delta T)]P_3 \tag{6.62}$$

将上述方程联立，可以直接求解结温：

$$T_j = T + m\Delta T \tag{6.63}$$

这里，$m = \dfrac{P_2/P_3 - P_2/P_1}{P_2/P_3 + P_2/P_1 - 2}$。

将(6.63)带入(6.59)，可以确定相应的热阻：

$$R_{th}(T_{d1}) = A + B(T - \Delta T) = \frac{T_j - (T - \Delta T)}{P_1} = \frac{(1 + m)\Delta T}{P_1} \tag{6.64}$$

$$R_{th}(T_{d2}) = A + BT = \frac{T_j - T}{P_2} = \frac{m\Delta T}{P_2} \tag{6.65}$$

$$R_{th}(T_{d3}) = A + B(T + \Delta T) = \frac{T_j - (T + \Delta T)}{P_3} = \frac{(m - 1)\Delta T}{P_3} \tag{6.66}$$

为了提高提取方法的精度，温度间隔要尽可能的大，保证系数 m 为大于 1 的正数。

4. 热阻和功耗以及环境温度的关系曲线

对于一个实际的功率 HBT 器件，热阻并不是一个常数，它将随着器件功耗和环境温度的改变而变化。图 6.29 给出了热阻随器件功耗以及环境温度的变化曲线[15]。从图中可以看到，热阻随着器件功耗的增加线性增加，随着器件环境温度的上升缓慢增加，在一定区域下可以认为热阻是常数。

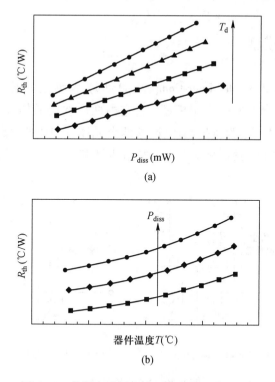

图 6.29　热阻和功耗以及环境温度的关系曲线

6.4　常用的 HBT 模型

在电路模拟软件 SPICE 中,Gummel – Poon 模型(SGP)是最常用的双极晶体管(BJT)模型。但是对于 HBT 器件来说,SGP 模型无论从精度上还是从等效电路模型的结构上都需要改进[16-20]。在建立等效电路模型方面,HBT 与 BJT 最重要的区别有如下几点:

(1)由热阻引起的自热效应。

(2)基极电阻的分布效应。

(3)基极 – 集电极电容的分布效应。

(4)静态 Kink 效应。

(5)随温度变化的热效应。

下面分别介绍几种常用的 HBT 非线性模型,包括 VBIC 模型、ADS 软件中的 Agilent HBT 模型以及文献中发表的一些修正的 SGP 模型[21-25]。

6.4.1   VBIC 模型

VBIC(Vertical Bipolar Inter-Company Model) 模型是美国一些著名的集成电路设计公司联合开发的应用模型[21]，它由两个双极晶体管模型构成，一个为本征晶体管，另一个为寄生晶体管，这两个晶体管构成的电路模型含有四个端子：基极、集电极、发射极和衬底，主晶体管和寄生晶体管为互补型，如图 6.30 所示。

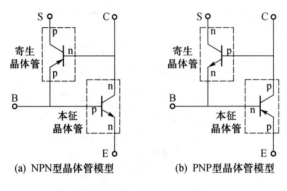

(a) NPN型晶体管模型   (b) PNP型晶体管模型

图 6.30   VBIC 模型结构

图 6.31 给出了 NPN 晶体管 VBIC 模型。虽然本征和寄生晶体管的等效电路模型和 SGP 模型基本一致，但是计算公式已经发生了变化，最主要的是集电极 – 发射极电流和基极 – 发射极二极管以及基极 – 集电极二极管电流无关，是一个独立的电流源。另外值得注意的是，VBIC 模型采用的热模型是一阶 RC 网络模型。

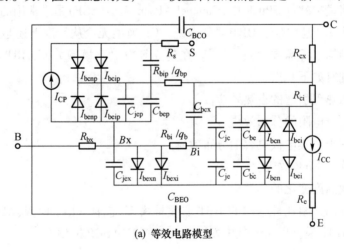

(a) 等效电路模型

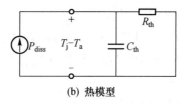

(b) 热模型

图 6.31 NPN 晶体管 VBIC 模型

1. 本征晶体管模型

对于本征晶体管,集电极 – 发射极电流 I_{CC} 可以表示为

$$I_{CC} = I_{ce} - I_{ec}$$

这里,I_{ce} 和 I_{ec} 分别为集电极 – 发射极结正向和反向电流:

$$I_{ce} = \frac{I_S}{q_b} [\exp(qV_{bei}/\eta_f kT) - 1] \tag{6.67}$$

$$I_{ec} = \frac{I_S}{q_b} [\exp(qV_{bci}/\eta_r kT) - 1] \tag{6.68}$$

这里,I_s 为传输饱和电流,η_f 和 η_r 分别为正向电流和反向电流发射系数,q_b 为归一化基极电荷,表达式为

$$q_b = \frac{q_1}{2} + \sqrt{\left(\frac{q_1}{2}\right)^2 + q_2} \tag{6.69}$$

这里,

$$q_1 = 1 + \frac{q_{je}}{V_{ER}} + \frac{q_{jc}}{V_{EF}}$$

$$q_2 = \frac{I_S}{I_{kf}} [\exp(qV_{bei}/\eta_f kT) - 1] + \frac{I_S}{I_{kr}} [\exp(qV_{bci}/\eta_r kT) - 1]$$

式中,V_{EF} 和 V_{ER} 分别表示正向和反向 Early 电压,I_{kf} 和 I_{kr} 分别表示正向和反向共发射极增益下降的拐角电流,q_{je} 和 q_{jc} 为归一化电荷:

$$q_{je} = \frac{P_{je}}{(1 - M_{je})} \left[1 - \left(1 - \frac{V_{je}}{P_{je}}\right)^{1 - M_{je}} \right] \tag{6.70}$$

$$q_{jc} = \frac{P_{jc}}{(1 - M_{jc})} \left[1 - \left(1 - \frac{V_{jc}}{P_{jc}}\right)^{1 - M_{jc}} \right] \tag{6.71}$$

式中,M_{je} 和 M_{jc} 为电容指数因子,一般情况下取 0.5;P_{je} 和 P_{jc} 为电容电势因子,用以拟和电容变化趋势。

本征晶体管 B-E 结总的电流可以表示为

$$I_{be} = (I_{ben} + I_{bexn}) + (I_{bei} + I_{bexi})$$
$$= I_{BEN}[\exp(qV_{bei}/\eta_{en}kT) - 1] + I_{BEI}[\exp(qV_{bei}/\eta_{ei}kT) - 1] \tag{6.72}$$

其中,I_{BEN} 和 η_{en} 分别为非理想 B-E 结饱和电流和发射因子,I_{BEI} 和 η_{ei} 分别为理想 B-E 结饱和电流和发射因子。

本征晶体管 B-C 结总的电流可以表示为

$$I_{bc} = I_{bcn} + I_{bci}$$
$$= I_{BCN}[\exp(qV_{bci}/\eta_{cn}kT) - 1] + I_{BCI}[\exp(qV_{bci}/\eta_{ci}kT) - 1] \tag{6.73}$$

其中,I_{BCN} 和 η_{cn} 分别为非理想 B-C 结饱和电流和发射因子,I_{BCI} 和 η_{ci} 分别为理想 B-C 结饱和电流和发射因子。

B-E 结和 B-C 结空间电荷区电容可以表示为

$$C_{je} = \frac{C_{jeo}}{\left(1 - \dfrac{V_{bei}}{P_{je}}\right)^{M_{je}}} \tag{6.74}$$

$$C_{jc} = \frac{C_{jco}}{\left(1 - \dfrac{V_{bci}}{P_{jc}}\right)^{M_{jc}}} \tag{6.75}$$

其中,C_{jeo} 和 C_{jco} 分别为零偏置情况下的 B-E 和 B-C 结空间电荷区电容。

B-E 结和 B-C 结空间电荷可以表示为

$$Q_{je} = C_{jeo}q_{je} \tag{6.76}$$

$$Q_{jc} = C_{jco}q_{jc} \tag{6.77}$$

B-E 结和 B-C 结扩散电容形成的电荷可以表示为

$$Q_{be} = T_f I_f \tag{6.78}$$

$$Q_{bc} = T_r I_r \tag{6.79}$$

其中,T_f 和 T_r 分别为正向和反向渡越时间,I_f 和 I_r 分别为正向和反向电流。

2. 寄生晶体管模型

对于寄生晶体管,集电极 – 发射极电流 I_{CP} 可以表示为

$$I_{CP} = \frac{I_{tfp} - I_{trp}}{q_{bp}} \tag{6.80}$$

这里,q_{bp} 为归一化寄生晶体管基极电荷,I_{tfp} 和 I_{trp} 分别为 PNP 晶体管集电极 – 发射极结正向和反向电流:

$$I_{tfp} = I_{sp}\{[W_{sp}[\exp(qV_{bep}/\eta_{fp}kT) - 1] + (1 - W_{sp})[\exp(qV_{bci}/\eta_{fp}kT) - 1]]\} \tag{6.81}$$

$$I_{trp} = I_{sp}[\exp(qV_{bcp}/\eta_{fp}kT) - 1] \tag{6.82}$$

寄生晶体管 B-E 结总的电流可以表示为

$$I_{bep} = I_{benp}\left[\exp(qV_{bep}/\eta_{cn}kT) - 1\right] + I_{beip}\left[\exp(qV_{bep}/\eta_{ci}kT) - 1\right] \quad (6.83)$$

其中,I_{benp} 和 η_{cn} 分别为非理想 B-E 结饱和电流和发射因子,I_{beip} 和 η_{ci} 分别为理想 B-E 结饱和电流和发射因子,W_{sp} 为比例因子。由于寄生晶体管的 B-E 结和本征晶体管的 B-C 结是一致的,因此发射因子 η_{cn} 和 η_{ci} 得以再次使用。

寄生晶体管 B-C 结总的电流可以表示为

$$I_{bcp} = I_{bcip}\left[\exp(qV_{bcp}/\eta_{ncip}kT) - 1\right] + I_{bcnp}\left[\exp(qV_{bcp}/\eta_{ncnp}kT) - 1\right] \quad (6.84)$$

其中,I_{bcnp} 和 η_{ncnp} 分别为寄生晶体管非理想 B-C 结饱和电流和发射因子,I_{bcip} 和 η_{ncip} 分别为寄生晶体管理想 B-C 结饱和电流和发射因子。

3. 电阻模型

在 VBIC 电路模型中,基极寄生电阻和集电极寄生电阻采用分布形式,分别包括内部和外部两个部分,在 DC 情况下基极寄生电阻和集电极寄生分别可以表示为

$$R_b = R_{bx} + R_{bi}/q_b \quad (6.85)$$

$$R_c = R_{cx} + R_{ci} \quad (6.86)$$

6.4.2 Agilent 模型

基于加州大学开发的 HBT 模型(UCSD HBT model),Agilent 公司推出了相应的 HBT 模型(如图 6.32 所示)[25,26]。与 VBIC 模型相比,结构上简单了很多。另外值得注意的是,该模型采用的热模型是二阶 RC 网络模型。下面分别介绍其直流和电容模型的计算公式。

对于本征部分,集电极 – 发射极电流 I_{CE} 可以表示为

$$I_{CE} = I_{cf} - I_{cr} \quad (6.87)$$

这里,I_{cf} 和 I_{cr} 分别为集电极 – 发射极结正向和反向电流:

$$I_{cf} = \frac{I_s}{q_{3m}DD}\left[\exp(qV_{bei}/\eta_f kT) - 1\right] \quad (6.88)$$

$$I_{cr} = \frac{I_{sr}}{DD}\left[\exp(qV_{bci}/\eta_r kT) - 1\right] \quad (6.89)$$

$$DD = q_b + I_{ca} + I_{cb}$$

这里,I_s 和 I_{sr} 分别为正向和反向传输饱和电流,η_f 和 η_r 分别为正向电流和反向电流发射系数,q_{3m} 为软膝效应系数。

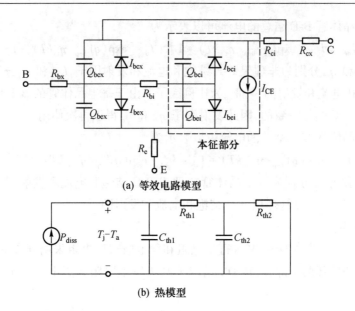

(a) 等效电路模型

(b) 热模型

图 6.32   基于 UCSD HBT 模型的 Agilent HBT 模型

q_b 为归一化基极电荷,表达式为

$$q_b = \frac{q_1}{2} + \sqrt{\left(\frac{q_1}{2}\right)^2 + q_2} \qquad (6.90)$$

这里,

$$q_1 = 1 - \frac{q_{je}}{V_{AR}} + \frac{q_{jc}}{V_{AF}}$$

$$q_2 = \frac{I_S}{I_k}\left[\exp(qV_{bei}/\eta_f kT) - 1\right]$$

式中,V_{AF} 和 V_{AR} 分别表示正向和反向 Early 电压,I_k 表示正向共发射极增益下降的拐角电流。

I_{ca} 和 I_{cb} 分别表示 B-E 结和 B-C 结异质结电流效应,表达式为

$$I_{ca} = \frac{I_s}{I_{sa}}\left[\exp\left(\frac{qV_{bei}}{\eta_a kT}\right) - 1\right] \qquad (6.91)$$

$$I_{cb} = \frac{I_s}{I_{sb}}\left[\exp\left(\frac{qV_{bci}}{\eta_b kT}\right) - 1\right] \qquad (6.92)$$

式中,I_{sa}、I_{sb}、η_a 和 η_b 分别为拟合参数。

晶体管 B-E 结总的电流 I_{be} 可以表示为

$$I_{be} = I_{bei} + I_{bex} \qquad (6.93)$$

$$I_{\text{bei}} = (1 - A_{\text{BE}}) \{ I_{\text{sh}} [\exp(qV_{\text{bei}}/\eta_{\text{h}}kt) - 1] + I_{\text{se}} [\exp(qV_{\text{bei}}/\eta_{\text{e}}kt) - 1] \}$$

$$I_{\text{bex}} = A_{\text{BE}} I_{\text{sh}} [\exp(qV_{\text{bex}}/\eta_{\text{h}}kt) - 1] + I_{\text{se}} [\exp(qV_{\text{bex}}/\eta_{\text{e}}kt) - 1]$$

其中,I_{sh} 和 η_{h} 分别为理想 B-E 结饱和电流和发射因子,I_{se} 和 η_{e} 分别为非理想 B-E结饱和电流和发射因子,A_{BE} 为外部电流和内部电流的分配因子。

晶体管 B-C 结总的电流 I_{bc} 可以表示为

$$I_{\text{bc}} = I_{\text{bci}} + I_{\text{bcx}} \tag{6.94}$$

$$I_{\text{bci}} = (1 - A_{\text{BC}}) \{ I_{\text{srh}} [\exp(qV_{\text{bci}}/\eta_{\text{rh}}kt) - 1] + I_{\text{sc}} [\exp(qV_{\text{bci}}/\eta_{\text{c}}kt) - 1] \}$$

$$I_{\text{bex}} = A_{\text{BC}} I_{\text{srh}} [\exp(qV_{\text{bcx}}/\eta_{\text{rh}}kt) - 1] + I_{\text{sc}} [\exp(qV_{\text{bcx}}/\eta_{\text{c}}kt) - 1]$$

其中,I_{srh} 和 η_{rh} 分别为理想 B-E 结饱和电流和发射因子,I_{sc} 和 η_{c} 分别为非理想 B-C 结饱和电流和发射因子,A_{BC} 为外部电流和内部电流的分配因子。

为了方便计算等效电路模型中本征部分的导纳参数,图 6.33 给出了经过转换的等效电路模型,有

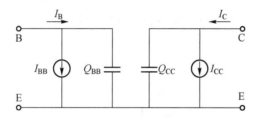

图 6.33　本征部分等效电路模型

$$I_{\text{BB}} = I_{\text{bci}} + I_{\text{bei}} \tag{6.95}$$

$$I_{\text{CC}} = I_{\text{CE}} - I_{\text{bci}} \tag{6.96}$$

$$Q_{\text{BB}} = Q_{\text{bei}} + Q_{\text{bci}} \tag{6.97}$$

$$Q_{\text{CC}} = - Q_{\text{bci}} \tag{6.98}$$

$$I_{\text{B}} = I_{\text{BB}} + \frac{\text{d}Q_{\text{BB}}}{\text{d}t} \tag{6.99}$$

$$I_{\text{C}} = I_{\text{CC}} + \frac{\text{d}Q_{\text{CC}}}{\text{d}t} \tag{6.100}$$

$$Y_{11} = \frac{\partial I_{\text{BB}}}{\partial V_{\text{bei}}} \bigg|_{V_{\text{cei}}} + j\omega \frac{\partial Q_{\text{BB}}}{\partial V_{\text{bei}}} \bigg|_{V_{\text{cei}}} \tag{6.101}$$

$$Y_{12} = \frac{\partial I_{\text{BB}}}{\partial V_{\text{cei}}} \bigg|_{V_{\text{bei}}} + j\omega \frac{\partial Q_{\text{BB}}}{\partial V_{\text{cei}}} \bigg|_{V_{\text{bei}}} \tag{6.102}$$

$$Y_{21} = \frac{\partial I_{\text{CC}}}{\partial V_{\text{bei}}} \bigg|_{V_{\text{cei}}} + j\omega \frac{\partial Q_{\text{CC}}}{\partial V_{\text{bei}}} \bigg|_{V_{\text{cei}}} \tag{6.103}$$

$$Y_{22} = \left. \frac{\partial I_{CC}}{\partial V_{cei}} \right|_{V_{bei}} + \mathrm{j}\omega \left. \frac{\partial Q_{CC}}{\partial V_{cei}} \right|_{V_{bei}} \tag{6.104}$$

由非线性模型很容易获得线性小信号模型,图6.34给出了 Agilent HBT 线性模型,利用上一章的知识可以知道,它采用了 PI 模型形式。相应的小信号模型元件和大信号模型元件之间的关系如下:

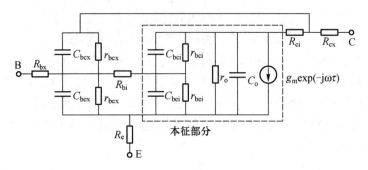

图 6.34 Agilent HBT 线性模型

$$r_{bei} = \left(\frac{\mathrm{d}I_{bei}}{\mathrm{d}V_{bei}} \right)^{-1} \tag{6.105}$$

$$r_{bex} = \left(\frac{\mathrm{d}I_{bex}}{\mathrm{d}V_{bex}} \right)^{-1} \tag{6.106}$$

$$r_{bci} = \left(\frac{\mathrm{d}I_{bci}}{\mathrm{d}V_{bci}} \right)^{-1} \tag{6.107}$$

$$r_{bcx} = \left(\frac{\mathrm{d}I_{bcx}}{\mathrm{d}V_{bcx}} \right)^{-1} \tag{6.108}$$

$$g_m = \frac{\partial I_{CE}}{\partial V_{bei}} \tag{6.109}$$

$$r_o = \left(\frac{\partial I_{CE}}{\partial V_{cei}} \right)^{-1} \tag{6.110}$$

$$C_{bei} = \frac{\partial Q_{BB}}{\partial V_{bei}} \tag{6.111}$$

$$C_{bci} = \frac{\partial Q_{BB}}{\partial V_{bci}} \tag{6.112}$$

$$C_{bex} = \frac{\partial Q_{bex}}{\partial V_{bex}} \tag{6.113}$$

$$C_{bcx} = \frac{\partial Q_{bcx}}{\partial V_{bcx}} \tag{6.114}$$

$$C_{\mathrm{o}} = \frac{\partial (Q_{\mathrm{BB}} + Q_{\mathrm{CC}})}{\partial V_{\mathrm{cei}}} \qquad (6.115)$$

$$\tau = \frac{C_{\mathrm{m}}}{g_{\mathrm{m}}} \qquad (6.116)$$

$$C_{\mathrm{m}} = \frac{\partial Q_{\mathrm{BB}}}{\partial V_{\mathrm{cei}}} - \frac{\partial Q_{\mathrm{CC}}}{\partial V_{\mathrm{bei}}} \qquad (6.117)$$

6.4.3　经验基宏模型

除了商用软件中常用的几种模型,模型研究者还可以以 SGP 模型为基础对符合自己工艺特色的器件展开研究,建立和测试结果相吻合的经验基宏模型。目前针对 HBT 宏模型的建模主要分为两类:一种是在 SGP 模型基础上进行修改,增加受控源等元件;另一种是在 PI 小信号模型基础上,建立相应的非线性等效电路模型。

图 6.35 给出了基于 SGP 模型的 HBT 宏模型[20]。从图中可以看出,为了表征器件的雪崩效应和耗尽区电流的变化,在 SGP 本征模型的 B-C 结两端跨接了两个受控源,经验公式表示如下:

$$I_{\mathrm{av}} = I_{\mathrm{avo}} \left[\frac{(V_{\mathrm{cb}}/V_{\mathrm{cbo}})^n}{1 - (V_{\mathrm{cb}}/V_{\mathrm{cbo}})^n} \right] \qquad (6.118)$$

$$I_{\mathrm{gen}} = I_{\mathrm{geno}} \left(1 + \frac{V_{\mathrm{cb}}}{V_{\mathrm{bi}}} \right)^{1/2} \qquad (6.119)$$

式中,V_{cbo} 为 B-C 结击穿电压,I_{avo}、I_{geno} 和 n 为拟合参数。

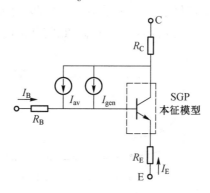

图 6.35　基于 SGP 模型的 HBT 宏模型

图 6.36 给出了基于小信号 PI 模型的 HBT 宏模型[27]。它的主要特点是大信号和小信号模型在结构上非常一致,但是集电极 – 发射极电流源的经验公式比较复杂,需要较多的拟合参数来模拟器件的直流特性。

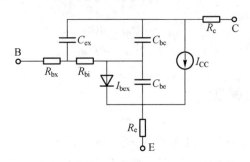

图 6.36　基于小信号 PI 模型的 HBT 宏模型

6.4.4　本征元件随偏置变化曲线

图 6.37 给出了正向偏置和反向偏置下器件输出电导随偏置电压的变化曲线。从图中可以看到,在正向偏置情况下,器件输出电导随着 V_{CE} 的增加开始下降很快,而后趋于平缓;在反向偏置下,器件输出电导随着 V_{CE} 的增加开始下降很快,而后缓慢上升。无论正向偏置还是反向偏置,器件输出电导均随着 V_{BE} 的增加而增加。

图 6.38 给出了 B-C 结电容 C_{bc} 随集电极电流变化曲线。从图中可以看到,在 C-B 结电压 V_{CB} 较小的情况下,C_{bc} 随集电极电流的增加变化很快,而在较大的反向 V_{CB} 情况下,C_{bc} 随集电极电流变化很小。图 6.39 给出了本征电阻 R_{bi} 随基极电流变化曲线。从图中可以看到,本征电阻 R_{bi} 随基极电流变化不大,而随 V_{CE} 的增加而增加。

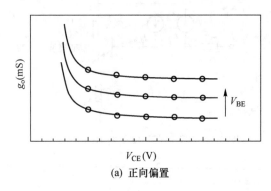

(a)　正向偏置

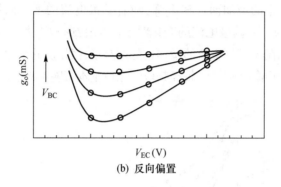

(b) 反向偏置

图 6.37 正向偏置和反向偏置器件输出电导变化曲线

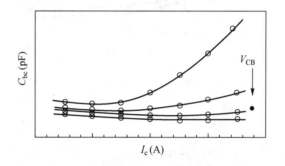

图 6.38 B-C 结电容 C_{bc} 随集电极电流变化曲线

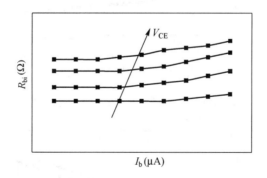

图 6.39 本征电阻 R_{bi} 随基极电流变化曲线

为了方便观察器件正常工作时的 S 参数随频率和偏置的变化情况,图 6.40 ~ 图 6.43 给出了 S 参数幅度和相位的变化趋势。从图中可以看出,S_{11} 的幅度随着频率的增加而减小,随着基极电流的增加而减小;而相位的绝对值则随着基极电流和频率的增加而增加。S_{12} 的幅度随着频率的增加而增加,随着基极电流的增加而减小;而相位则随着频率的增加而减小,随着基极电流的增加而增加。

S_{21} 的幅度随着频率的增加而快速下降,随着基极电流的增加而增加;而相位随着频率的增加而减小,基极电流的变化对 S_{21} 的相位影响不大。S_{22} 的幅度随着频率的增加而减小,随着基极电流的增加也随之减小;而相位的绝对值则随着基极电流和频率的增加而增加,但是在较高频段下相位基本不随基极电流的变化而变化。

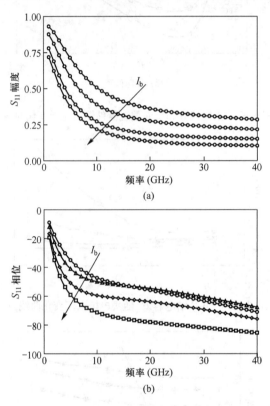

图 6.40　S_{11} 幅度和相位随频率变化曲线

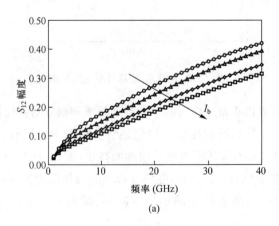

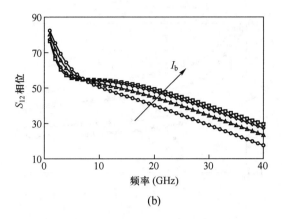

(b)

图 6.41 S_{12} 幅度和相位随频率变化曲线

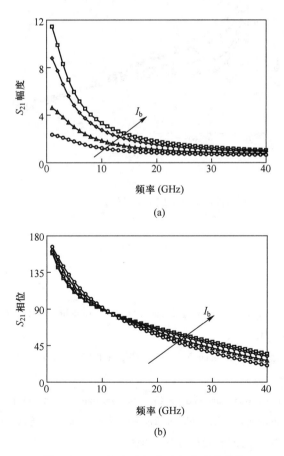

(a)

(b)

图 6.42 S_{21} 幅度和相位随频率变化曲线

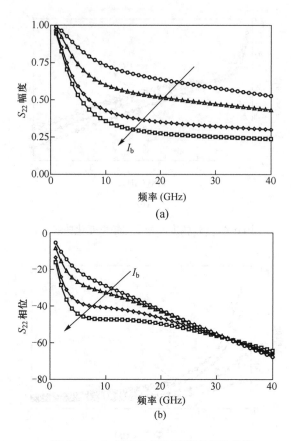

图 6.43 S_{22} 幅度和相位随频率变化曲线

参考文献

[1] McMacken J, Nedeljkovic S, Gering J, Halchin D. HBT Modeling. IEEE Microwave Magazine, 2008, 9(2): 48 – 71.

[2] Giannini F, Leuzzi G. Nonlinear Microwave Circuit Design. New York: John Wiley & Sons Ltd, 2004.

[3] Maas S A. Nonlinear Microwave and RF Circuits. Norwood, MA: Artech House Inc, 2003.

[4] Oettinger F F, Blackbum D L, Rubin S. Thermal characterization of power transistors. IEEE Trans Electron Devices, 1976, 23(8): 831 – 838.

[5] Joy R C, Schlig E S. Thermal properties of very fast transistors. IEEE Electron Devices, 1970, 17(8): 586 – 594.

[6] Liu W. Handbook of III-V Heterojunction Bipolar Transistors. New York: Wiley-Inter-science,1998.

[7] Sood A K. On the edge-thermal resistance. IEEE Micro,1993,13(4):52 – 58.

[8] Gao G-B,Wang M-Z,Gui X,Morkoc H. Thermal design studies of high-power heterojunction bipolar transistors. IEEE Trans Electron Devices,1989,36(5):854 – 663.

[9] Liou J J,Liou L L,Huang C I. Analytical model for the AIGaAs/GaAs multiemitter finger HBT including self-heating and thermal coupling effects. IEE Proc. Circuits Devices Syst. ,1994, 141(6):475 – 469.

[10] Schaefer B,Dunn M. Pulsed measurements and modeling for electro-thermal effects. Proc. 1996 Bipolar/BiCMOS Circuits and Technology Meeting,1996,110 – 117.

[11] Liu W,Yuksel A. Measurement of junction temperature of Al/GaAs/GaAs heterojunction bi-polar transistors operating at large power densities. IEEE Trans Electron Devices,1995,42 (2):358 – 360.

[12] Dawson D E,Gupta A K,Salib M L. CW measurement of HBT thermal resistance. IEEE Trans Electron Devices,1992,39(10):2235 – 2239.

[13] Bovolon N,Baureis P,Muller J-E,et al. A simple method for the thermal resistance measure-ment of AlGaAs/GaAs heterojunction bipolar transistors. IEEE Trans Electron Devices,1998, 45(8):1846 – 1848.

[14] Marsh S P. Direct extraction technique to derive the junction temperature of HBT's under high self-heating bias conditions. IEEE Trans Elect. Devices,2000,47(2):288 – 291.

[15] Menozzi R,Barrett J,Ersland P. A New Method to Extract HBT Thermal esistance and Its Temperature and Power Dependence. IEEE Trans Device MaterialsI Reliability,2005,5(3): 595 – 601.

[16] Gummel H K,Poon H C. An integrated charge control model of bipolar transistors. Bell Syst. Tech J,1970. 49(5):827 – 850.

[17] Antognetti P,Massobrio G. Semiconductor Device Modeling with SPICE. Second Edition. New York: McGraw-Hill,1993.

[18] Grossman P C,Choma J,Jr. Large signal modeling of HBTs including self-heating and transit time effects. IEEE Trans Microwave Theory Tech,1992,40(3):449 – 464.

[19] Dikmen C T, Dogan N S,Osman M A. DC modeling and characterization of AlGaAs/GaAs heterojunction bipolar transistors for high-temperature applications . IEEE J. Solid-State Cir-cuits,1994,29(2):108 – 106.

[20] Hafizi M E,Crowell C,Grupen M E. The DC Characteristics of GaAs/AlGaAs Heterojunction Bipolar Transistors with Application to Device Modeling. IEEE Trans Electron Devices,1990, 37(10):2121 – 2129.

[21] McAndrew C C,Seitchik J A,Bowers D F,et al. VBIC95 the vertical bipolar inter-company

model. IEEE Journal of Solid-Sate Circuits,1996,31(10):1476 – 1483.

[22] Graaff H C De,Kloosterman W J,Geelen J A M,Koolen M C A M. Experience with the new compact MEXTRAM model for bipolar transistors. in Proc. IEEE Bipolar Circuits Technol, 1989: 246 – 249.

[23] Stubing H,Rein H-M. A compact physical large-signal model for high-speed bipolar transistors at high current densities-Part I: One-dimensional model. IEEE Trans Electron Devices,1987,34(8):1741 – 1751.

[24] Rein H-M,Schroter M. A compact physical large-signal model for high-speed bipolar transistors at high current densities-Part II: Two-dimensional model and experimental results. IEEE Trans Electron Devices,1987,34(8):1752 – 1761.

[25] HBT Model Equations. 2013 – 03 – 13. http://hbt. ucsd. edu.

[26] Agilent Heterojunction Bipolar Transistor Model. Agilent Advanced Design System Doc. Nonlinear Devices,2006A,Chapter 2: 4 – 33.

[27] Hajji R,Kouki A B, Rabaie S E,Ghannouchi F M. Systematic DC/small-signal/large-signal analysis of heterojunction bipolar transistors using a new consistent nonlinear model. IEEE Trans Semiconductor Manufacturing,1996,44(2):233 – 241.

第7章 异质结晶体管噪声等效电路模型及参数提取技术

为了准确预测和描述半导体器件的噪声性能,需要建立精确的能够反映器件噪声特性的等效电路模型,因为它是设计低噪声电路(如低噪声放大器和振荡器等)的基础。半导体器件噪声等效电路模型建立在精确的半导体器件小信号等效电路模型基础之上,建模原理如图 7.1 所示[1,2]。

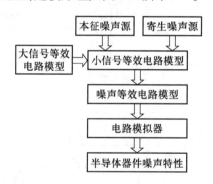

图 7.1 半导体器件建模原理

半导体器件噪声等效电路模型通常由本征噪声电流电压源、寄生噪声电流电压源和小信号等效电路模型元件组成。对于异质结晶体管(HBT)来说,器件本征噪声源主要是指器件内部基极－发射极和基极－集电极结中的散弹噪声以及低频噪声,寄生噪声源主要是寄生电阻产生的热噪声。

7.1 异质结晶体管噪声等效电路模型

图 7.2 给出了异质结晶体管的噪声等效电路模型。从图中可以看到,电路模型中包括以下六个噪声源[3,4]。

（1）两个相关的本征散弹噪声

散弹噪声又称 Schottky 噪声,由固态器件中穿越半导体结或其他不连续界面的离散的随机电荷载流子的运动引起。散弹噪声通常发生在半导体器件中,即二极管或者晶体管的 PN 结,总是伴随着稳态电流,实际上稳态电流包含着一个很大的随即起伏,这个起伏就是散弹噪声,其幅度和电流的平方根成正比。

图 7.2 中的散弹噪声 $\overline{i_b^2}$ 和 $\overline{i_c^2}$ 表达式分别为

$$\overline{i_b^2} = 2qI_B\Delta f \tag{7.1}$$

$$\overline{i_c^2} = 2qI_C\Delta f \tag{7.2}$$

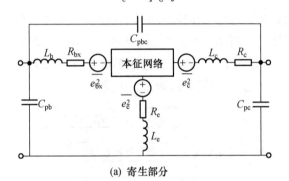

(a) 寄生部分

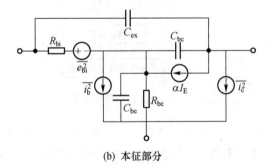

(b) 本征部分

图 7.2　HBT 噪声等效电路模型

这里,I_B 和 I_C 分别为双极型半导体器件的基极和集电极电流,q 为电子电荷,k 为玻尔兹曼常数,T 为绝对温度。

对于双极晶体管 BJT,通常认为散弹噪声 $\overline{i_b^2}$ 和 $\overline{i_c^2}$ 为独立的噪声源。而对于异质结晶体管 HBT,散弹噪声 $\overline{i_b^2}$ 和 $\overline{i_c^2}$ 为相关噪声源,其表达式为

$$\overline{i_b^* i_c} = 2qI_C(e^{-j\omega\tau} - 1)\Delta f \tag{7.3}$$

这里,τ 为异质结晶体管 HBT 时间延迟。

（2）一个本征电阻引起的热噪声

与双极晶体管相比,异质结晶体管最重要的一个特性就是基极本征电阻的存在。它产生的热噪声和普通电阻一样：

$$\overline{e_{\mathrm{bi}}^2} = 4kTR_{\mathrm{bi}}\Delta f \tag{7.4}$$

（3）三个寄生电阻引起的热噪声

寄生电阻 R_{bx}、R_{c} 和 R_{e} 引起的热噪声表达式为

$$\overline{e_{\mathrm{bx}}^2} = 4kTR_{\mathrm{bx}}\Delta f \tag{7.5}$$

$$\overline{e_{\mathrm{c}}^2} = 4kTR_{\mathrm{c}}\Delta f \tag{7.6}$$

$$\overline{e_{\mathrm{e}}^2} = 4kTR_{\mathrm{e}}\Delta f \tag{7.7}$$

7.2 噪声参数的计算公式

为了获得 HBT 器件的噪声参数表达式,我们将噪声等效电路分割为以下三个部分(如图 7.3 所示)[5]：

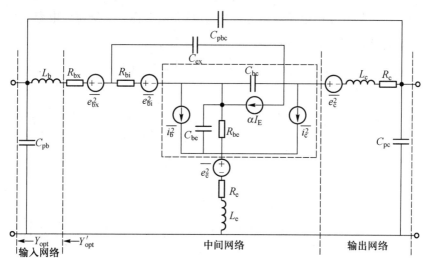

图 7.3 HBT 噪声等效电路模型分割计算示意图

（1）输入网络,由 PAD 电容 C_{pb} 和基极馈线电感 L_{b} 构成。

（2）输出网络,由 PAD 电容 C_{pc}、集电极馈线电感 L_{c} 和寄生电阻 R_{c} 构成。

（3）中间网络,由本征网络和基极和发射极寄生电阻(R_{bx} 和 R_{e})以及发射

极馈线电感 L_e 构成。本征网络由核心网络(B-E 结和 B-C 结)和本征电阻 R_{bi} 和 B-C 结寄生电容 C_{ex} 构成。

计算步骤如下：

(1) 首先计算核心网络的导纳噪声矩阵参数：

$$C_{Y11} = \frac{I_B}{2V_T} \tag{7.8}$$

$$C_{Y22} = \frac{I_C}{2V_T} \tag{7.9}$$

$$C_{Y21} = \frac{I_C(e^{-j\omega\tau} - 1)}{2V_T} \tag{7.10}$$

$$C_{Y12} = \frac{I_C(e^{j\omega\tau} - 1)}{2V_T} \tag{7.11}$$

(2) 将导纳噪声矩阵转化为阻抗噪声矩阵,考虑本征电阻 R_{bi} 的影响,得到的阻抗噪声矩阵表达式为

$$C_Z = \begin{bmatrix} C_{Z11} + R_{bi} & C_{Z12} + R_{bi} \\ C_{Z21} + R_{bi} & C_{Z22} + R_{bi} \end{bmatrix} \tag{7.12}$$

(3) 再将阻抗噪声矩阵转化为导纳噪声矩阵,考虑 B-C 结寄生电容 C_{ex} 的影响,得到的导纳噪声矩阵表达式为

$$C_{Y11}^I = \frac{C_{Y11} + R_{bi} | [(1-\alpha)Y_{BE} + Y_{BC}] |^2}{|A|^2} \tag{7.13}$$

$$C_{Y21}^I = \frac{C_{Y21} + R_{bi} | Y_{BC}Y_{BE} |^2 \left(-D - \dfrac{1}{Y_{BE}Y_{BC}^*} + \dfrac{\alpha}{|Y_{BC}|^2} - \dfrac{B}{Y_{BE}^*} + \dfrac{C^*[Y_{BC} + (1-\alpha)Y_{BE}]^*}{(Y_{BC}Y_{BE})^*} \right)}{|A|^2} \tag{7.14}$$

$$C_{Y12}^I = (C_{Y21}^I)^* \tag{7.15}$$

$$C_{Y22}^I = \frac{C_{Y22} + R_{bi} | Y_{BC}Y_{BE} |^2 \left(D + B(R_{bi} + 2R_{be}) - 2\mathrm{Re}\left[\left(\dfrac{1}{Y_{BE}} - \dfrac{\alpha}{Y_{BC}} \right)C \right] \right)}{|A|^2} \tag{7.16}$$

这里,A、B、C 和 D 的表达式为

$$A = 1 + R_{bi}[Y_{BC} + (1-\alpha)Y_{BE}]$$

$$B = C_{Y11} \left| \frac{\alpha}{Y_{BC}} \right|^2 + C_{Y22} \left(\left| \frac{1}{Y_{BE}} \right|^2 + \left| \frac{1-\alpha}{Y_{BC}} \right|^2 \right) + 2\mathrm{Re}\left\{ C_{Y12} \left| \frac{\alpha}{Y_{BC}} \right|^2 \frac{j\omega}{\alpha_o} \left(\frac{1}{\omega_\alpha} + \tau \right) \right\}$$

$$C = \frac{(C_{Y11} + C_{Y22})}{|Y_{BE}|^2} + \frac{C_{Y22}(1 - \alpha^*) + C_{Y12}}{Y_{BE} Y_{BC}^*}$$

$$D = \left| \frac{1}{Y_{BE}} - \frac{\alpha}{Y_{BC}} \right|^2$$

（4）将获得的本征部分的导纳噪声矩阵 C_Y^I 转化为 ABCD 噪声相关矩阵。考虑寄生电阻 R_{bx} 和 R_e 的影响,这样整个中间网络的 ABCD 噪声相关矩阵可以表示为

$$C_{A11}^M = \frac{C_{Y22}^I}{|Y_{21}|^2} + R_{bx} + R_e \tag{7.17}$$

$$C_{A12}^M = \frac{Y_{11}^* C_{Y22}^I - Y_{21}^* C_{Y21}^I}{|Y_{21}|^2} \tag{7.18}$$

$$C_{A12}^M = (C_{A21}^M)^* \tag{7.19}$$

$$C_{A22}^M = C_{Y11}^I + \frac{|Y_{11}|^2 C_{Y22}^I}{|Y_{21}|^2} - 2\text{Re}\left(\frac{Y_{11}}{Y_{21}} C_{Y21}^I\right) \tag{7.20}$$

式中,上标 M 表示中间网络,Y_{11}、Y_{12}、Y_{21} 和 Y_{22} 表示本征网络的 Y 参数:

$$Y_{11} = Y_{EX} + \frac{Y_{BC} + (1 - \alpha) Y_{BE}}{A} \tag{7.21}$$

$$Y_{21} = -Y_{EX} + \frac{-Y_{BC} + \alpha Y_{BE}}{A} \tag{7.22}$$

$$Y_{12} = -Y_{EX} + \frac{-Y_{BC}}{A} \tag{7.23}$$

$$Y_{22} = Y_{EX} + \frac{Y_{BC}(1 + Y_{BE} R_{bi})}{A} \tag{7.24}$$

这里,

$$Y_{BE} = \frac{1}{R_{be}} + j\omega C_{be}$$

$$Y_{BC} = j\omega C_{bc}$$

（5）计算输出网络的 ABCD 噪声相关矩阵。其表达式为

$$C_A^o = R_c \begin{bmatrix} 1 & 0 \\ 0 & 0 \end{bmatrix} \tag{7.25}$$

（6）将中间网络和输出网络进行级联,获得相应的 ABCD 噪声相关矩阵表达式:

$$C_A' = C_A^M + A_M C_A^o A_M^+ \tag{7.26}$$

这里,A_M 为中间网络和输出网络级联后的 ABCD 矩阵, + 号表示汉密尔顿共轭。矩阵 C_A' 的具体表达式为

$$C'_{A11} = C_{A11}^{M} + R_c \, | \, E \, |^{2} \tag{7.27}$$

$$C'_{A12} = C_{A12}^{M} + R_c EF^{*} \tag{7.28}$$

$$C'_{A21} = C_{A21}^{M} + R_c E^{*} F \tag{7.29}$$

$$C'_{A22} = C_{A22}^{M} + R_c \, | \, F \, |^{2} \tag{7.30}$$

这里,

$$E = \frac{\left[\,(1-\alpha) Y_{EX} + Y_{BC}\,\right] Y_{BE} R_{bi} + \left[\,(R_{BX} + R_E) Y_{BE} + 1\,\right] (Y_{EX} + Y_{BC} + R_{bi} Y_{EX} Y_{BC})}{\left[\,-\alpha + (1-\alpha) R_{bi} Y_{EX}\,\right] Y_{BE} + (R_E Y_{BE} + 1)(Y_{EX} + Y_{BC} + R_{bi} Y_{EX} Y_{BC})}$$

$$F = \frac{Y_{BE}(Y_{EX} + Y_{BC} + R_{bi} Y_{EX} Y_{BC})}{\left[\,-\alpha + (1-\alpha) R_{bi} Y_{EX}\,\right] Y_{BE} + (R_E Y_{BE} + 1)(Y_{EX} + Y_{BC} + R_{bi} Y_{EX} Y_{BC})}$$

根据 ABCD 噪声相关矩阵和四个噪声参数之间的关系[6],有

$$R'_{n} = C'_{A11} \tag{7.31}$$

$$G'_{opt} = \sqrt{\frac{C'_{A22}}{C'_{A11}} - \left(\frac{\text{Im}(C'_{A12})}{C'_{A11}}\right)^{2}} \tag{7.32}$$

$$B'_{opt} = \frac{\text{Im}(C'_{A12})}{C'_{A11}} \tag{7.33}$$

$$F'_{min} = 1 + 2\left[\,\text{Re}(C'_{A12}) + G'_{opt} C'_{A11}\,\right] \tag{7.34}$$

可以得到四个噪声参数的具体表达式:

$$F'_{min} = 1 + 2\left[\,\text{Re}\left(\frac{C_{Y22}^{I} Y_{11}^{*}}{|\,Y_{21}\,|^{2}} - \frac{C_{Y21}^{I}}{Y_{21}} + R_c EF^{*}\right) + G'_{opt} R'_{n}\,\right] \tag{7.35}$$

$$R'_{n} = \frac{C_{Y22}^{I}}{|\,Y_{21}\,|^{2}} + R_{bx} + R_e + R_c \, | \, E \, |^{2} \tag{7.36}$$

$$G'_{opt} = \sqrt{\frac{C_{Y11}^{I} + \dfrac{C_{Y22}^{I} |\,Y_{11}\,|^{2}}{|\,Y_{21}\,|^{2}} - 2\text{Re}\left(\dfrac{Y_{11} C_{Y21}^{I}}{Y_{21}}\right) + R_C \, | \, F \, |^{2}}{R'_{n}} - |\,B'_{opt}\,|^{2}} \tag{7.37}$$

$$B'_{opt} = \frac{1}{R'_{n}} \text{Im}\left(\frac{C_{Y22}^{I} Y_{11}^{*}}{|\,Y_{21}\,|^{2}} - \frac{C_{Y21}^{I}}{Y_{21}} + R_c EF^{*}\right) \tag{7.38}$$

(7) 下面考虑输入网络的影响。由于输入网络仅由电容和电感构成,为无损耗网络,因此器件最小噪声系数不会改变,噪声电阻 R_n 和 G_{opt} 的乘积 $R_n G_{opt}$ 保持不变,最佳源导纳 Y_{opt} 可以表示为

$$Y_{opt} = \frac{1}{\dfrac{1}{Y'_{opt}} - j\omega L_b} - j\omega C_{pb} \tag{7.39}$$

这样,总的网络噪声参数可以由下面的公式获得:

$$F_{min} = F'_{min} \tag{7.40}$$

$$G_{opt} = \frac{G'_{opt}}{1 + \omega^2 L_b^2 \mid Y'_{opt} \mid^2 + 2\omega B'_{opt} L_b} \tag{7.41}$$

$$B_{opt} = \frac{B'_{opt} + \omega L_b \mid Y'_{opt} \mid^2}{1 + \omega^2 L_b^2 \mid Y'_{opt} \mid^2 + 2\omega B'_{opt} L_b} - \omega C_{pb} \tag{7.42}$$

$$R_n = \frac{R'_n G'_{opt}}{G_{opt}} \tag{7.43}$$

在较低的频率情况下,输入和输出网络可以忽略,共基极电流增益 α 接近 1,噪声相关项接近零,则上述公式可以简化为[5]

$$R_n = \frac{R_{be}^2 I_C}{2V_T} + R_{bi}\left(1 + (R_{bi} + 2R_{be})\frac{I_B}{2V_T}\right) + R_{bx} + R_e \tag{7.44}$$

$$B_{opt} = -\omega(C_{ex} + C_{bc}) \tag{7.45}$$

$$G_{opt} = \sqrt{\frac{I_B}{2V_T R_n}} \tag{7.46}$$

$$F_{min} = 1 + 2\left(\frac{R_{bi} I_B}{2V_T} + \sqrt{\frac{I_B R_n}{2V_T}}\right) \tag{7.47}$$

值得注意的是,低频情况下的噪声参数仅由四个电阻(R_{bx}、R_e、R_{be} 和 R_{bi})以及 B-C 结本征和寄生电容(C_{ex} 和 C_{bc})来决定。

为了验证上述公式,我们对发射极面积为 $5 \times 5~\mu m^2$ 的双异质结 InP/InGaAs DHBT 进行了测试,具体工艺见参考文献[7]。S 参数测试采用 Agilent 8510C, 频率范围从 10 MHz 到 40 GHz,直流偏置采用 Agilent 4156A。噪声参数测试频率范围 2~20 GHz,采用 ATN 公司的 NP5 测试系统。表 7.1 和表 7.2 给出了寄生元件和不同偏置条件下的本征模型参数,图 7.4 给出了模拟和测试 S 参数对比曲线,图 7.5~图 7.7 给出了相应偏置下的测试噪声参数和利用上述计算公式获得的仿真数据,图 7.8 给出了测试和仿真噪声参数随偏置(V_{ce} 和 I_b)变化对比曲线(频率为 16 GHz)。从图中可以看出吻合很好,验证了计算公式的正确性。

表 7.1 InP/InGaAs DHBT 寄生参数

参　　数	值	参　　数	值
$C_{pb}(fF)$	14.5	$L_e(pH)$	7.5
$C_{pc}(fF)$	13.5	$R_{bx}(\Omega)$	3.5
$C_{pbc}(fF)$	1.7	$R_c(\Omega)$	18
$L_b(pH)$	44.5	$R_e(\Omega)$	3.5
$L_c(pH)$	42.5		

表 7.2   InP/InGaAs DHBT 本征参数

参　　数	$I_b = 50\,\mu A$	$I_b = 100\,\mu A$	$I_b = 150\,\mu A$
$I_c\,(mA)$	1.84 mA	4.32 mA	6.92 mA
α	0.98	0.98	0.988
$f_\alpha\,(GHz)$	75	140	155
$\tau\,(ps)$	0.6	0.55	0.40
$C_{ex}\,(fF)$	38	38	40
$C_{bc}\,(fF)$	8	8	8
$R_{bi}\,(\Omega)$	220	220	220
$C_{be}\,(pF)$	0.11	0.15	0.2
$R_{be}\,(\Omega)$	20	7	5

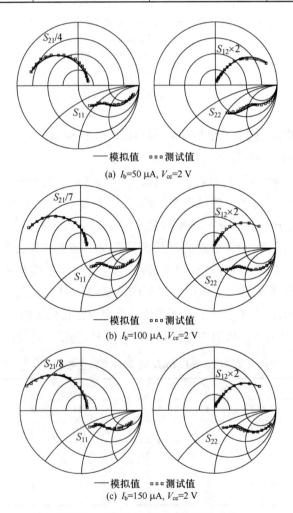

图 7.4   S 参数模拟和测试对比曲线

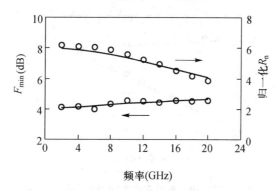

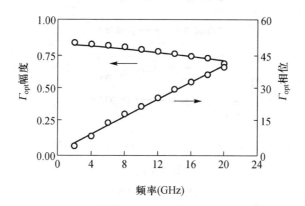

图 7.5 测试和仿真噪声参数随频率变化对比曲线

（偏置条件 $I_b = 50\,\mu A$, $V_{ce} = 2\,V$）

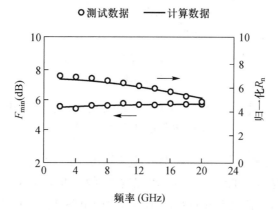

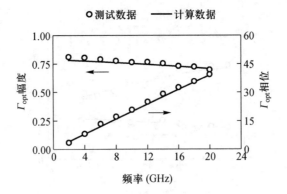

图 7.6　测试和仿真噪声参数随频率变化对比曲线
（偏置条件 $I_b = 100\,\mu\text{A}$，$V_{ce} = 2\,\text{V}$）

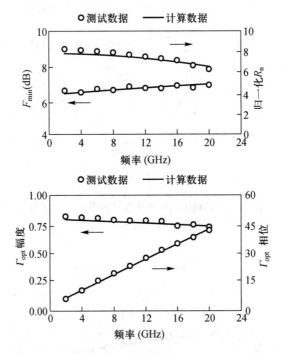

图 7.7　测试和仿真噪声参数随频率变化对比曲线
（偏置条件 $I_b = 150\,\mu\text{A}$，$V_{ce} = 2\,\text{V}$）

　　为了验证低频情况下的噪声参数计算公式,图 7.9 给出了测试和仿真噪声参数随频率变化对比曲线。从图中可以看到,频率低于 6 GHz 时,测试结果和计算数据相当吻合。因此利用准确的小信号等效电路模型可以直接模拟频率较低情况下的噪声参数,对于工业生产具有非常重要的意义。

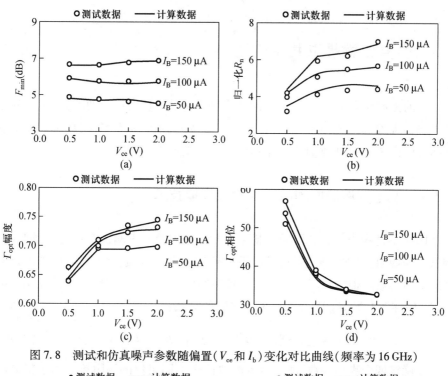

图 7.8 测试和仿真噪声参数随偏置(V_{ce} 和 I_b)变化对比曲线(频率为 16 GHz)

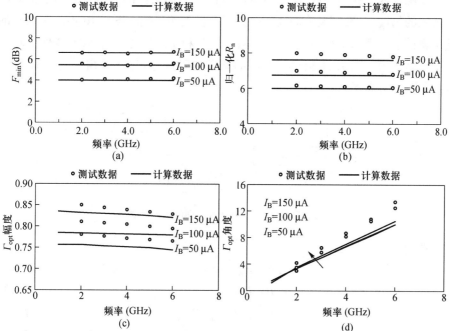

图 7.9 测试和仿真噪声参数随频率变化对比曲线
(偏置条件:$V_{ce}=2\,V$)

7.3　噪声参数提取技术

目前提取异质结晶体管 HBT 的四个噪声参数主要有以下两种方法:一种是基于调谐器原理的噪声参数提取方法[8-12],另一种是基于 50 欧姆噪声测量系统的提取方法[13]。下面分别讨论这两种方法的基本原理。

7.3.1　基于调谐器原理的噪声参数提取技术

HBT 器件噪声参数提取通过基于调谐器原理的噪声测试系统完成,即通过测试不同源阻抗(源反射系数)情况下的器件噪声系数,通过求解方程来确定器件的噪声参数。根据噪声系数和四个噪声参数(最佳噪声系数 $F_{\min}$、最佳噪声电阻 $R_{\rm n}$、最佳源电导 $G_{\rm opt}$ 和源电纳 $B_{\rm opt}$)之间的关系:

$$F = F_{\min} + \frac{R_{\rm N}}{G_{\rm s}}[\,(G_{\rm opt} - G_{\rm s})^2 + (B_{\rm opt} - B_{\rm s})^2\,] \tag{7.48}$$

要确定四个噪声参数,那么至少需要四个不同阻值的源阻抗。为了提高噪声参数的精度,一般情况下需要 7 个甚至更多的源阻抗。图 7.10 给出了典型的基于调谐器原理的噪声测试方框图,图中 $\Gamma_{\rm s}$ 和 $\Gamma_{\rm out}$ 分别表示 HBT 器件的输入输出反射系数。图 7.11 给出了典型的调谐器阻抗分布图(即相应的 HBT 器件源反射系数分布图)。

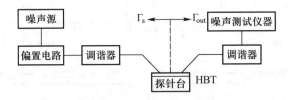

图 7.10　典型的基于调谐器原理的噪声测试系统

假设:

$$A = F_{\min} - 2R_{\rm n}G_{\rm opt} \tag{7.49}$$

$$B = R_{\rm n} \tag{7.50}$$

$$C = R_{\rm n}(G_{\rm opt}^2 + B_{\rm opt}^2) \tag{7.51}$$

$$D = -2R_{\rm n}B_{\rm opt} \tag{7.52}$$

将式(7.49)~式(7.52)代入式(7.48),可以得到[8]

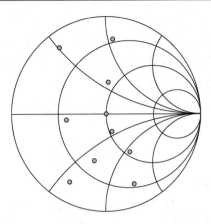

图 7.11 典型的调谐器阻抗分布图

$$F = A + BG_s + \frac{C + BB_s^2 + DB_s}{G_s} \tag{7.53}$$

设误差函数 ε 为

$$\varepsilon = \frac{1}{2} \sum_{i=1}^{n} \left[A + B\left(G_i + \frac{B_i^2}{G_i}\right) + \frac{C}{G_i} + \frac{DB_i}{G_i} - F_i \right]^2 \tag{7.54}$$

式中,F_i 为测量得到的噪声系数,G_i 和 B_i 分别为源电导和电纳。要使误差函数 ε 达到最小,则有

$$\frac{\partial \varepsilon}{\partial A} = \sum_{i=1}^{n} P = 0 \tag{7.55}$$

$$\frac{\partial \varepsilon}{\partial B} = \sum_{i=1}^{n} \left(G_i + \frac{B_i^2}{G_i}\right) P = 0 \tag{7.56}$$

$$\frac{\partial \varepsilon}{\partial C} = \sum_{i=1}^{n} \frac{1}{G_i} P = 0 \tag{7.57}$$

$$\frac{\partial \varepsilon}{\partial D} = \sum_{i=1}^{n} \frac{B_i}{G_i} P = 0 \tag{7.58}$$

$$P = A + B\left(G_i + \frac{B_i^2}{G_i}\right) + \frac{C}{G_i} + \frac{DB_i}{G_i} - F$$

通过求解式(7.48)~式(7.53),可得 A,B,C 和 D。根据式(7.54)~式(7.57),可以直接确定四个噪声参数:

$$F_{min} = A + \sqrt{4BC - D^2} \tag{7.59}$$

$$R_n = B \tag{7.60}$$

$$G_{opt} = \frac{\sqrt{4BC - D^2}}{2B} \tag{7.61}$$

$$B_{\mathrm{opt}} = -\frac{D}{2B} \qquad\qquad (7.62)$$

一个典型的微波射频噪声参数测试系统(NMS)如图 7.12 所示。宽带噪声源工作频带可以高达 50GHz,微波阻抗调谐器是用来改变半导体器件源阻抗的主要部件。此外,噪声参数测试系统还包括噪声参数分析仪、半导体器件参数分析仪以及微波探针等。

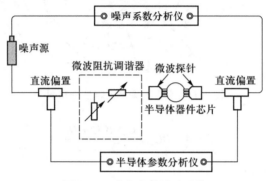

图 7.12   噪声参数测试系统

7.3.2   基于 50 Ω 噪声测试系统的噪声参数提取技术

基于调谐器原理的场效应晶体管器件噪声参数提取的基本原理是将噪声系数作为源阻抗的一个函数[8-12],主要缺点是:

(1)需要一个价格昂贵的调谐器。

(2)由于采用了优化方法,非常耗时,并且需要较多的源阻抗点数。

为了克服上述缺点,很多研究利用器件的等效电路模型降低测量的复杂性。本节给出了一种改进的基于 50 Ω 噪声测试系统(噪声系数为 F_{50})来提取器件噪声参数的新方法[13],与以前的方法相比有以下几点好处:

(1)对于噪声源和噪声矩阵没有任何假设和限制。

(2)仅需要确定 PAD 电容(C_{pb}、C_{pc}、C_{pbc})、寄生电感(L_{b}、L_{c}、L_{e})和寄生集电极电阻 R_{c},其他寄生和本征元件无需确定。

(3)由 F_{50} 直接确定四个噪声参数的初始数值,加速了优化速度,提高了提取参数精度。

1. 噪声模型

根据 7.2 节中 HBT 器件噪声参数的计算公式,对于本征部分来说,四个噪声参数可以表示为角频率 ω 的一次或者二次函数:

$$F_{\min}^{\text{INT}} = K_A(1 + K'_A\omega^2) \tag{7.63}$$

$$G_{\text{opt}}^{\text{INT}} = K_B\sqrt{1 + K'_B\omega^2} \tag{7.64}$$

$$B_{\text{opt}}^{\text{INT}} = K_C\omega \tag{7.65}$$

$$R_{\text{n}}^{\text{INT}} = K_D(1 + K'_D\omega^2) \tag{7.66}$$

上述公式中，K_A、K'_A、K_B、K'_B、K_C、K_D 及 K'_D 为拟合因子，初始数值可以由下面的公式给出：

$$K_A = 1 + 2\left[\frac{R_{\text{bi}}I_B}{2V_T} + \sqrt{\frac{I_BR_{\text{n}}}{2V_T}}\right] \tag{7.67}$$

$$K_B = \sqrt{\frac{I_B}{2V_TR_{\text{n}}}} \tag{7.68}$$

$$K_C = (C_{\text{ex}} + C_{\text{bc}}) \tag{7.69}$$

$$K_D = \frac{R_{\text{be}}^2 I_C}{2V_T} + R_{\text{bi}}\left[1 + (R_{\text{bi}} + 2R_{\text{be}})\frac{I_B}{2V_T}\right] + R_{\text{bx}} + R_{\text{e}} \tag{7.70}$$

$$K'_A \approx \frac{V_T(R_{\text{be}}C_{\text{be}})^2}{I_BR_{\text{bi}}}\left(1 + \frac{K_D}{R_{\text{bi}}}\right) + \frac{K'_D}{2} \tag{7.71}$$

$$K'_B \approx \frac{2V_T(R_{\text{be}}C_{\text{be}})^2}{I_BR_{\text{bi}}}\left(1 + \frac{K_D}{R_{\text{bi}}}\right) - K'_D \tag{7.72}$$

$$K'_D \approx -\frac{I_C}{K_DV_T}R_{\text{bi}}(R_{\text{bi}} + 2R_{\text{be}})\left(\frac{1}{\omega_\alpha} + \tau\right)\tau \tag{7.73}$$

由于 R_{bx} 和 R_{e} 仅影响噪声拟合因子，因此上述公式(7.63)～公式(7.66)对于本征网络加上 R_{bx} 和 R_{e} 均成立，从而频率相关的 4 个噪声参数变成了 7 个与频率不相关的噪声拟合因子，使得从 50 Ω 测量系统中直接提取四个噪声参数成为可能。

很明显从公式(7.63)～公式(7.66)可以看到，当频率较低时(典型数据 $f <$ 3 GHz)，$F_{\min}^{\text{INT}}$、$G_{\text{opt}}^{\text{INT}}$、$R_{\text{n}}^{\text{INT}}$ 与频率无关，$B_{\text{opt}}^{\text{INT}}$ 和角频率 ω 成正比：

$$F_{\min}^{\text{INT}} = K_A \tag{7.74}$$

$$G_{\text{opt}}^{\text{INT}} = K_B \tag{7.75}$$

$$B_{\text{opt}}^{\text{INT}} = K_C\omega \tag{7.76}$$

$$R_{\text{n}}^{\text{INT}} = K_D \tag{7.77}$$

这样，K_A、K_B、K_C 和 K_D 可以利用低频情况下的器件噪声系数来确定；K'_A、K'_B 和 K'_D 利用高频情况下的器件噪声系数来确定。K_C 既可以在低频情况下提取，也可以由高频情况下的噪声系数获得。因此，K_A、K_B 和 K_D 称为低频拟合因子，而 K'_A、K'_B 和 K'_D 为高频拟合因子。

2. 噪声参数提取流程

寄生元件(C_{pb}、C_{pc}、C_{pbc}、L_b、L_c、L_e 和 R_c)确定以后,可以按照以下步骤进行噪声参数的提取:

(1) 测量器件的 S 参数。

(2) 将 S 参数变换为 Y 参数,消去 PAD 电容的影响(C_{pb}、C_{pc} 和 C_{pbc})。

(3) 将 Y 参数变换为 Z 参数,消去寄生电感(L_b、L_c、L_e)和漏极寄生电阻 R_c 的影响。

(4) 测量包含输入和输出网络以及器件的整体网络的噪声系数(F_m)。

(5) 测量输入和输出网络的 S 参数。输入和输出网络分别包括同轴开关、高频直流偏置和微波探针(见图 7.13)。由于输入和输出网络两端接口类型不同,一端是同轴,另一端是共面波导,无法利用矢量网络分析仪直接测量二端口的 S 参数,因此这里采用单端口测量技术来确定输入和输出网络的 S 参数[14]。

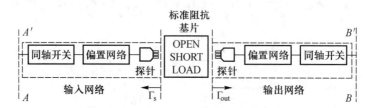

图 7.13　输入和输出网络 S 参数测量方法

对于负载为 Γ_L 的二口网络,输入反射系数为

$$S_{in} = S_{11} + \frac{S_{12}S_{21}\Gamma_L}{1 - S_{22}\Gamma_L} \tag{7.78}$$

当微波探针分别接到开路、短路和负载校准件上时,相应的负载反射系数 Γ_L 分别为 1、–1 和 0。根据这三种情况下的 S 参数,可以直接获得输入和输出二口网络的 S 参数:

$$S_{11} = S_{11}^{LOAD} \tag{7.79}$$

$$S_{22} = \frac{S_{11}^{OPEN} + S_{11}^{SHORT} - 2S_{11}}{S_{11}^{OPEN} - S_{11}^{SHORT}} \tag{7.80}$$

$$S_{12} = S_{21} = \sqrt{(S_{11}^{OPEN} - S_{11})(1 - S_{22})} \tag{7.81}$$

这里,S_{11}^{OPEN}、S_{11}^{SHORT} 和 S_{11}^{LOAD} 分别为微波探针分别接到开路、短路和负载校准件上时的网络反射系数。

实际测试系统的特性阻抗并不是真正的 $50\,\Omega$,源电导 G_s(Y_s 的实部)和负载电导 G_{out}(Y_{out} 的实部)相对于 $50\,\Omega$($G_s = G_{out} = 20\,mS$)系统有一个小的偏差;同

时源电纳 $B_{\rm s}$ ($Y_{\rm s}$ 的虚部)和负载电导 $B_{\rm out}$ ($Y_{\rm out}$的虚部)相对于 $50\,\Omega\,(B_{\rm s}=B_{\rm out}=0)$ 系统同样存在小的偏差。

（6）计算被测器件的噪声系数。根据噪声级联公式,输入输出网络和被测器件全部网络的噪声系数为

$$F_{\rm m} = F_{\rm IN} + \frac{F_{\rm D}-1}{G_{\rm IN}} + \frac{F_{\rm OUT}-1}{G_{\rm IN}G_{\rm D}} \tag{7.82}$$

这里,$F_{\rm IN}$ 和 $G_{\rm IN}$ 为输入网络的噪声系数和可用功率增益,$F_{\rm D}$ 和 $G_{\rm D}$ 为被测器件的噪声系数和可用功率增益,$F_{\rm OUT}$ 为输出网络的噪声系数,$F_{\rm m}$ 为测量网络的噪声系数。

由于输入输出网络为无源网络,其噪声系数可以表示为[15]

$$F_{\rm IN} = 1/G_{\rm IN},\ F_{\rm OUT} = 1/G_{\rm OUT} \tag{7.83}$$

$$F_{\rm D} = G_{\rm IN}F_{\rm m} - \frac{1-G_{\rm OUT}}{G_{\rm OUT}G_{\rm D}} \tag{7.84}$$

可用功率增益 $G_{\rm IN}$、$G_{\rm OUT}$ 和 $G_{\rm D}$ 可以直接由相应网络的 S 参数确定:

$$G_{\rm IN} = \frac{|S_{21}^{\rm IN}|^2}{1-|S_{22}^{\rm IN}|^2} \tag{7.85}$$

$$G_{\rm D} = \frac{|S_{21}|^2(1-|\Gamma_{\rm S}|^2)}{|1-S_{11}\Gamma_{\rm S}|^2(1-|S_{22}'|^2)} \tag{7.86}$$

这里,

$$S_{22}' = S_{22} + \frac{S_{12}S_{21}\Gamma_{\rm S}}{1-S_{11}\Gamma_{\rm S}} \tag{7.87}$$

可用功率增益 $G_{\rm OUT}$ 的公式和 $G_{\rm IN}$ 基本一致。

（7）设置拟和因子 K_A、K_B、K_C 及 K_D 的初始数值,根据低频情况下的 $F_{\min}^{\rm INT}$、$G_{\rm opt}^{\rm INT}$、$B_{\rm opt}^{\rm INT}$ 和 $R_{\rm n}^{\rm INT}$ 计算本征器件的级联噪声矩阵 C_A^D。

（8）将 C_A^D 转换为阻抗噪声相关矩阵,加入寄生电感（$L_{\rm b}$、$L_{\rm c}$ 和 $L_{\rm e}$）及集电极电阻 $R_{\rm c}$ 的影响。

（9）将阻抗噪声相关矩阵转换为导纳噪声相关矩阵,加入 PAD 电容的影响（$C_{\rm pb}$、$C_{\rm pc}$ 和 $C_{\rm pbc}$）。

（10）将导纳噪声相关矩阵转换为级联噪声相关矩阵,并计算被测器件的噪声系数:

$$F_{\rm MODEL} = 1 + 2\left[C_{A12} + C_{A11}\left(\sqrt{\frac{C_{A22}}{C_{A11}} - \left[\frac{{\rm Im}(C_{A12})}{C_{A11}}\right]^2} + {\rm j}\frac{{\rm Im}(C_{A12})}{C_{A11}}\right)\right] +$$
$$\frac{C_{A11}}{G_S}\left(\frac{C_{A22}}{C_{A11}} + G_S^2 - 2G_S\sqrt{\frac{C_{A22}}{C_{A11}} - \left[\frac{{\rm Im}(C_{A12})}{C_{A11}}\right]^2}\right) \tag{7.88}$$

（11）计算误差标准：

$$\varepsilon = \frac{1}{N-1} \sum_{i=0}^{N-1} |F_{\text{MODEL}}(f_i) - F_{\text{MEASURE}}(f_i)|^2 \tag{7.89}$$

上述公式中，N 为频率点，$F_{\text{MEASURE}}(f_i)$ 为测试得到的在频率 f_i 下的噪声系数，$F_{\text{MODEL}}(f_i)$ 模拟得到的在频率 f_i 下的噪声系数。

如果 $\varepsilon > \varepsilon_0$，更新 $F_{\min}^{\text{INT}}$，$G_{\text{opt}}^{\text{INT}}$，$B_{\text{opt}}^{\text{INT}}$ 和 R_n^{INT} 的数值利用最小二乘法减小 ε。

（12）设置拟和因子 K_A'，K_B' 和 K_D' 的初始数值，根据高频情况下的 $F_{\min}^{\text{INT}}$，$G_{\text{opt}}^{\text{INT}}$，$B_{\text{opt}}^{\text{INT}}$ 和 R_n^{INT} 来计算本征器件的级联噪声矩阵 C_A^D，重复步骤（8）～（11）。

$$K_A' = \frac{F_{\min}^c - K_A}{K_A \omega^2} \tag{7.90}$$

$$K_B' = \frac{(G_{\text{opt}}^c - K_B)^2}{K_B \omega^2} \tag{7.91}$$

$$K_D' = \frac{R_n^c - K_D}{K_D \omega^2} \tag{7.92}$$

这里，$F_{\min}^c$、G_{opt}^c、B_{opt}^c 和 R_n^c 表示计算获得 HBT 本征噪声参数。

3. 测试结果与讨论

图 7.14 给出了基于 50 Ω 噪声系数测试系统的测试方框图。噪声源频率可以达到 50 GHz，噪声参数分析仪频率可以达到 26.5 GHz，由于需要同时测试 S 参数，因此需要一个同轴开关，网络分析仪频率可以达到 40 GHz。与典型的器件噪声参数测试系统相比，该系统的特点为无需微波调谐器，可以大大降低成本。图 7.15 给出了测试的源反射系数（Γ_s）曲线。从图中可以看到，Γ_s 在零点附近有一个波动。图 7.16 给出了 HBT 器件 F_{50} 模拟和测试对比曲线，由于系统特性阻抗并非准确的 50 Ω，因此会有较大的波动。

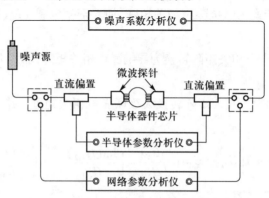

图 7.14　50 Ω 噪声系数测试系统

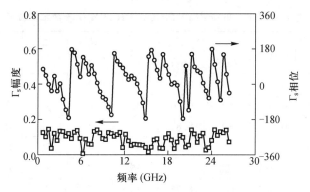

图 7.15 源反射系数随频率变化曲线

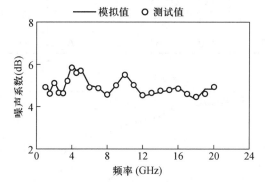

图 7.16 HBT 器件 F_{50} 模拟和测试对比曲线

(偏置条件: $I_b = 60\,\mu A$, $V_{ce} = 2.0\,V$ ($I_c = 3.1\,mA$))

表 7.3 和表 7.4 给出了发射极面积为 $1.6 \times 20\,\mu m^2$ InP/InGaAs DHBT 寄生参数和随偏置电流变化的本征参数。图 7.17 给出了偏置条件为 $I_b = 60\,\mu A$ 和 $V_{ce} = 2.0\,V$ ($I_c = 3.1\,mA$) 情况下噪声参数模拟测试对比曲线。值得注意的是,利用本节介绍的方法需要在较低频率下测试数据的密度需要大一些。图 7.18 给出了频率 12 GHz 情况下噪声参数随集电极电流 I_c 变化曲线,从图中可以看到测试结果和模拟结果吻合得很好。表 7.5 给出了不同偏置状态下噪声拟和因子提取结果。

表 7.3 $1.6 \times 20\,\mu m^2$ InP/InGaAs DHBT 寄生参数

参 数	数 值	参 数	数 值
C_{pb} (fF)	10	L_e (pH)	7.5
C_{pc} (fF)	9	R_{bx} (Ω)	3
C_{pbc} (fF)	1.5	R_c (Ω)	10
L_b (pH)	40	R_e (Ω)	3
L_c (pH)	42		

表 7.4 $1.6 \times 20 \ \mu m^2 \ InP/InGaAs \ DHBT$ 寄生参数本征参数

I_b (uA)	I_c (mA)	α	f_α (GHz)	τ (ps)	C_{ex} (fF)	C_{bc} (fF)	R_{bi} (Ω)	C_{be} (pF)	R_{be} (Ω)
20	1.0	0.980	40	0.90	45	9	70	0.15	26
40	1.98	0.982	60	0.86	38	8	75	0.20	13
60	3.08	0.983	80	0.82	35	7	78	0.24	8.80
80	4.20	0.984	90	0.80	35	7	80	0.28	6.20
100	5.32	0.985	100	0.77	35	7	82	0.34	4.88
120	6.52	0.985	110	0.75	35	7	84	0.39	4.00
140	7.76	0.986	120	0.73	35	7	85	0.43	3.35
160	8.98	0.987	130	0.7	35	7	87	0.47	3.00
180	10.2	0.988	140	0.67	34	6	90	0.50	2.60

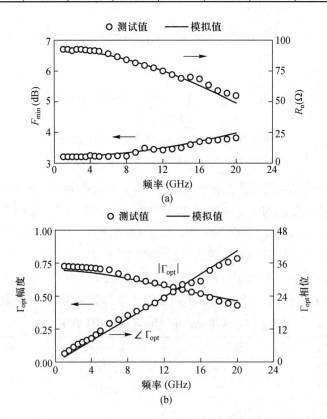

图 7.17 $1.6 \times 20 \ \mu m^2 \ InP/InGaAs \ DHBT$ 噪声参数模拟测试对比曲线
（偏置条件：$I_b = 60 \ \mu A, V_{ce} = 2.0 \ V (I_c = 3.1 \ mA)$）

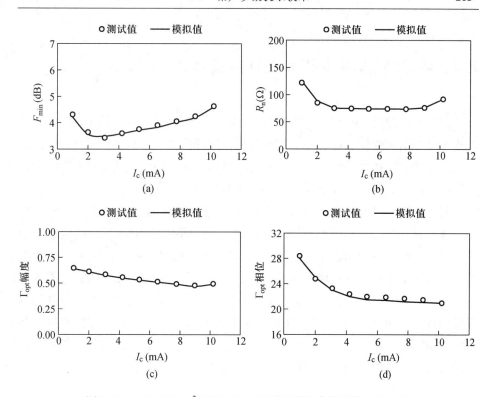

图 7.18　1.6×20 μm² InP/InGaAs DHBT 噪声参数随集电极电流

I_c 变化曲线(频率 12 GHz)

表 7.5　噪声拟和因子提取结果随 I_c 变化

I_c (mA)	K_A	K'_A ($\times 10^{-5}$)	K_B ($\times 10^{-3}$)	K'_B ($\times 10^{-4}$)	K_C ($\times 10^{-5}$)	K_D	K'_D ($\times 10^{-5}$)
1	2.35	1.25	1.80	9.00	−5.50	170	−4.00
2	2.1	1.40	2.50	5.00	−5.00	112	−3.20
3.08	2.05	1.27	3.00	3.20	−4.70	92.2	−2.54
4.2	2.1	1.40	3.40	2.80	−4.40	90	−2.00
5.32	2.2	1.30	3.70	2.60	−4.20	85	−1.72
6.52	2.25	1.30	4.00	2.40	−4.20	80	−1.40
7.76	2.35	1.30	4.40	2.20	−4.20	80	−1.30
8.98	2.45	1.29	4.50	2.10	−4.20	85	−1.20
10.2	2.65	1.27	4.55	2.00	−4.20	95	−1.20

7.4   共基极、共集电极和共发射极结构

共发射极结构（CE）的 HBT 器件在微波毫米波电路中应用最为广泛。共基极（CB）结构的优点在于易于宽带匹配，可以得到较好的宽带增益特性，因此共基极结构的电路更适合于高速微波光纤通信系统应用。共集电极结构（CC）已经广泛应用在单片微波集成电路的隔离和缓冲电路设计中。

对于微波电路设计人员来说，HBT 共发射极、共集电极和共基极三种结构的特性包括 S 参数和噪声参数均是必需的。通常情况下，HBT 三种结构的 S 参数和噪声参数可以利用相应的测试结构直接获得，但是这种方法需要在一个芯片上对每一个器件设计三种不同的结构，既浪费了芯片面积又受到芯片不均匀性的影响。本节介绍一种简单而且有效的方法[16]，利用共发射结构的特性预测其他两种结构的微波特性，该方法基于等效电路模型和噪声矩阵变换技术。共基极、共集电极结构的信号和噪声特性可以直接由一组简单的计算公式获得，所有的公式为三种结构的特性变换提供了双向桥梁。

7.4.1   信号参数之间的关系

图 7.19 ~ 图 7.21 分别给出了 HBT 器件 CE、CB 和 CC 结构的等效电路框图，图中 C_{pi}、C_{po} 和 C_{pio} 分别表示输入输出 PAD 电容和输入输出 PAD 之间的隔离。由于 PAD 电容对 CE、CB 和 CC 结构均相等，因此本节讨论的公式将不包括 PAD 电容的影响。

通过比较 HBT 器件 CE、CB 和 CC 结构的 Y 参数，CB 和 CC 结构的 Y 参数可以直接通过 CE 结构的 Y 参数获得：

$$Y_{11}^{CB} = Y_{11}^{CE} + Y_{12}^{CE} + Y_{21}^{CE} + Y_{22}^{CE} \tag{7.93}$$

$$Y_{12}^{CB} = -(Y_{12}^{CE} + Y_{22}^{CE}) \tag{7.94}$$

$$Y_{21}^{CB} = -(Y_{21}^{CE} + Y_{22}^{CE}) \tag{7.95}$$

$$Y_{22}^{CB} = Y_{22}^{CE} \tag{7.96}$$

$$Y_{11}^{CC} = Y_{11}^{CE} \tag{7.97}$$

$$Y_{12}^{CC} = -(Y_{12}^{CE} + Y_{11}^{CE}) \tag{7.98}$$

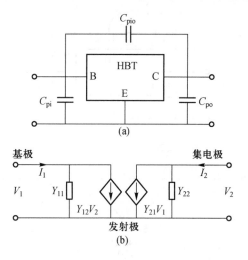

图 7.19 HBT 器件 CE 结构的信号等效电路框图

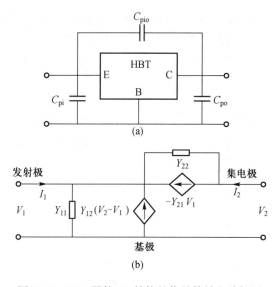

图 7.20 HBT 器件 CB 结构的信号等效电路框图

$$Y_{21}^{CC} = - (Y_{21}^{CE} + Y_{11}^{CE}) \tag{7.99}$$

$$Y_{22}^{CC} = Y_{11}^{CE} + Y_{12}^{CE} + Y_{21}^{CE} + Y_{22}^{CE} \tag{7.100}$$

基于上述关系,利用矩阵转换技术很容易建立 HBT 器件 CE、CB 和 CC 结构的 Z 参数以及 ABCD 参数和 S 参数之间的关系。表 7.6 和表 7.7 给出了 CE、CB 和 CC 结构之间关系的具体表达式。

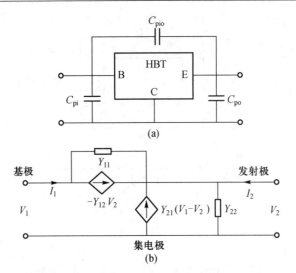

(a)

(b)

图 7.21　HBT 器件 CC 结构的信号等效电路框图

表 7.6　CE 和 CB 结构 Z 参数、ABCD 参数和 S 参数之间的关系

	共发射极结构	共基极结构
Z 参数	$Z_{11}^{\mathrm{CE}} = Z_{11}^{\mathrm{CB}}$ $Z_{12}^{\mathrm{CE}} = Z_{11}^{\mathrm{CB}} - Z_{12}^{\mathrm{CB}}$ $Z_{21}^{\mathrm{CE}} = Z_{11}^{\mathrm{CB}} - Z_{21}^{\mathrm{CB}}$ $Z_{22}^{\mathrm{CE}} = Z_{11}^{\mathrm{CB}} + Z_{22}^{\mathrm{CB}} - Z_{21}^{\mathrm{CB}} - Z_{12}^{\mathrm{CB}}$	$Z_{11}^{\mathrm{CB}} = Z_{11}^{\mathrm{CE}}$ $Z_{12}^{\mathrm{CB}} = Z_{11}^{\mathrm{CE}} - Z_{12}^{\mathrm{CE}}$ $Z_{21}^{\mathrm{CB}} = Z_{11}^{\mathrm{CE}} - Z_{21}^{\mathrm{CE}}$ $Z_{22}^{\mathrm{CB}} = Z_{11}^{\mathrm{CE}} + Z_{22}^{\mathrm{CE}} - Z_{21}^{\mathrm{CE}} - Z_{12}^{\mathrm{CE}}$
A 参数	$A^{\mathrm{CE}} = A^{\mathrm{CB}} / (A^{\mathrm{CB}} - 1)$ $B^{\mathrm{CE}} = B^{\mathrm{CB}} / (A^{\mathrm{CB}} - 1)$ $C^{\mathrm{CE}} = C^{\mathrm{CB}} / (A^{\mathrm{CB}} - 1)$ $D^{\mathrm{CE}} = 1 - D^{\mathrm{CB}} + B^{\mathrm{CB}} C^{\mathrm{CB}} / (A^{\mathrm{CB}} - 1)$	$A^{\mathrm{CB}} = A^{\mathrm{CE}} / (A^{\mathrm{CE}} - 1)$ $B^{\mathrm{CB}} = B^{\mathrm{CE}} / (A^{\mathrm{CE}} - 1)$ $C^{\mathrm{CB}} = C^{\mathrm{CE}} / (A^{\mathrm{CE}} - 1)$ $D^{\mathrm{CB}} = 1 - D^{\mathrm{CE}} + B^{\mathrm{CE}} C^{\mathrm{CE}} / (A^{\mathrm{CE}} - 1)$
S 参数	$S_{11}^{\mathrm{CE}} = \dfrac{1}{K} \big[3S_{11}^{\mathrm{CB}} + 2(S_{12}^{\mathrm{CB}} + S_{21}^{\mathrm{CB}}) + S_{22}^{\mathrm{CB}}$ $+ \Delta S^{\mathrm{CB}} - 1 \big]$ $S_{12}^{\mathrm{CE}} = \dfrac{2}{K} \big[1 + S_{11}^{\mathrm{CB}} - S_{22}^{\mathrm{CB}} - 2S_{12}^{\mathrm{CB}} - \Delta S^{\mathrm{CB}} \big]$ $S_{21}^{\mathrm{CE}} = \dfrac{2}{K} \big[1 + S_{11}^{\mathrm{CB}} - S_{22}^{\mathrm{CB}} - 2S_{21}^{\mathrm{CB}} - \Delta S^{\mathrm{CB}} \big]$ $S_{11}^{\mathrm{CS}} = \dfrac{1}{K} \big[3S_{22}^{\mathrm{CB}} - 2(S_{12}^{\mathrm{CB}} + S_{21}^{\mathrm{CB}}) + S_{11}^{\mathrm{CB}}$ $- \Delta S^{\mathrm{CB}} + 1 \big]$	$S_{11}^{\mathrm{CB}} = \dfrac{1}{k} \big[3S_{11}^{\mathrm{CE}} + 2(S_{12}^{\mathrm{CE}} + S_{21}^{\mathrm{CE}}) + S_{22}^{\mathrm{CE}}$ $+ \Delta S^{\mathrm{CE}} - 1 \big]$ $S_{12}^{\mathrm{CB}} = \dfrac{2}{k} \big[1 + S_{11}^{\mathrm{CE}} - S_{22}^{\mathrm{CE}} - 2S_{12}^{\mathrm{CE}} - \Delta S^{\mathrm{CE}} \big]$ $S_{21}^{\mathrm{CB}} = \dfrac{2}{k} \big[1 + S_{11}^{\mathrm{CE}} - S_{22}^{\mathrm{CE}} - 2S_{21}^{\mathrm{CE}} - \Delta S^{\mathrm{CE}} \big]$ $S_{22}^{\mathrm{CB}} = \dfrac{1}{k} \big[3S_{22}^{\mathrm{CE}} - 2(S_{12}^{\mathrm{CE}} + S_{21}^{\mathrm{CE}}) + S_{11}^{\mathrm{CE}}$ $- \Delta S^{\mathrm{CE}} + 1 \big]$

续表

	共发射极结构	共基极结构
S 参数	$\Delta S^{CB} = S_{11}^{CB} S_{22}^{CB} - S_{12}^{CB} S_{21}^{CB}$ $K = 5 - \Delta S^{CB} + S_{11}^{CB} - S_{22}^{CB} - 2(S_{12}^{CB} + S_{21}^{CB})$	$\Delta S^{CE} = S_{11}^{CE} S_{22}^{CS} - S_{12}^{CE} S_{21}^{CE}$ $k = 5 - \Delta S^{CE} + S_{11}^{CE} - S_{22}^{CE} - 2(S_{12}^{CE} + S_{21}^{CE})$

表 7.7   CE 和 CC 结构 Z 参数、ABCD 参数和 S 参数之间的关系

	共发射极结构	共集电极结构
Z 参数	$Z_{11}^{CE} = Z_{11}^{CC} + Z_{22}^{CC} - Z_{21}^{CC} - Z_{12}^{CC}$ $Z_{12}^{CE} = Z_{22}^{CC} - Z_{12}^{CC}$ $Z_{21}^{CE} = Z_{22}^{CC} - Z_{21}^{CC}$ $Z_{22}^{CE} = Z_{22}^{CC}$	$Z_{11}^{CC} = Z_{11}^{CE} + Z_{22}^{CE} - Z_{21}^{CE} - Z_{12}^{CE}$ $Z_{12}^{CC} = Z_{22}^{CE} - Z_{12}^{CE}$ $Z_{21}^{CC} = Z_{22}^{CE} - Z_{21}^{CE}$ $Z_{22}^{CC} = Z_{22}^{CE}$
A 参数	$A^{CE} = 1 - A^{CC} + B^{CC} C^{CC} / (D^{CC} - 1)$ $B^{CE} = B^{CC} / (D^{CC} - 1)$ $C^{CE} = C^{CC} / (D^{CC} - 1)$ $D^{CE} = D^{CC} / (D^{CC} - 1)$	$A^{CC} = 1 - A^{CE} + B^{CE} C^{CE} / (D^{CE} - 1)$ $B^{CE} = B^{CE} / (D^{CE} - 1)$ $C^{CC} = C^{CE} / (D^{CE} - 1)$ $D^{CC} = D^{CE} / (D^{CE} - 1)$
S 参数	$S_{11}^{CE} = \dfrac{1}{k} \left[3S_{11}^{CC} - 2(S_{12}^{CC} + S_{12}^{CC}) + S_{22}^{CC} - \Delta S^{CC} + 1 \right]$ $S_{12}^{CE} = \dfrac{2}{k} \left[1 - S_{11}^{CC} + S_{22}^{CC} - 2S_{12}^{CC} - \Delta S^{CC} \right]$ $S_{21}^{CE} = \dfrac{2}{k} \left[1 - S_{11}^{CC} + S_{22}^{CC} - 2S_{21}^{CC} - \Delta S^{CC} \right]$ $S_{22}^{CE} = \dfrac{1}{k} \left[3S_{22}^{CC} + 2(S_{12}^{CC} + S_{21}^{CC}) + S_{11}^{CC} + \Delta S^{CC} - 1 \right]$	$S_{11}^{CC} = \dfrac{1}{k} \left[3S_{11}^{CE} - 2(S_{12}^{CE} + S_{21}^{CE}) + S_{22}^{CE} - \Delta S^{CE} + 1 \right]$ $S_{12}^{CC} = \dfrac{2}{k} \left[1 - S_{11}^{CE} + S_{22}^{CE} - 2S_{12}^{CE} - \Delta S^{CE} \right]$ $S_{21}^{CC} = \dfrac{2}{k} \left[1 - S_{11}^{CE} + S_{22}^{CE} - 2S_{21}^{CE} - \Delta S^{CE} \right]$ $S_{22}^{CC} = \dfrac{1}{k} \left[3S_{22}^{CE} + 2(S_{12}^{CE} + S_{21}^{CE}) + S_{11}^{CE} + \Delta S^{CE} - 1 \right]$
	$\Delta S^{CC} = S_{11}^{CC} S_{22}^{CC} - S_{12}^{CC} S_{21}^{CC}$ $K = 5 - \Delta S^{CC} - S_{11}^{CC} + S_{22}^{CC} - 2(S_{12}^{CC} + S_{21}^{CC})$	$\Delta S^{CE} = S_{11}^{CE} S_{22}^{CE} - S_{12}^{CE} S_{21}^{CE}$ $k = 5 - \Delta S^{CE} - S_{11}^{CE} + S_{22}^{CE} - 2(S_{12}^{CE} + S_{21}^{CE})$

7.4.2   噪声参数之间的关系

图 7.22 给出了 HBT 器件 CE、CB 和 CC 结构的噪声等效电路框图,其中 $\overline{v_{CE}^2}$ 和 $\overline{i_{CE}^2}$ 为 CE 结构的两个相关噪声源,$\overline{v_{CB}^2}$ 和 $\overline{i_{CB}^2}$ 为 CB 结构的两个相关噪声源,$\overline{v_{CC}^2}$ 和 $\overline{i_{CC}^2}$ 为 CC 结构的两个相关噪声源。

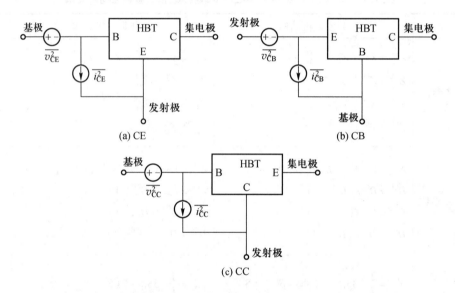

图 7.22   HBT 器件 CE、CB 和 CC 结构的噪声等效电路框图

CE、CB 和 CC 结构的级联 ABCD 噪声相关矩阵可以表示为

$$C_A^{Ci} = \begin{bmatrix} \overline{v_{Ci}^2} & \overline{v_{Ci} i_{Ci}^*} \\ \overline{v_{Ci}^* i_{Ci}} & \overline{i_{Ci}^2} \end{bmatrix}, \qquad i = E, B, C \qquad (7.101)$$

用四个噪声参数表示的 ABCD 噪声相关矩阵为

$$C_A^{Ci} = 4kT \begin{bmatrix} R_n^{Ci} & \dfrac{F_{min}^{Ci}-1}{2} - R_n^{Ci}(Y_{opt}^{Ci})^* \\ \dfrac{F_{min}^{Ci}-1}{2} - R_n^{Ci} Y_{opt}^{Ci} & R_n^{Ci} \mid Y_{opt}^{Ci} \mid^2 \end{bmatrix}, \qquad i = E, B, C \qquad (7.102)$$

图 7.22 中,CE、CB 和 CC 结构的六个噪声电压和电流源之间关系可以表示为

$$v_{CE} = \frac{v_{CE}}{A^{CE} - 1} \tag{7.103}$$

$$i_{CE} = \frac{C^{CE}}{A^{CE} - 1}v_{CE} - i_{CE} \tag{7.104}$$

$$v_{CC} = v_{CE} + \frac{B^{CE}}{1 - D^{CE}}i_{CE} \tag{7.105}$$

$$i_{CC} = \frac{i_{CE}}{1 - D^{CE}} \tag{7.106}$$

图 7.23 用图示的方法给出了详细的 CE 和 CB 结构噪声源转换关系，图 7.24 用图示的方法给出了 CE 和 CC 结构噪声源转换关系[16]。图中噪声电压 v_1 和 v_2 可以表示为

$$v_1 = v_{CE} - i_{CE}Z_{11} \tag{7.107}$$

$$v_2 = -i_{CE}Z_{21} \tag{7.108}$$

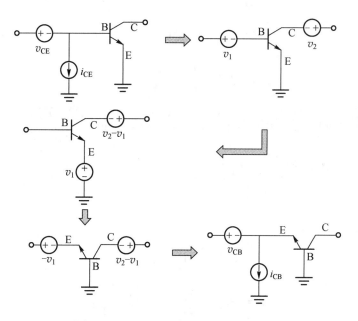

图 7.23　CE 和 CB 结构噪声源转换关系

通过比较 CE、CB 和 CC 结构的噪声电压和电流源，利用噪声矩阵转换技术很容易建立 CE、CB 和 CC 结构的噪声参数之间的关系。下面给出 CE、CB 和 CC 结构之间噪声参数关系的具体表达式。

CE 和 CB 结构噪声参数之间的关系为

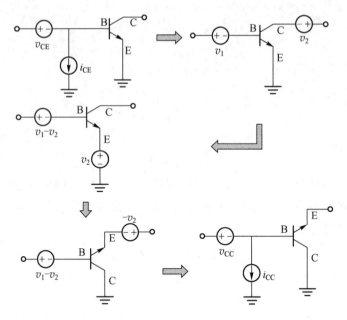

图 7.24　CE 和 CC 结构噪声源转换关系

$$R_{\mathrm{n}}^{\mathrm{CB}} = \frac{R_{\mathrm{n}}^{\mathrm{CE}} \mid Y_{21}^{\mathrm{CE}} \mid^2}{\mid Y_{21}^{\mathrm{CE}} + Y_{22}^{\mathrm{CE}} \mid^2} \tag{7.109}$$

$$B_{\mathrm{opt}}^{\mathrm{CB}} = \mathrm{Im}\left(\frac{\Delta Y^{\mathrm{CE}}}{Y_{21}^{\mathrm{CE}}}\right) + B_{\mathrm{opt}}^{\mathrm{CE}} \mathrm{Re}\left(\frac{Y_{22}^{\mathrm{CE}} + Y_{21}^{\mathrm{CE}}}{Y_{21}^{\mathrm{CE}}}\right) - \mathrm{Re}(k_3) \mathrm{Im}\left(\frac{Y_{22}^{\mathrm{CE}} + Y_{21}^{\mathrm{CE}}}{Y_{21}^{\mathrm{CE}}}\right) \tag{7.110}$$

$$G_{\mathrm{opt}}^{\mathrm{CB}} = \sqrt{\left|\frac{\Delta Y^{\mathrm{CE}}}{Y_{21}^{\mathrm{CE}}}\right|^2 + \mid Y_{\mathrm{opt}}^{\mathrm{CE}} \mid^2 \left|\frac{Y_{22}^{\mathrm{CE}} + Y_{21}^{\mathrm{CE}}}{Y_{21}^{\mathrm{CE}}}\right|^2 - 2k_1 - (B_{\mathrm{opt}}^{\mathrm{CB}})^2} \tag{7.111}$$

$$F_{\mathrm{min}}^{\mathrm{CB}} = 1 + 2\mathrm{Re}(G_{\mathrm{opt}}^{\mathrm{CB}} R_{\mathrm{n}}^{\mathrm{CB}} + k_2) \tag{7.112}$$

这里，

$$k_1 = \mathrm{Re}\left[\frac{\Delta Y^{\mathrm{CE}}}{Y_{21}^{\mathrm{CE}}}\left(\frac{Y_{22}^{\mathrm{CE}} + Y_{21}^{\mathrm{CE}}}{Y_{21}^{\mathrm{CE}}}\right)^* k_3\right]$$

$$k_2 = -R_n^{\mathrm{CB}}\left(\frac{\Delta Y^{\mathrm{CE}}}{Y_{21}^{\mathrm{CE}}}\right)^* + \frac{k_3 R_n^{\mathrm{CE}} Y_{21}^{\mathrm{CE}}}{Y_{22}^{\mathrm{CE}} + Y_{21}^{\mathrm{CE}}}$$

$$k_3 = \frac{F_{\mathrm{min}}^{\mathrm{CE}} - 1}{2R_{\mathrm{n}}^{\mathrm{CE}}} - (Y_{\mathrm{opt}}^{\mathrm{CE}})^*$$

$$\Delta Y^{\mathrm{CE}} = Y_{11}^{\mathrm{CE}} Y_{22}^{\mathrm{CE}} - Y_{12}^{\mathrm{CE}} Y_{21}^{\mathrm{CE}}$$

CE 和 CC 结构噪声参数之间的关系为

$$R_{\mathrm{n}}^{\mathrm{CC}} = R_{\mathrm{n}}^{\mathrm{CE}}\left[1 + \left|\frac{1}{Y_{11}^{\mathrm{CE}} + Y_{21}^{\mathrm{CE}}}\right|^2 \mid Y_{\mathrm{opt}}^{\mathrm{CS}} \mid^2\right] + 2k_4 \tag{7.113}$$

$$B_{\text{opt}}^{\text{CC}} = \frac{\text{Im}\left[k_3 R_{\text{n}}^{\text{CE}} \left(\dfrac{Y_{21}^{\text{CE}}}{Y_{11}^{\text{CE}} + Y_{21}^{\text{CE}}} \right)^* \right]}{R_{\text{n}}^{\text{CC}}} - \frac{R_{\text{n}}^{\text{CE}} \mid Y_{\text{opt}}^{\text{CE}} \mid^2 \text{Im}\left(\dfrac{1}{Y_{21}^{\text{CE}}} \right) \mid Y_{21}^{\text{CE}} \mid^2}{R_{\text{n}}^{\text{CC}} \mid Y_{11}^{\text{CE}} + Y_{21}^{\text{CE}} \mid^2} \qquad (7.114)$$

$$G_{\text{opt}}^{\text{CC}} = \sqrt{\frac{R_{\text{n}}^{\text{CE}} \mid Y_{\text{opt}}^{\text{CE}} \mid^2 \mid Y_{21}^{\text{CE}} \mid^2}{R_{\text{n}}^{\text{CC}} \mid Y_{21}^{\text{CE}} + Y_{11}^{\text{CE}} \mid^2} - (B_{\text{opt}}^{\text{CC}})^2} \qquad (7.115)$$

$$F_{\min}^{\text{CC}} = 1 + 2\text{Re}(G_{\text{opt}}^{\text{CC}} R_{\text{n}}^{\text{CC}} + k_5) \qquad (7.116)$$

这里,

$$k_4 = -\text{Re}\left[\left(\frac{1}{Y_{11}^{\text{CE}} + Y_{21}^{\text{CE}}} \right)^* k_3 R_{\text{n}}^{\text{CE}} \right]$$

$$k_5 = \frac{k_3 R_{\text{n}}^{\text{CE}}}{\left(\dfrac{Y_{11}^{\text{CE}} + Y_{21}^{\text{CE}}}{Y_{21}^{\text{CE}}} \right)^*} - \frac{\mid Y_{\text{opt}}^{\text{CE}} \mid^2 (Y_{21}^{\text{CE}})^* R_{\text{n}}^{\text{CE}}}{\mid Y_{21}^{\text{CE}} + Y_{11}^{\text{CE}} \mid^2},$$

在低频情况下($f < 6\,\text{GHz}$),CE、CB 和 CC 结构的 HBT 噪声参数可以简化为

$$R_{\text{n}}^{\text{CB}} \approx R_{\text{n}}^{\text{CE}} \left(1 + \frac{\omega^2 R_{\text{bi}} C_{\text{ex}}}{\omega_\alpha} \right)^2 \qquad (7.117)$$

$$F_{\min}^{\text{CB}} \approx F_{\min}^{\text{CE}} \qquad (7.118)$$

$$B_{\text{opt}}^{\text{CB}} \approx -\frac{\omega^2 R_{\text{bi}} C_{\text{ex}}/\omega_\alpha}{1 + \omega^2 R_{\text{bi}} C_{\text{ex}}/\omega_\alpha} B_{\text{opt}}^{\text{CE}} \qquad (7.119)$$

$$G_{\text{opt}}^{\text{CB}} \approx G_{\text{opt}}^{\text{CC}} \approx G_{\text{opt}}^{\text{CE}} \qquad (7.120)$$

$$R_{\text{n}}^{\text{CC}} \approx R_{\text{n}}^{\text{CE}} \left(1 + R_{\text{be}}^2 \mid Y_{\text{opt}}^{\text{CE}} \mid \right)^2 - 2R_{\text{be}} \left(\frac{F_{\min}^{\text{CE}} - 1}{2} - G_{\text{opt}}^{\text{CE}} R_{\text{n}}^{\text{CE}} \right) \qquad (7.121)$$

$$B_{\text{opt}}^{\text{CC}} \approx B_{\text{opt}}^{\text{CE}} \qquad (7.122)$$

$$F_{\min}^{\text{CC}} \approx F_{\min}^{\text{CE}} - 2B_{\text{opt}}^{\text{CE}} R_{\text{n}}^{\text{CE}} \omega(\tau + 1/\omega_\alpha) \qquad (7.123)$$

7.4.3 理论验证和实验结果

为了验证上述公式,我们对发射极面积为 $5 \times 5\,\mu\text{m}^2$ 的双异质结 InP/InGaAs DHBT 进行了测试。图 7.25 和图 7.26 分别给出了由 CB 和 CC 结构等效电路模型计算得到的 S 参数和由 CE 结构预测得到的 S 参数的比较曲线,两种结果吻合很好,证明了信号参数公式的正确性。图 7.27 和图 7.28 分别给出了由 CB 和 CC 结构等效电路模型计算得到的噪声参数和由 CE 结构预测得到的噪声参数的比较曲线,两种结果吻合很好。图 7.29 和图 7.30 分别给出了由 CB 和 CC 结构等效电路模型计算得到的噪声参数和由低频噪声参数公式(7.117)~

(7.123)预测得到的噪声参数的比较曲线,两种结果吻合很好,证明了噪声参数公式的正确性。

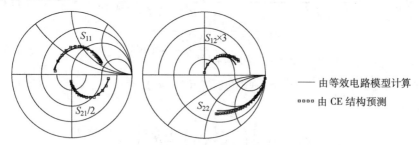

图 7.25 $5 \times 5 \mu m^2$ HBT CB 结构等效电路模型计算得到的 S 参数和由 CE 结构预测得到的 S 参数比较曲线(偏置条件 $I_b = 50 \mu A, V_{CE} = 2.0 V$)

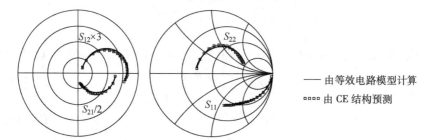

图 7.26 $5 \times 5 \mu m^2$ HBT CC 结构等效电路模型计算得到的 S 参数和由 CE 结构预测得到的 S 参数比较曲线(偏置条件 $I_b = 50 \mu A, V_{CE} = 2.0 V$)

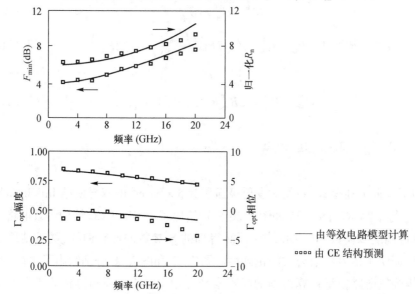

图 7.27 $5 \times 5 \mu m^2$ HBT CB 结构等效电路模型计算得到的噪声参数和由 CE 结构预测得到的噪声参数的比较曲线(偏置条件 $I_b = 50 \mu A, V_{CE} = 2.0 V$)

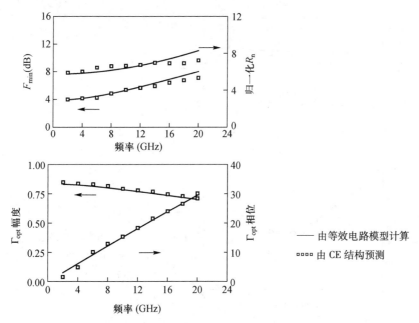

图 7.28 $5 \times 5 \ \mu m^2$ HBT CC 结构等效电路模型计算得到的噪声参数和由 CE 结构
预测得到的噪声参数的比较曲线（偏置条件 $I_b = 50 \ \mu A, V_{CE} = 2.0 \ V$）

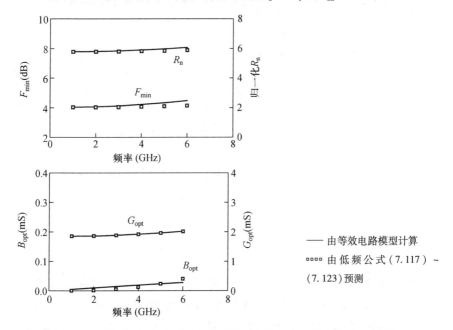

图 7.29 $5 \times 5 \ \mu m^2$ HBT CB 结构等效电路模型计算得到的噪声参数和由低频
公式预测得到的噪声参数的比较曲线（偏置条件 $I_b = 50 \ \mu A, V_{CE} = 2.0 \ V$）

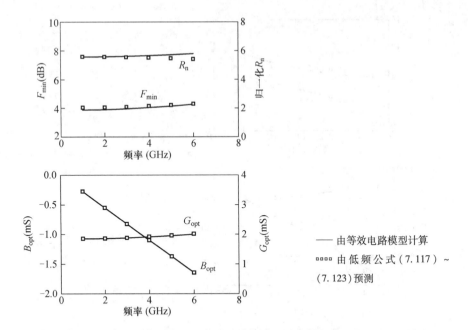

图 7.30　$5 \times 5 \ \mu m^2$ HBT CC 结构等效电路模型计算得到的噪声参数和由低频
公式预测得到的噪声参数的比较曲线(偏置条件 $I_b = 50 \ \mu A, V_{CE} = 2.0 \ V$)

7.5　噪声系数测量技术

为了方便读者理解前面章节用到的噪声系数测试技术,本节主要介绍噪声系数测量技术以及用到的仪器设备。根据噪声系数的定义,有很多种方法可以测量网络的噪声系数,但是精度最高并且最常用的是 Y 因子方法(Y-Factor Method)。Y 因子方法通常需要一个精确的噪声源以产生所需要的高频噪声,本节主要介绍噪声源的工作机理以及测量噪声系数 Y 因子的方法。

7.5.1　噪声源

顾名思义,噪声源即产生噪声的电源,是指能够获得高频噪声的部件。目前常用的噪声源由雪崩二极管和匹配网络构成(如图 7.31 所示),在直流偏置电压不同的情况下,它可以获得不同等效输入噪声温度的噪声。当直流偏置为较大的正向电压时,雪崩二极管反向偏置,这时发生雪崩效应,产生一个很大的直流和一个包含所有高频成分的随机电流,直流成分注入电源,随机高频电流通过匹配网络从射频输出口输出,这时噪声源的等效输入噪声温度为 T_h。当直流偏置为零或者负偏置时,不存在随机高频电流,这时噪声源的等效输入噪声温度为 T_c(一般情况下 $T_c = T_o$,T_o 为环境温度)。

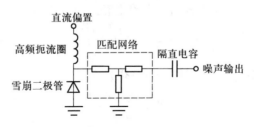

图 7.31 噪声源工作原理

对于商用噪声源来说,一般会给出一个称为"过噪比"(Excess Noise Ratio, ENR)的指标,该指标表征了噪声源获得的较高等效噪声温度和较低等效噪声温度的相差幅值:

$$\text{ENR}(\text{dB}) = 10\log10\left(\frac{T_h - T_c}{T_o}\right) = 10\log10\left(\frac{T_h - T_o}{T_o}\right) \tag{7.124}$$

这样,等效输入噪声温度 T_h 可以由 ENR 获得

$$T_h = T_o(10^{\text{ENR}/10} + 1) \tag{7.125}$$

7.5.2 Y 因子方法

通过测试噪声源在两个不同等效输入温度下被测网络的输出噪声功率,来确定低噪声电路的噪声系数的方法称为 Y 因子方法。图 7.32 给出了 Y 因子方法噪声系数测试原理图,图中 G、B 和 T_e 分别为被测网络的资用功率增益、噪声带宽和等效输入噪声温度。

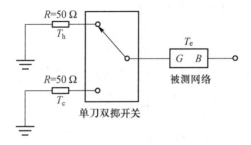

图 7.32 Y 因子方法噪声系数测试原理图

N_h 和 N_c 分别为高温负载和低温负载产生的噪声输出功率：

$$N_h = kBG(T_h + T_e) \qquad (7.126)$$

$$N_c = kBG(T_c + T_e) \qquad (7.127)$$

令 Y 表示上述两个噪声输出功率的比值：

$$Y = \frac{N_h}{N_c} = \frac{T_h + T_e}{T_c + T_e} \qquad (7.128)$$

则噪声网络的等效输入噪声温度可以直接获得

$$T_e = \frac{T_h - YT_c}{Y - 1} \qquad (7.129)$$

被测网络的噪声系数公式为

$$F = \frac{(T_h/T_o - 1) - Y(T_c/T_o - 1)}{Y - 1} \qquad (7.130)$$

当 $T_c \approx T_o$ 时，有

$$F = \frac{\text{ENR}}{Y - 1} \qquad (7.131)$$

7.5.3　校准技术

在实际噪声测量系统中，为了消去测量仪器如噪声测试仪、连接头等对被测网络的影响，需要采取校准技术。图 7.33 给出了噪声测量校准技术的网络连接示意图，其中图 7.33(a)将噪声源和测试仪器直接相连，而图 7.33(b)则将被测网络插在噪声源和测试仪器之间。

利用 Y 因子方法，可以直接获得测试仪器的等效输入噪声温度：

$$T_{e2} = \frac{T_h - Y_2 T_c}{Y_2 - 1} \qquad (7.132)$$

这里，Y_2 为图 7.33(a)中噪声输出功率之比：

$$Y_2 = \frac{N_h}{N_c} = \frac{T_h + T_{e2}}{T_c + T_{e2}} \qquad (7.133)$$

同样可以获得被测网络和测试仪器级联的噪声温度 T_{e12}：

$$T_{e12} = \frac{T_h - Y_{12} T_c}{Y_{12} - 1} \qquad (7.134)$$

这里，Y_{12} 为图 7.33(b)中噪声输出功率之比：

$$Y_{12} = \frac{N_h'}{N_c'} = \frac{T_h + T_{e12}}{T_c + T_{e12}} \qquad (7.135)$$

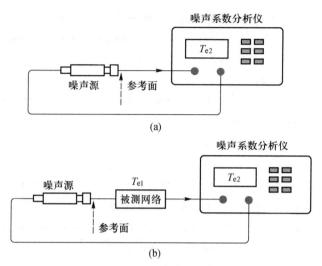

图 7.33 噪声测量校准技术

由式(7.134)和式(7.135)可以得到被测网络的资用功率增益:

$$G = \frac{N'_h - N'_c}{N_h - N_c} \tag{7.136}$$

根据网络级联的噪声温度公式,可以直接获得被测网络的噪声输入温度和噪声系数:

$$T_{e1} = T_{e12} - \frac{T_{e2}}{G} \tag{7.137}$$

$$F = 1 + \frac{T_{e12}}{T_o} - \frac{T_{e2}}{GT_o} \tag{7.138}$$

参考文献

[1] Gao J. RF and Microwave Modeling and Measurement Techniques for Field Effect Transistors. Raleigh, NC: SciTech Publishing, Inc. , 2010.

[2] 高建军. 场效应晶体管射频微波建模技术. 北京:电子工业出版社, 2007.

[3] Gao J. Optoelectronic Integrated Circuit Design and Device Modeling. Singapore: John Wiley & Sons Pte Ltd, 2010.

[4] Rudolph M, Doerner R, Klapproth L, Heymann P. An HBT noise model valid up to transit frequency. IEEE Electron Device Lett. , 1999, 20(1):24 – 26.

[5] Gao J, Li X, Wang H, Boeck G. Microwave Noise modeling for InP/InGaAs HBTs. IEEE Trans

Microwave Theory Technique, 2004, 52(4): 1264 – 1272.

[6] Hillbrand H, Russer P. An efficient method for computer-aided noise analysis of linear amplifier networks. IEEE Trans Circuits System, 1976, 23(11): 235 – 238.

[7] Wang H, Ng G I, Zheng H Q, et al. Demonstration of Aluminumfree Metamorphic InP/In0. 53Ga0. 47As/InP Double Heterojunction Bipolar Transistors on GaAs Substrates. IEEE Electron Device Letter, 2000, 21(9): 379 – 381.

[8] lane R Q. The determination of noise parameters. Proceeding of IEEE, 1969, 57(8): 1461 – 1462.

[9] Escotte L, Plana R, Graffeuil J. Evaluation of noise parameter extraction methods. IEEE Trans Microwave Theory Tech, 1993, 41(3): 382 – 387.

[10] Caruso G, Sannino M. Computer-aided determination of microwave two-port noise parameters. IEEE Trans Microwave Theory Technique, 1978, 26(9): 639 – 642.

[11] Davidson A C, Leake B W, Strid E. Accuracy improvements in microwave noise-parameter measurements. IEEE Trans Microwave Theory Technique, 1989, MTT – 37(12): 1973 – 1978.

[12] Callaghan J M O', Mondal J P. A vector approach for noise parameter fitting and selection of source admittance. IEEE Trans Microwave Theory Technique, 1989, MTT – 39(8): 1376 – 1382.

[13] Gao J, Li X, Jia J, Wang H, Boeck G. Direct extraction of InP HBT noise parameters based on noise-figure measurement system. IEEE Trans Microwave Theory Technique, 2005, 53(1): 330 – 3355.

[14] Gao J, Law C L, Wang H, Aditya S, Boeck G. A new method for PHEMT noise parameter determination based on 50 – Ω noise measurement system. IEEE Trans Microwave Theory Techniques, 2003, 51(10): 2079 – 2089.

[15] Cappy A. Noise modeling and measurement technique. IEEE Trans Microwave Theory Technique, 1988, 36(1): 1041 – 1054.

[16] Li X, Gao J, Boeck G. Relationships between common emitter, common base and common collector HBTs. Microwave Journal, 2009, 52(2): 66 – 78.

第 8 章　SiGe HBT 建模和参数提取技术

8.1　引言

虽然 Ⅲ – Ⅴ 族化合物 HBT 器件在光电集成电路设计中得到了广泛的应用,但是 Ⅲ – Ⅴ 族化合物 HBT 器件均面临以下四个主要问题:

- 器件散热性能有待提高
- 器件制作成本较高
- 晶圆面积较小
- 器件密度有待提高

与此相对应,硅材料则具有较大的优势:

- 尺寸大、成本低、无缺陷的晶体很容易生长
- 稳定和高品质的 SiO_2 容易获得
- 掺杂容易
- 欧姆接触制备简便
- 具有良好的热传导性和抗压性

由于电子在硅材料中本征传输速率较低,在微波射频领域很难应用,因此在硅材料上制备异质结器件将是一个很好的选择,可以综合硅材料和异质结器件的优势,SiGe HBT 就是上述论点的研究成果,它既可以工作在微波射频领域,制作成本又大幅度降低。基于硅工艺技术的 SiGe HBT 器件以其独特的优势获得了广泛的应用,其主要特点如下:

（1）特征频率和最大振荡频率远远高于硅基双极晶体管,可以和 Ⅲ – Ⅴ 族化合物半导体器件相比拟。

（2）低频噪声远低于场效应晶体管,对于设计低相位噪声电路非常有利。

（3）与 Ⅲ – Ⅴ 族 HBT 相比,SiGe HBT 的结构和 BJT 更接近,仅在基极掺杂

锗(Ge)元素即可,工艺条件要求简单。SiGe HBT 器件已经广泛应用于高达 40 GHz 的光通信电路中[1]。

　　由于锗原子需要的空间较大,因此取代硅原子的锗原子会产生应变,导致带隙减小。图 8.1 给出了 SiGe HBT 能带结构和 Ge 掺杂浓度示意图,由于 Ge 在基区掺杂浓度逐渐增加,对由发射极注入的电子形成了一个加速场,提高了器件的特征频率[2]。SiGe HBT 大大改善了 BJT 的 Early 电压,也就是说输出电流 I_C 随输出电压 V_{CE} 的变化减小了,开关电压介于 InP HBT 和 GaAs HBT 之间(见图 8.2)。

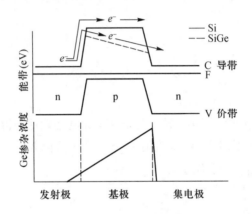

图 8.1　SiGe HBT 能带结构

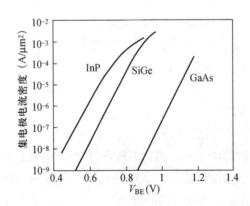

图 8.2　SiGe HBT Gummel 曲线

　　图 8.3 给出了不同工艺条件下器件特征频率随输出电流变化曲线。从图中可以看到,当工艺下降到 130 nm 时,SiGe HBT 的特征频率将超过 InP HBT,由 0.5 μm 条件下的 47 GHz 上升到 130 nm 时的 210 GHz。制备 SiGe HBT 的工艺为自对准的外延基极技术,SiGe 基极由超真空/化学蒸发沉积(UHV/CVD)工艺形成。图 8.4 给出了相应的 SiGe HBT 横截面示意图。由于 SiGe HBT 工艺的成

熟,它被广泛应用于功率放大器、低噪声放大器以及微波 RF 系统的各个子模块。

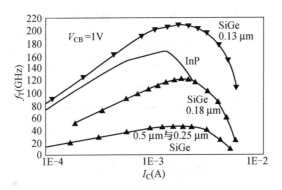

图 8.3 不同工艺条件下器件特征频率随输出电流变化曲线

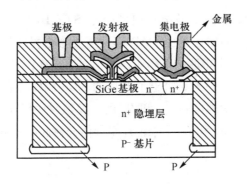

图 8.4 SiGe HBT 横截面示意图

图 8.5 给出了常用的差分结构的 SiGe HBT 光前置放大电路拓扑。表 8.1 给出了 SiGe HBT 基光接收机前置放大器特性比较,从表中可以看到,采用 200 GHz 特征频率器件可以实现 50 GHz 带宽的光前置放大器设计。

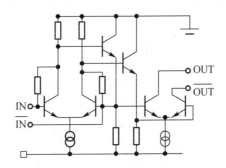

图 8.5 差分结构的 SiGe HBT 前置放大电路拓扑

表 8.1　SiGe HBT 基光接收机前置放大器特性比较

器件特征频率/工艺（GHz/μm）	带宽（GHz）	跨阻（dBΩ）	噪声密度（pA/$\sqrt{Hz}$）	功耗（mW）	文献
200/ –	50	49	30	200	[3]
60/ –	19	38	–	95	[4]
52/1.0	9	45		77	[5]
18/5	5.5	43	20	–	[6]

8.2　小信号等效电路模型

与 Ⅲ – Ⅴ族 HBT 器件等效电路模型相比，SiGe HBT 等效电路模型的主要不同在于对衬底效应的描述上：①PAD 模型需要考虑衬底损耗，即除了考虑对地电容以外，还需要一个串联的电阻用以模拟衬底损耗；②集电极与衬底之间形成对地寄生网络[7-10]。图 8.6 给出了典型的 SiGe HBT 小信号等效电路模型，图中 C_{pb}、C_{pc} 和 C_{pbc} 为对地电容，R_{pb} 和 R_{pc} 用来模拟衬底损耗，C_{sub} 为集电极和衬底之间的耗尽层电容，R_{bk} 和 C_{bk} 用来描述半导体硅衬底的体电阻和体电容。

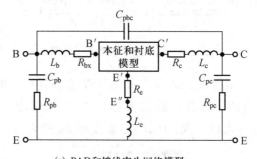

(a) PAD 和馈线寄生网络模型

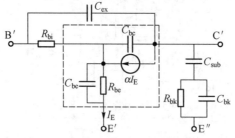

(b) T 型本征网络模型和衬底网络模型

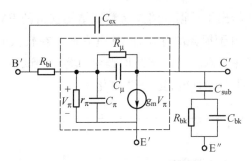

(c) PI型本征网络模型和衬底网络模型

图 8.6　SiGe HBT 小信号等效电路模型

对于小信号电路的模型参数提取技术,SiGe HBT 要比 III – V 族 HBT 器件复杂,但是如果反映衬底效应的 R_{pb}、R_{pc}、C_{sub}、R_{bk} 和 C_{bk} 能够确定,其他元件的提取方法和 III – V 族 HBT 器件一致。下面重点讨论上述几个参数的提取方法。

图 8.7 给出了开路结构的等效电路模型,图中所有的模型参数可以用开路结构的 Y 参数直接提取:

$$C_{pb} = -\frac{1}{\omega \mathrm{Im}\left(\dfrac{1}{Y_{11}^o + Y_{12}^o}\right)} \tag{8.1}$$

$$C_{pc} = -\frac{1}{\omega \mathrm{Im}\left(\dfrac{1}{Y_{22}^o + Y_{12}^o}\right)} \tag{8.2}$$

$$C_{pbc} = -\frac{\mathrm{Im}(Y_{12}^o)}{\omega} \tag{8.3}$$

$$R_{pb} = \mathrm{Re}\left(\frac{1}{Y_{11}^o + Y_{12}^o}\right) \tag{8.4}$$

$$R_{pc} = \mathrm{Re}\left(\frac{1}{Y_{22}^o + Y_{12}^o}\right) \tag{8.5}$$

其中,上标 o 表示开路,ω 表示角频率。

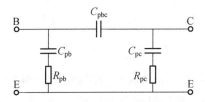

图 8.7　开路结构等效电路模型

　　图 8.8 和图 8.9 给出了根据开路焊盘测试结构获得的 PAD 电容和衬底电阻随频率变化曲线。由于损耗的存在,PAD 电容需要在较低的频率下获得,而电阻需要在较高的频率下获得。测试结构必须和器件测试结构一致,否则造成较大的误差,主要原因是 PAD 电容会发生变化。

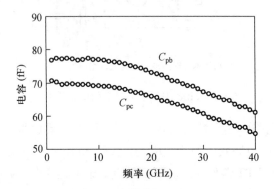

图 8.8　提取的寄生 PAD 电容数值

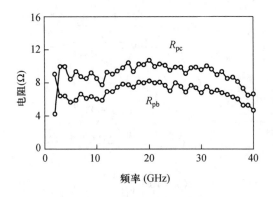

图 8.9　提取的衬底电阻数值

　　集电极和衬底之间的网络模型参数可以由器件截止条件下等效电路模型获得,图 8.10 给出了削去 PAD 和馈电线寄生网络之后的 HBT 器件截止条件下的等效电路模型。很容易看到,C_{sub} 可以由低频下的 Y 参数确定:

$$C_{sub} = \frac{1}{\omega}\text{Im}(Y_{22} + Y_{12}) \tag{8.6}$$

　　图 8.11 给出了相应的衬底电容 C_{sub} 提取结果随频率变化曲线。R_{bk} 和 C_{bk} 可以通过半分析技术获得。获得衬底模型以后,其他模型参数的提取和前面介绍的方法基本一致。

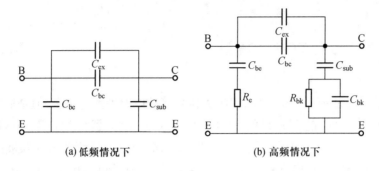

(a) 低频情况下　　　　　　　(b) 高频情况下

图 8.10　HBT 截止条件下等效电路模型

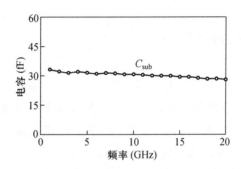

图 8.11　衬底电容 C_{sub} 提取结果

与 InP HBT 相比,SiGe HBT 器件的本征电阻 R_{bi} 要小得多。图 8.12 给出了 InP HBT 和 SiGe HBT 器件本征基极电阻 R_{bi} 随频率变化对比曲线,SiGe HBT 器件发射极面积为 $0.2 \times 5.9\ \mu\text{m}^2$,直流偏置为 $I_{\text{B}} = 20\ \mu\text{A}$, $V_{\text{CE}} = 1\ \text{V}$;InP HBT 发射极面积为 $5 \times 5\ \mu\text{m}^2$,直流偏置为 $I_{\text{B}} = 20\ \mu\text{A}$, $V_{\text{CE}} = 2\ \text{V}$。

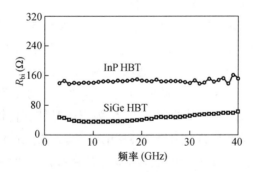

图 8.12　InP HBT 和 SiGe HBT 器件本征基极电阻 R_{bi} 随频率变化对比曲线

8.3 大信号等效电路模型

目前通过研究获得的 SiGe HBT 大信号等效电路模型有很多,但是形成商业标准的并不多见,前面介绍的适用于 Ⅲ – Ⅴ 族 HBT 器件的模型如 VBIC 和 Agilent 模型经过改进均可用于 SiGe HBT。本章介绍另两种常用的双极晶体管大信号模型:HICUM 模型和 METRAM 模型,经过改进可以用于 SiGe HBT 大信号模拟。

8.3.1 HICUM 等效电路模型

HICUM(High Current Model)等效电路模型[11,12],顾名思义为大电流模型,最初是为了高速电路设计而开发的半物理基模型半经验模型,大多数模型参数可以由器件结构尺寸和物理掺杂浓度估算出来。模型主体由本征 NPN 晶体管、寄生 PNP 晶体管和衬底网络构成。主要特点如下:

(1)考虑了大电流效应,即随着 B-E 结电压的不断增大,短路电流增益会下降。

(2)利用偏置相关的本征基极电阻模拟发射极电流的集边效应(基极电阻的存在导致发射区域下面存在从基极到发射极的横向电势差,使得发射极电流集中在边缘)。

(3)考虑了 B-C 结电容的高频分布效应。

(4)考虑了衬底对器件特性的影响。

图 8.13 给出了 HICUM 大信号等效电路模型(NPN 型)。和 Gummel-Pool 大信号等效电路模型相比,HICUM 模型主要由本征晶体管、寄生晶体管和衬底网络构成。图中 I_T 为本征集电极 – 发射极电流,I_{AVL} 为 B-C 结击穿电流,I_{jBEi} 和 I_{jBEp} 分别为准静态 B-E 结本征和非本征电流,I_{jBCi} 和 I_{jBCx} 分别为准静态 B-C 结本征和非本征电流,I_{BEt} 为 B-E 结隧道电流,I_{TS} 为寄生晶体管传输电流,I_{jSC} 为集电极 – 衬底电流。C_{js} 为集电极 – 衬底耗尽层电容,C_{dS} 为寄生晶体管扩散电容,C_{jEp} 为 B-E 结非本征耗尽电容,C_{dE} 和 C_{dC} 为本征扩散电容,C_{jEi} 和 C_{jCi} 分别为器件本征 B-E 结和 B-C 结电容,C_{Eox} 为 B-E 结隔离电容,C'_{BCx} 和 C''_{BCx} 为 B-C 结寄生分布电容。R_{su} 和 C_{su} 表示衬底的损耗和电容,R_{Bi} 和 C_{rBi} 表示电流集边效应(Current Crowding)。

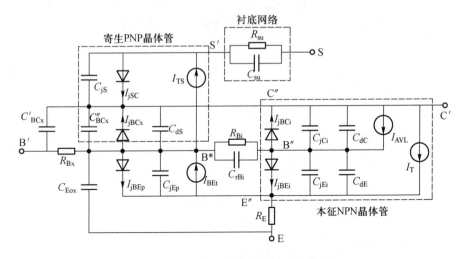

图 8.13 HICUM 大信号等效电路模型

图 8.14 给出了相应的小信号等效电路模型。大信号模型和小信号模型参数之间的关系如下：

$$g_{jBEi} = \frac{dI_{jBEi}}{dV_{B''E''}} \tag{8.7}$$

$$g_{jBCi} = \frac{dI_{jBCi}}{dV_{B''C''}} \tag{8.8}$$

$$g_{jBCx} = \frac{dI_{jBCx}}{dV_{B*C''}} \tag{8.9}$$

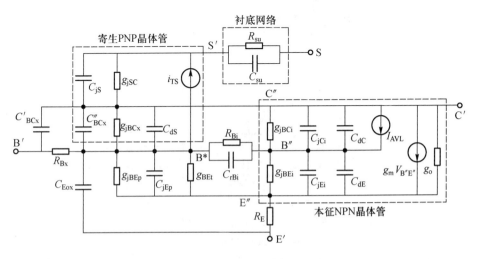

图 8.14 HICUM 小信号等效电路模型

$$g_{jBEp} = \frac{dI_{jBEp}}{dV_{B*E''}} \tag{8.10}$$

$$g_{jSC} = \frac{dI_{jSC}}{dV_{B*S'}} \tag{8.11}$$

$$g_m = \frac{\partial I_T}{\partial V_{B''E''}} \tag{8.12}$$

$$g_o = \frac{\partial I_T}{\partial V_{C''E''}} \tag{8.13}$$

$$i_{TS} = \frac{\partial I_{TS}}{\partial V_{B*C''}} V_{B*C''} - \frac{\partial I_{TS}}{\partial V_{S'C''}} V_{S'C''} \tag{8.14}$$

8.3.2 MEXTRAM 等效电路模型

图 8.15 给出了 MEXTRAM 大信号等效电路模型[13],图中 I_N 为集电极 - 发射极电流,I_{C1C2} 为通过外延层的电流,I_{AVL} 为 B-C 结雪崩电流,I_{B1} 和 I_{B2} 分别为理想和非理想正向基极电流,I_{EX} 和 I_{B3} 分别为 B-C 结理想和非理想反向基极电流,基极、集电极和衬底构成 PNP 寄生晶体管,I_{SUB} 为其主要衬底电流,I_{SF} 为衬底 -

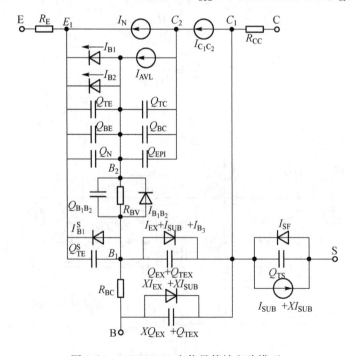

图 8.15 MEXTRAM 大信号等效电路模型

集电极结正偏时的电流。XI_{SUB} 和 XI_{EX} 分别为 I_{SUB} 和 I_{EX} 的一部分。Q_{TE} 和 Q_{TC} 分别为 B-E 结和 B-C 结势垒电容，Q_{BE} 和 Q_{BC} 分别为 B-E 结和 B-C 结扩散电容，Q_N 为和 B-E 结空穴相关的电荷，Q_{EPI} 表示集电极外延层电荷。基极电阻分为两部分，一部分和偏置无关 (R_{BC})，一部分随偏置变化 (R_{BV})，电路模型中 I_{B1B2} 和 Q_{B1B2} 分别表示直流和交流情况下的集边效应。I_{B1}^{S} 和 Q_{TE}^{S} 表示侧墙效应，Q_{TS} 为集电极结和衬底之间的存储电荷。

参考文献

[1] Washio K. SiGe HBT and BiCMOS technologies for optical transmission and wireless communication Systems. IEEE Trans Electron Devices, 2003, 50(3):656 – 668.

[2] Dunn J S, Ahlgren D C, Coolbaugh D D. Foundation of RF CMOS and SiGe BiCMOS technologies. IBM Journal of Research and Development, 2003, 47(2/3):101 – 137.

[3] Weiner J S, Leven A, Houtsma V, et al. SiGe differential transimpedance amplifier with 50GHz bandwidth. IEEE Journal of Solid-State Circuits, 2003, 38(9):1512 – 1517.

[4] Soda M, Tezuka H, Sato F, et al. Si-analog IC's for 20Gb/s optical receiver. IEEE Journal of Solid-State Circuits, 1994, 9(12):1577 – 1582.

[5] Ryum B R, Han T-H, Cho D-H, Lee S-M. Manufacturable SiGe base HBT realising a 9GHz-bandwidth preamplifier in 10Gbit/s optical receiver. Electronics Letters, 1997, 33(17):1479 – 1480.

[6] Qasaimeh O, Ma Z, Bhattacharya P, Croke E T. Monolithically Integrated Multichannel SiGe/Si p-i-n-HBT Photoreceiver Arrays. IEEE/OSA Journal of Lightwave Technology, 2000, 18(11):1548 – 1553.

[7] Basaran U, Wieser N, Feiler G, Berroth M. Small-signal and highfrequency noise modeling of SiGe HBTs. IEEE Trans Microwave Theory and Techniques, 2005, 53(3):919 – 928.

[8] Yang T-R, Tsai J M-L, Ho C-L, Hu R. SiGe HBT's Small-Signal Pi Modeling. IEEE Trans Microwave Theory and Techniques, 2007, 55(7):1417 – 1424.

[9] Chen H-Y, Chen K-M, Huang G-W, Chang C-Y. Small-Signal Modeling of SiGe HBTs Using Direct Parameter-Extraction Method. IEEE Transactions on Electron Devices, 2006, 53(9):2287 – 2295.

[10] Han B, Cheng J, Li S, Zhai G, Gao J. An improved small-signal model for SiGe HBTs. International Journal of Electronics, 2011, 98(6):781 – 791.

[11] Rein H-M, Stübing H, Schröter M. Verification of the Integral Charge-Control Relation for

high-speed bipolar transistors at high current densities. IEEE Trans Electron Device, 1985, 32(6):1070 – 1076.

[12] Rein H-M, Schröter M. A compact physical large-signal model for high-speed bipolar tran-sistors at high current densities-Part II: Two-dimensional model and experimental results. IEEE Trans Electron Device, 1987, 34(8):1752 – 1761.

[13] Graaff H C de, Kloosterman W J. Modeling of the collector Epilayer of a Bipolar Transistor in the Mextram Model. IEEE Transaction on Electron devices, 1995, 42(2):274 – 282.

第9章　射频微波在片自动测试系统

前面几章介绍了 HBT 器件的模型建立和参数提取技术,所使用的测试数据均由在片测试系统获得。本章将介绍射频微波在片自动测试系统的搭建、测试过程中需要注意的问题以及详细的测试步骤。

自电子工程领域引入网络模型概念以来,在研究晶体管输入输出特性方面,网络模型与网络参数分析已经成为不可或缺的工具及方法。网络分析是指在一定的频率范围内,通过测试网络的激励 – 响应曲线建立网络的输入输出特性关系模型。在模拟集成电路设计过程中,常利用下述低频网络参数矩阵分析、描述网络的端口特性:阻抗参数矩阵(Z 矩阵)、导纳参数矩阵(Y 矩阵)、转移参数矩阵(A 矩阵)以及混合参数矩阵(H 矩阵)。这些网络参数矩阵基于电压电流的概念定义,不适用于射频微波频段下的网络特性。在频率很高时,由于分布电感和分布电容的影响,要得到微波频段下理想的开路和短路几乎是不可能的。在微波频段,因为采用了波的概念,所以微波网络常用散射参数(S 参数)表示。

本章将介绍射频微波在片自动测试系统平台的搭建过程,包括自动测试系统平台的组成结构、硬件连接方法、驱动软件安装方法、在片校准件的设置方法以及用 IC-CAP 软件控制系统自动执行在片测试工作的方法,最后给出了使用测试平台测试芯片的实例与测试结果。

9.1　矢量网络分析仪

测量网络的 S 参数需要采用网络分析仪。网络分析仪分为标量网络分析仪(SNA)和矢量网络分析仪(VNA)。标量网络分析仪是在扫频反射计技术基础上开发的,只能测量网络 S 参数的幅度特性。由于在军用或民用射频微波领域,很多时候不需要测量相频特性,只需要测量幅频特性,所以成本低、价格低的标量网络分析仪得到了广泛应用。矢量网络分析仪可以同时测量网络 S 参数的幅度特性和相频特性,而且测量精度很高,但是成本比较高从而限制了它的应用。20 世纪 60 年代后期,具有高精度测量能力的第一台全自动矢量网络分析仪问世。如今,高性能矢量网络分析仪的制造技术已成为衡量一个国家微波测试仪器水平的主要标志[2]。

　　图 9.1 所示为矢量网络分析仪的结构原理框图,由内置锁相压控振荡器构成扫描信号源,为被测网络提供正弦激励信号。振荡器输出信号被均分为参考通道信号 R 和测量通道信号 A。测量信号 A 通过被测器件或网络后经过变频器变换为中频信号,参考信号 R 直接经变频器变换为参考中频信号,两路信号经过幅度比较器和相位检测器比较后可以得出测量结果。这两路通道由于物理长度不同引起的幅度相位偏移在矢量网络分析仪校准过程中会被自动记录并纠正。

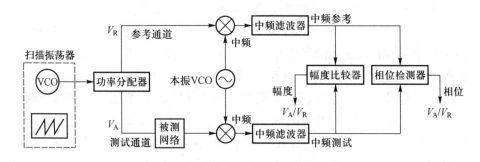

图 9.1　矢量网络分析仪结构原理图

　　误差分析与校准技术是网络分析仪的核心技术之一。网络分析仪系统中可能存在三大类测量误差:漂移误差、随机误差和系统误差。漂移误差由测试环境的温度和湿度变化造成,当完成一次校准后,如果测试系统的温度湿度发生变化,测试设备的部分部件性能会发生变化,从而导致网络分析仪出现漂移误差。将测试系统放置在具有稳定温度和湿度的测试环境中,能够将漂移误差减至最小,并且这种误差可以通过重新校准消除。随机误差是不可重复的误差项,以随机方式随时间变化,由于它们不可预测,故无法通过校准来消除。随机误差来源很多,如设备特性随环境温度湿度的变化、测量时的外部电气干扰、测量系统的热噪声、激励信号源的相位噪声、测量或校准过程中连接端口的测量重复性、开关重复性等。降低随机误差最有效的方法是对测试数据进行多次测量取平均或平滑处理,或者减小测量系统的中频带宽。系统误差由测量系统中电子器件的性能不完善导致的误差称为系统误差。S 参数测量中涉及的系统误差与负载不匹配、信号泄漏与反射、通道串扰以及频率响应等有关,它们的特点是可重复性和可测试性,而且是大多数测试系统误差可以通过校准技术消除。

测量校准即是利用网络分析仪测量已知器件,存储测量结果和真实结果的矢量差,并用其结果来消除接下来的未知器件测量中的系统误差。校准的目的是提供被测器件和测量系统终端纯电阻连接,提供给测试端口零幅度、零相移、纯阻抗特性的信号。但是每个测试系统的非理想性破坏了测量结果的理想化,因此我们在 VNA 和 DUT 之间引入误差模型,利用数学方法解决测试系统的非理想性问题。矢量网络分析仪的校准基于误差模型,最常见的自动网络分析仪的误差模型有 12 个误差项,每个误差项由各频率的复散射参量定义。除此之外还有 10 项、8 项、7 项、4 项以及 16 项误差模型[3]。

图 9.2 是用信号流图方式表示的矢量网络分析仪与被测网络之间的标准12 项误差模型。端口 1 的左边部分和端口 2 的右边部分表示网络分析仪引入的误差项,由正向和反向两种情况组成。图中各个误差项含义如表 9.1 所示。网络分析仪校准时,首先测量特性已知的校准件,然后采用数学方法消去上述12 项误差系数,得到被测网络中被测件的 S 参数。校准件也就是标准件,它们的技术指标已知且模型已经嵌入网络分析仪。常用的校准件有开路件、短路件、匹配负载、直通件、滑动变阻器等。

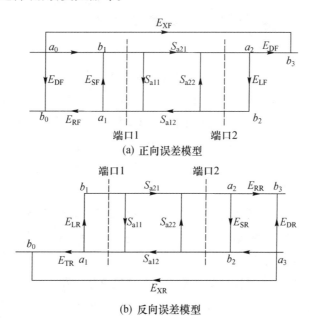

(a) 正向误差模型

(b) 反向误差模型

图 9.2 12 项误差模型

表 9.1　各项误差系数含义

误差系数		物理意义
正向系数	反向系数	
E_{DF}	E_{DR}	反射参数,衡量定向耦合器分离前向波反射波的程度
E_{XF}	E_{XR}	反映通道之间的串扰误差
E_{RF}	E_{RR}	传输参数,表示反向测量跟踪误差
E_{TF}	E_{TR}	传输参数,表示正向测量跟踪误差
E_{SF}	E_{SR}	反映信号源匹配的参数
E_{LF}	E_{LR}	反映负载匹配的参数

根据不同的测量要求和精度需求,研究出来了很多种校准方法。现在常用的基于 12 项误差的校准方法有:SOLT(Short Open Load Thru)、LRM(Line Reflect Match)、SOLR(Short Open Load Reflect)、LRRM(Line Reflect Reflect Match)和 TRL(Thru Reflect Line)等。

9.2　40 GHz S 参数在片自动测试系统

一个典型的 S 参数在片测试系统如图 9.3 所示。矢量网络分析仪采用 Agilent PNA E8363C,半导体参数分析仪采用 Agilent B1500A,Bias Network 为 Agilent 11612V K11,GPIB 卡为 Agilent 82357B,测试探针平台为 Cascade M150。整个测试系统由一台安装了 Agilent IC-CAP 软件的计算机控制,系统可以为各种半导体器件提供直流测试、S 参数测试等功能。系统中的每个设备功能如下:

(1) 矢量网络分析仪

Agilent PNA E8363C 可以提供频率范围为 10 MHz 到 40 GHz 的 S 参数测试,是整个微波在片自动测试系统的核心设备,它的性能决定了测试系统的性能。

(2) 半导体参数分析仪

Agilent B1500A 半导体参数分析仪是一款模块化仪器,最多可以支持 10 插槽配置模块。它基于微软 Windows 操作系统,支持 Agilent EasyEXPERT 软件,测量时所有的参数设置工作都可以在 EasyEXPERT 软件中完成。该设备标准配置含 4 个信号源/模块(SMU),两个为高精度模块 B1517A(High Resolution SMU,HRSMU),可以提供高达 100 伏电压、100 毫安电流的输出信号,电流分辨率可达 1 飞

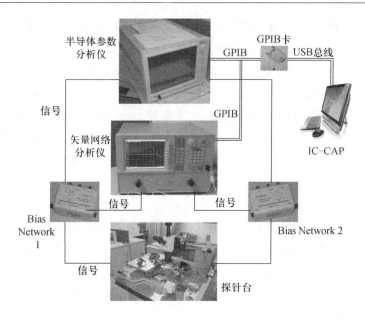

图 9.3　射频微波在片测试系统结构图

安;另外两个为中功率模块 B1511A(Medium Power SMU,MPSMU),可以提供 100 伏电压、100 毫安电流的输出信号,电流分辨率可达 10 飞安,如图 9.4 所示。图中, SMU1 和 SMU2 为高精度模块,B1500 – 66505 和 N1254A 为接地信号模块。

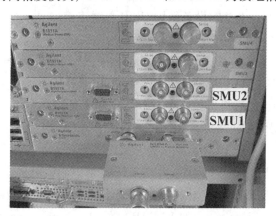

图 9.4　半导体参数分析仪输出模块

（3）在片测试平台

Cascade M150 在片测试探针平台由微波探针、探针平台和显微镜组成。在 片测试系统与传统同轴测试系统的不同在于被测网络是晶圆(Wafer)。对于在 片电路,因为没有引线从晶圆中引出,所以无法采用同轴测试系统,只能将测试设备与芯片上的焊盘（PAD）相连接。两者之间的连接器件被称为探针（Probe），分为直流探针（DC Probe）和射频微波探针（RF Probe）。在片电路的直流电流和电压由直流探针提供，微波探针用于测量电路的射频微波特性。射频微波探针，又称为共面波导探针，是在片测试平台的核心器件。在发明共面波导探针之前，在实验室测量晶圆上电路的射频性能非常麻烦，首先要将被测电路或器件从晶圆上切割下来，用键合线将芯片与 PCB 板上接口相连，然后才能测量器件伏安特性或 S 参数。有了共面波导探针后，可以直接在晶圆上测量被测网络的直流与射频微波特性。

（4）Bias Network

Bias Network 也称为 Bias T 或者 T 型偏置。将 Bias T 连接到射频探针输入端后，测量有源器件如晶体管的 S 参数时就可以给晶体管加上直流偏置。Bias T 是一个三端口网络，射频信号从 RF IN 端口输入，直流端口从 DC 端口输入，射频和直流信号就可以从第三个端口（RF/DC OUT）输出到微波探针。

（5）GPIB 总线

GPIB 是国际通用的仪器设备的接口标准，正式名称是通用接口总线（General Purpose Interface Bus，GPIB）。目前世界上各个公司生产的智能仪器设备基本上都配有 GPIB 标准接口。GPIB 总线标准最初由美国 HP 公司研制，称为 HP-IB标准。1975 年 IEEE 改进了 GPIB 总线标准，并将其规范化为 IEEE – 488 标准在工业界推荐。本章的设备采用 GPIB 总线连接。

（6）GPIB 卡

GPIB 卡的正式名称为 USB/GPIB Interface，是 USB 总线与 GPIB 总线间的转换接口。使用时，GPIB 卡的 USB 端口连接在计算机上，另一端 GPIB 端口连接在 GPIB 总线上，然后将半导体参数分析仪和矢量网络分析仪等设备与 GPIB 总线相连接，使得计算机可以控制测试设备。

（7）计算机

在整个在片测试系统中，计算机是系统控制中心，在计算机中安装 Agilent IC-CAP 软件[4]，通过 IC-CAP 软件可以控制半导体参数分析仪和矢量网络分析仪测量在片电路。安捷伦公司的 IC-CAP 软件（Integrated Circuit Characterization and Analysis Program，集成电路表征和分析程序），是工业界用于半导体器件直流和射频建模的常用软件，该软件能够方便地控制安捷伦的设备测量晶体管的直流和射频特性，提取高速/数字、模拟和功率射频应用软件中所使用的精确而紧凑的模型。本系统主要是采用 IC-CAP 软件执行各种测量工作。

构建一个图 9.3 所示的在片测试系统需要经过如下几个步骤：硬件连接、软

件安装、在片校准件的设置以及校准。校准完毕后系统就可以按照要求测试在
片晶圆了。

（8）硬件连接

首先用 GPIB 总线将半导体参数分析仪和矢量网络分析仪连接起来。半导体
参数分析仪后面有 GPIB 接口，将 GPIB 总线插入设备的 GPIB 接口即可，矢量网络
分析仪背后也有 GPIB 接口，这里要注意的是网络分析仪 E8363C 背后有两个
GPIB 接口，如图 9.5 所示，一个名称为 GPIB(0) CONTROLLER，另一个为 GPIB
(1) TALKER/LISTENER，这里 GPIB 总线只能插入 GPIB(1) TALKER/LISTENER
接口，而不是 GPIB(0) CONTROLLER 接口。最后将 GPIB 卡的 GPIB 接口插入同
一根 GPIB 总线上，USB 接口插入计算机 USB 接口。这样就完成了总线连接工作。

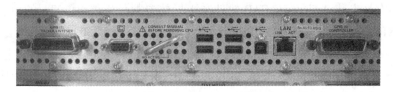

图 9.5　网络分析仪 E8363C 背部 GPIB 接口

其次是信号线的连接。根据图 9.5，将网络分析仪的 Port1 端口用同轴电缆
连接到 Bias Network 1 的 RF IN 端口，将半导体参数分析仪的 SMU1 的 Force、
Sense 与 Bias Network 1 的 Force、Sense 用同轴电缆分别连接，将接地模块
N1254A 的 Force 接口与 Bias Network 1 的 GNDU 相连接，将 Bias Network 1 的
RF/DC OUT 端口用同轴电缆与探针相连接；将网络分析仪的 Port2 端口用同轴
电缆连接到 Bias Network 2 的 RF IN 端口，将 SMU2 的 Force、Sense 分别与 Bias
Network 2 的 Force、Sense 用同轴电缆相连接，将 Bias Network 2 的 RF/DC OUT
端口用同轴电缆与另一探针相连接。

（9）软件安装

计算机是整个在片测试系统的控制中心，控制软件必须安装在计算机上。
首先在计算机上安装 Agilent IO Libraries Suite 软件，该软件包括了安捷伦的所
有设备的驱动程序。安装完毕后运行该软件，它可以自动检测到连接在 GPIB
总线上的设备，如图 9.6 所示。从图中"Instrument I/O on this PC"这一栏可以看
出，软件检测到了半导体参数分析仪 B1500A 和矢量网络分析仪 E8363C，在两
台设备名称前的绿色的"√"表示连接成功，如果是红色的"×"则表示连接失
败。注意采用计算机控制测量设备执行测量工作时，该软件必须打开运行。将
软件设置为开机自动运行即可。

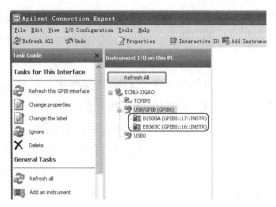

图 9.6　Agilent I/O Libraries Suite 软件主窗口

其次是安装 Agilent IC-CAP 软件和半导体参数分析仪 B1500A 的控制软件 EasyEXPERT。安装了 EasyEXPERT 之后,如果只需要 B1500A 执行测量工作,不需要矢量网络分析仪,就可以在计算机上通过 EasyEXPERT 直接控制 B1500A。要注意的是,无论是通过 IC-CAP 还是 EasyEXPERT 控制 B1500A,B1500A 的本机自带的 EasyEXPERT 软件必须关闭。

(10) 校准件的设置

采用测试平台执行在片测试工作时,首先要校准系统。安捷伦的矢量网络分析仪 E8363C 没有设置测试探针校准件,需要用户在网络分析仪中手动设置。设置步骤如下:

1)打开矢量网络分析仪,鼠标点击主界面点击屏幕上方菜单栏 Response→Cal→More→Cal Kit(或者按操作面板上的 Cal 键,再按 More→Cal Kit 键),如图 9.7 所示,弹出图 9.8 所示的对话框①。

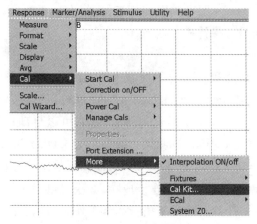

图 9.7　菜单栏校准路径

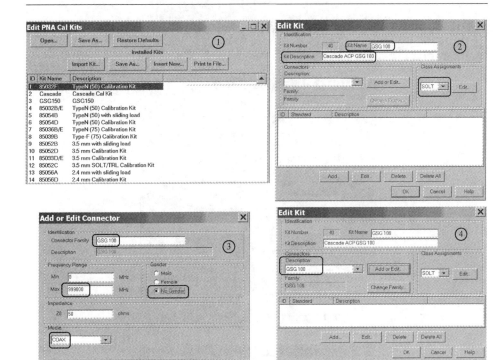

图 9.8   添加校准件的操作过程

现在要添加一个在片测试用的校准件,先单击 Insert New... 按钮,显示对话框②,在 Kit Name 栏中输入校准件的名称"GSG 100",在 Kit Description 栏中输入校准件的详细描述"Cascade ACP GSG 100",在 Class Assignments 一栏选择 SOLT 选项,单击 Add or Edit... 按钮,显示图 9.8 对话框③,在 Connector Family 一栏输入"GSG 100",Max 输入"999000",Gender 栏选择 No Gender 选项,Media 栏选择 COAX 选项,单击 OK,对话框③关闭,此时,对话框②中的内容变成了对话框④,从图中可以看出,在 Connectors 一栏中,Descriptions 的内容变成了"GSG 100",Family 栏中多了"GSG 100"的字样。

2)增加 OPEN 校准件:单击对话框④Edit Kit 选项卡中的 Add... 按钮,弹出如图 9.9 所示的对话框,点选 OPEN,输入 OPEN 校准件的描述,Frequency Range 栏中 Max 输入 999000,Open Characteristics 栏中的 C0 输入 -9.3(C0 的值参照探针模型说明)。

3)增加 SHORT 校准件:单击对话框④Edit Kit 选项卡中的 Add... 按钮,弹出如图 9.10 所示的对话框,点选 SHORT,输入 SHORT 校准件的描述,Frequency Range 栏中 Max 输入 999000,Short Characteristics 栏中的 L0 输入 2.4(参照探针

模型说明)。单击 OK 后,Edit Kit 对话框列表中多出了一行描述 SHORT 校准件的文字。

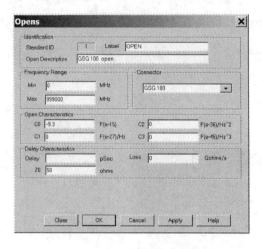

图 9.9　添加 OPEN 校准件的操作过程

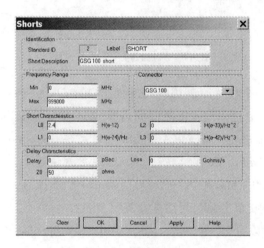

图 9.10　添加 SHORT 校准件的操作过程

4) 增加 LOAD 校准件:单击对话框④Edit Kit 选项卡中的 Add... 按钮,弹出如图 9.11 所示的对话框,点选 LOAD,输入 SHORT 校准件的描述,Frequency Range 栏中 Max 输入 999000。Delay Characteristics 栏中,Z0 输入 500,注意这里不是 50;Delay 输入 L-term/500,在 Impedance Standard Substrate 说明文件中,L-term 的值为 -3.5,因此这里输入 -0.007。单击 OK 后 Edit Kit 对话框列表中多出了一行描述 LOAD 校准件的文字。

图 9.11　添加 LOAD 校准件的操作过程

5）增加 THRU 校准件：单击图 9.8 所示对话框④Edit Kit 选项卡中的 Add... 按钮，弹出如图 9.12 所示的对话框，点选 THRU，输入 THRU 校准件的描述，Frequency Range 栏中 Max 输入 999000，Delay Characteristics 栏中的 Z0 输入 50。单击 OK 后对 Edit Kit 对话框列表中多出了一行描述 THRU 校准件的文字。

图 9.12　添加 THRU 校准件的操作过程

此时，所有 Open-Short-Load-Thru 校准件都已经设置好了，完成在片校准件设置。从图 9.13 中最下方可以看出，刚刚添加的在片校准件"ACP 100"出现在了校准件列表中。

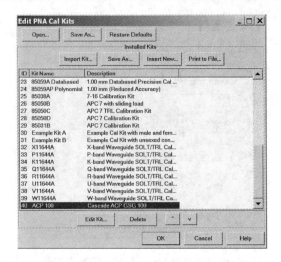

图 9.13　添加了在片校准件之后的校准件列表

（11）在片测试校准

网络分析仪在使用、测量之前必须校准。首先打开测试系统各个设备，包括网络分析仪、半导体参数分析仪、空气泵、计算机等，安装好微波探针，然后静置 2 小时左右，等待系统性能达到平稳状态，即可开始校准。

如图 9.14 所示，点击网络分析仪屏幕上方菜单栏中的 Response→Cal，可以看到 Correction on/OFF 选项，这时 on 小写，OFF 大写，表示网络分析仪还没有校准。矢量网络分析仪有两种校准方法，一种是开机后执行新的校准，另一种是调用以前的校准文件。新校准的步骤如下。

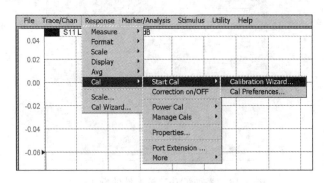

图 9.14　校准开始界面

1）点击菜单栏的 Stimulus→Freq 选项，在弹出的对话栏中设置频率范围，然后点击 Stimulus→Sweep→Number of Points，在下拉菜单中选择扫描点数，系统默认值为 201 个测试点。测试时，扫描的点数越少，测试速度会越快，但测试精度会降低。实际测试时,需要在测试速度和测试精度之间折中。在测试传输相位参数时,测试点数的选择需要尽可能地多,以保证得到正确的测试结果。

2）点击菜单栏的 Stimulus→Power 选项,在弹出的对话框(图 9.15)中 Port1 端口输出功率 Port Power 设置为合适功率,如 – 20 dBm 或其他数值。在 Power On（All Channels）选项前打勾。如果是测试晶体管的小信号 S 参数,输入激励的功率不能太大,以免晶体管工作于饱和状态。点击菜单栏的 Response→Avg→ Average. . . 选项,在弹出的对话框中 Average Factor 选为 8 或其他合适的值（表示测量的 S 参数是扫描 8 次平均后的结果）,在 Average ON 选项前打勾。多次扫描之后取平均是为了尽可能地降低随机误差的影响。点击菜单栏的 Response →Avg→IF Bandwidth. . . 选项,在弹出的对话框③中设置 IF Bandwidth 为 1 kHz 或其他值。中频带宽的设置会影响测试结果的噪声抖动特性,带宽设置得越大,测试速度会越快,但接收机噪声电平会越高,测量精度也越低。实际测试时,中频带宽一般设置在 1 kHz 到 5 kHz 之间。

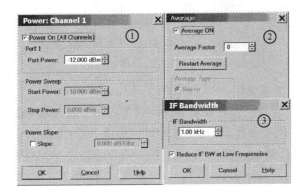

图 9.15　部分参数设置

3）点击网络分析仪屏幕上方菜单栏中的 Response→Cal→Start Cal→Cal Wizard（也可以用仪器面板上的软键,Cal→Start Cal→Cal Wizard）,弹出图 9.16 中的对话框④,点选第二项“UNGUIDED Calibration（Response, 1 – port 2 – port）:Use Mechanical Standards”,点击 Next 按钮,弹出对话框⑤,在 Cal Type Selection 栏中选择“2 Port Solt”这一项,表示双端口 SOLT 校准。在 2 Port Solt Configuration 栏中看到,“Selected Cal Kit:85032F”,表示采用 85032F 校准件校准,这不是我们需要的校准件,点击“View/Select Cal Kit”按钮选择校准件,弹出对话框⑥。对话框⑥列出了可以选择的各种校准件,首先在 Choose class type 栏中点选 SOLT classes 校准方法,在 Kit Name 栏中点选本次校准采用的校准件。

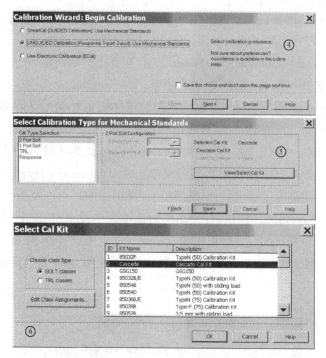

图 9.16　在片校准件的选择

　　4）在探针台卡盘（chuck）上放置调平基片（Contact Substrate），将探针调平。这一步非常重要，因为探针和被测器件接触是否可靠直接影响测量结果的准确性。调平之后将调平基片取走，放置上阻抗校准基片（Impedance Standard Substrate，ISS），准备校准，如图 9.17（a）所示。首先将探针悬浮在校准基片正上方处，然后鼠标分别点击图 9.18 中 Port1 栏和 Port2 栏中的绿色 OPENS 按钮，校准完毕后，按钮边缘会出现一圈虚线，按钮上方出现一个"√"符号，表示这一项校准完成。随后依次选择短路校准件、50Ω 匹配负载校准件和直通校准件进行校准。图 9.17（b）所示为校准 50Ω 匹配负载校准件时的照片。

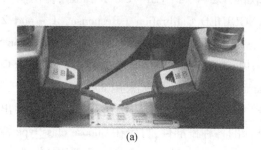

(a)

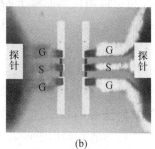

(b)

图 9.17　在片校准实物图

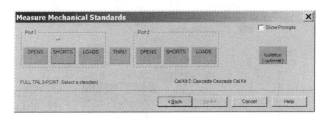

图 9.18　在片校准

　5）将这次校准保存为文件,以备下次调用,鼠标点击主界面屏幕上方菜单栏 File→Save As 按钮,在弹出的对话框中输入文件名,扩展名必须是".csa"。下一次开机时可以不校准,直接调用这次的校准文件。需要调用以前保存的校准文件时,开机后用鼠标点击主界面屏幕上方菜单栏 File 按钮,弹出下拉菜单,如图 9.19 所示,Recall...按钮栏中的文件就是最近调用的校准文件,选择需要的文件即可。如果文件不在下拉菜单中,点击 Recall...按钮,弹出 Recall 对话框,在 Look in 栏中输入合适的地址,寻找到需要的校准文件,点击该文件,然后点击对话框右下方的 Recall 按钮即可。

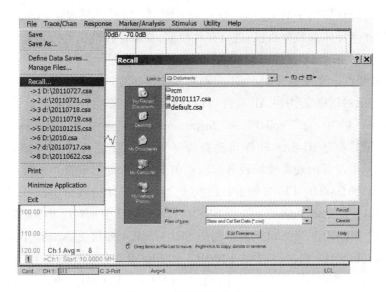

图 9.19　调用校准文件方法

　校准完毕或者调用校准文件后,点击网络分析仪屏幕上方菜单栏中的 Response→Cal,可以看到弹出的菜单中 Correction ON/off 选项,如图 9.20 所示,这时 ON 大写,off 小写,并且该选项左边出现"√"符号,表示网络分析仪校准完毕,可以开始测量。

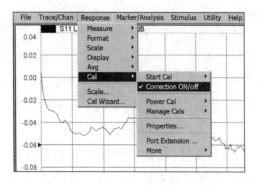

图 9.20　校准完毕标识

9.3　基于 IC-CAP 的在片测试过程

采用上述射频微波在片自动测试系统测试芯片的过程如下所示,被测器件为采用基于 III – V 工艺制作的微波 HBT 器件[4]。

（1）打开计算机中的 Agilent IO Library 软件,确保计算机正确连接矢量网络分析仪和半导体参数分析仪;进行在片校准,并保存校准文件。

（2）打开 IC-CAP 软件,在弹出的 Main 主窗口上方点击工具栏的"Hardware Setup"（或者点击菜单栏 Tools→Hardware Setup）,弹出 Hardware Setup 窗口,如图 9.21 所示对话框②,IC-CAP 软件可以自动搜寻计算机控制的测量设备,HP-IB Interface 栏中的" gpib0 "和 Instrument List 栏中的" AgilentPNA 和 AgilentB1500"都是 IC-CAP 软件自动查找得到的,无需手工干预。如果 Instrument List 栏中没有出现需要的设备可以点击 Rebuild 按钮重新查找搜寻。点击"AgilentB1500（gpib0, 17）",弹出对话框③,这是半导体参数分析仪 B1500 的系统设置窗口。在 Unit Tables 一栏中,HRSMU1、HRSMU2 分别对应 B1500 的 SMU1、SMU2 模块,MPSMU3、MPSMU4 分别对应 SMU3、SMU4 模块。测试器件仅仅需要使用 SMU1 和 SMU2 模块,将名称 HRSMU1 和 HRSMU2 分别改为 Ib 和 Vce。

（3）将待测的芯片放置在芯片卡盘上,通过显微镜找到待测晶体管,将探针对准晶体管的测试焊盘,缓慢对准放下探针,使之与焊盘形成良好接触。

（4）直流测试选项设置,具体选项如图 9.22 所示。对于 HBT 器件来说,输入控制为电流,而输出控制为电压。首先设置输入选项,第一个 Input 为 I_b,表示基极电流,电流方向从 GROUND 到 G,Unit 选项填写 I_b,表示基极电流由半导体参数分析仪 SMU1 模块（即 I_b 模块）输入,电流扫描范围从 0 到 100 μA, 点数为 11。第二个 Input 为 Vce,表示集电极电压,Mode 选项选择 Voltage,表示电压输

入,Unit 选项填写 Vd,表示集电极电压由半导体参数分析仪 SMU2 模块提供,
Compliance 选项表示该模块能够提供的最大电流,根据半导体参数分析仪的技术手册中 SMU1 模块的性能指标,最大填写 100 m,Sweep Order 表示扫描次序,
# of Points表示步进间隔,Step Size 选项表示步进。

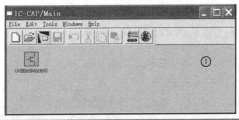

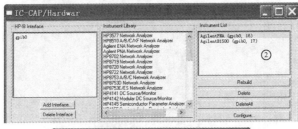

图 9.21　IC-CAP 系统设置

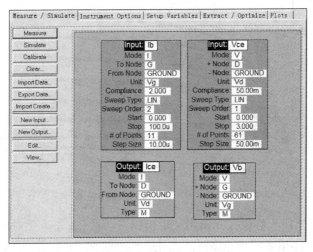

图 9.22　直流测试选项设置

（5）设置完毕后，点击 Measure/Simulate 选项卡中的 Measure 按钮，系统开始按照设置要求测量 HBT 的输出特性，测量完毕后点击保存按钮保存数据。如果想观察测量的数据，点击 Plots 选项卡，该选项卡表示测量数据显示格式，点击 New... 按钮，弹出如图 9.23 所示的对话框，Plot 项填写名称"I_V"，Report Type 项选择数据显示方式，在下拉菜单中选择"XY Graph"选项，X Data 是 X 轴数据，Y Data 0 是 Y 轴数据，，显示结果如图 9.24 所示。

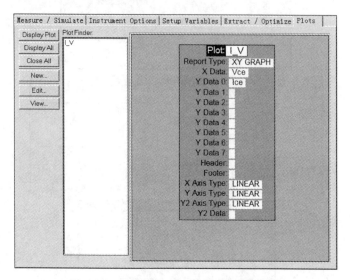

图 9.23　HBT 器件直流曲线显示控制界面

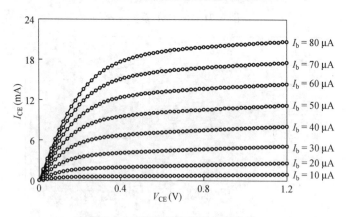

图 9.24　HBT 器件直流曲线显示

（6）由于测量 S 参数需要调用矢量网络分析仪，首先需要对网络分析仪进行设置，点击 Instrument Options 选项卡，如图 9.25 所示，点击 Instruments 栏 AgilentPNA.7.16 这一项，然后在 Port Src Power 栏和 Port 2 Src Power 栏填写网络

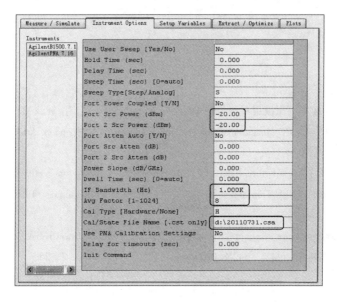

图 9.25　用于 S 参数测量的网络分析设置

分析仪输出端口的功率,中频带宽 IF Bandwidth 和测量次数 Avg Factor 也需要设置,这几项的值要与校准时的设置一致,否则会导致测量精度降低,在 Cal/State File Name 栏中填写调用的校准文件的地址与名称。设置完毕后,点击 Measure/Simulate 选项卡,点击 Calibrate 按钮,IC-CAP 将刚刚在 Instrument Options 选项卡中填写的设置数据发送到网络分析仪,完成网络分析仪的设置和校准文件的调用,然后点击 Measure 按钮测量器件的 S 参数,测量完毕后点击保存按钮保存数据。图 9.26 给出了 S 参数测试选项设置,首先设置频率范围,通常为 10 MHz 至 40 GHz,接着设置偏置电路和电压,点击测试按钮即可。

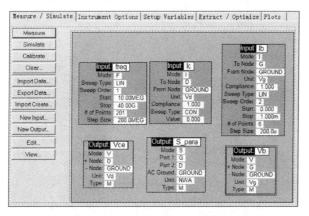

图 9.26　S 参数测试选项设置

参考文献

［1］李秀萍，高建军．微波射频测量技术基础．北京：机械工业出版社，2007：19－24.

［2］Wartenberg S A. RF Measurement of Die and Packages. UK, London: Artech House Microwave Library, 2002：115－122.

［3］Butler J. 16－Term Error Model and Calibration Procedure for on Wafer Network Analysis Measurements. IEEE Transaction on Microwave Theory and Techniques, 1991, 39(12)：2211－2217.

［4］IC-CAP 2008 software. Agilent Technologies［EB/OL］. http://www. home. agilent. com/agilent/product. jspx? nid＝－34268.0.00&cc＝CN&lc＝chi, 2011－7－26.